计算机类技能型理实一体化新形态系列

计算机网络基础

（微课版）（第2版）

主　编　黄林国
副主编　李瑞恩　黄颖欣欣
　　　　牟维文　曾兆伟
　　　　张　瑛

清华大学出版社
北京

内容简介

本书系统全面地讲解了计算机网络的基础概念和基本原理。全书共有 12 章，以 Windows 10 和 Windows Server 2016 为平台，介绍的内容包括计算机网络概况、局域网技术基础、IP 地址与子网划分、虚拟局域网技术、网络互联技术、常用网络命令、无线局域网技术、互联网接入技术、网络操作系统、常见网络服务、防火墙技术、VPN 技术等。每章中包含实训，便于读者操作并提升技能。

本书可作为高校计算机相关专业“计算机网络基础”课程的教材，也可作为计算机从业人员和计算机网络爱好者的参考用书。

图书在版编目（CIP）数据

计算机网络基础 ：微课版 / 黄林国主编. -- 2 版.
北京 ：清华大学出版社，2024. 10. --（计算机类技能型理实一体化新形态系列）. -- ISBN 978-7-302-67312-5

Ⅰ. TP393

中国国家版本馆 CIP 数据核字第 2024CT5498 号

责任编辑：张龙卿
封面设计：刘代书　陈昊靓
责任校对：袁　芳
责任印制：沈　露

出版发行：清华大学出版社
网　　址：https://www.tup.com.cn，https://www.wqxuetang.com
地　　址：北京清华大学学研大厦 A 座　　**邮　　编**：100084
社 总 机：010-83470000　　**邮　　购**：010-62786544
投稿与读者服务：010-62776969，c-service@tup.tsinghua.edu.cn
质量反馈：010-62772015，zhiliang@tup.tsinghua.edu.cn
课件下载：https://www.tup.com.cn，010-83470410
印 装 者：三河市龙大印装有限公司
经　　销：全国新华书店
开　　本：185mm×260mm　　**印　　张**：16.75　　**字　　数**：407 千字
版　　次：2021 年 5 月第 1 版　2024 年 11 月第 2 版　　**印　　次**：2024 年 11 月第1 次印刷
定　　价：49.80 元

产品编号：107566-01

第2版前言

计算机网络是计算机技术和通信技术密切结合的产物，代表了当代计算机发展的一个极其重要的方向，涉及计算机硬件、软件、网络体系结构和通信技术等内容。计算机网络已经渗透到了现代社会的方方面面，并以一种前所未有的方式改变着人们的生活。与此同时，社会对网络人才的需求也越来越迫切，要求越来越多的人掌握计算机网络技术的基础知识。因此，“计算机网络基础”已经成为当代大学生需要学习的一门重要课程。

党的二十大报告指出：“加快建设世界重要人才中心和创新高地，促进人才区域合理布局和协调发展，着力形成人才国际竞争的比较优势。加快建设国家战略人才力量，努力培养造就更多大师、战略科学家、一流科技领军人才和创新团队、青年科技人才、卓越工程师、大国工匠、高技能人才。”为了更好地满足面向工程应用型计算机人才培养的需求，编者结合近几年的教学改革实践编写了本书。

本书系统、全面地讲解了计算机网络的基础概念和基本原理，全书共有12章。

第1章介绍计算机网络概况，包括计算机网络的发展与分类、组成、网络协议及体系结构和网络的拓扑结构等；第2章介绍了局域网技术基础，包括网络常用连接设备、局域网的参考模型、IEEE 802标准、局域网介质访问控制方法、以太网技术、高速局域网技术、局域网交换技术等；第3章介绍了IP地址与子网划分，包括IP与网络层服务、IP地址、子网掩码与子网划分、IP数据报格式、IPv6等；第4章介绍了虚拟局域网技术，包括交换机的管理与基本配置、VLAN的工作原理、VLAN的划分方法、trunk技术、VLAN中继协议等；第5章介绍了网络互联技术，包括路由器概述、路由器的工作原理、标准路由选择算法、距离矢量路由选择算法与RIP、链路状态路由选择算法与OSPF等；第6章介绍了常用网络命令，包括TCP/UDP、ARP和RARP、ICMP等；第7章介绍了无线局域网技术，包括无线局域网基础、无线局域网标准、无线局域网接入设备、无线局域网的组网模式、服务集标识、无线加密标准等；第8章介绍了互联网接入技术，包括常见的互联网接入技术、网络地址转换、ICS服务等；第9章介绍了网络操作系统，包括网络操作系统概述、Windows操作系统、UNIX网络操作系统、Linux网络操作系统等；第10章介绍了常见网络服务，包括网络服务器、客户机/服务器模式、DHCP服务、DNS服务、WWW服务、FTP服务等；第11章介绍了防火墙技术,包括防火墙技术概述、防火墙技术原理、防火墙体系结构、Windows 防火墙等;第 12 章介绍了 VPN 技术,包括 VPN 技术概述、VPN 的特点、VPN 的处理过程、VPN 的分类、VPN 的关键技术、VPN 隧道协议等。

本书由黄林国担任主编,李瑞恩、黄颖欣欣、牟维文、曾兆伟、张瑛担任副主编,杨帆参加了部分内容的编写。全书由黄林国统稿。

为了便于读者学习,本书录制了学习视频,读者扫描书中相应的二维码,便可以用微课方式进行在线学习。本书提供了教学大纲、教案、微课视频、PPT 课件、习题答案、电子活页等数字化教学资源,读者可以从清华大学出版社网站(www.tup.com.cn)免费下载。

由于编者的学识和水平有限,疏漏和不当之处在所难免,敬请读者不吝指正。

编 者

2024 年 6 月

目 录

第1章 计算机网络概况 ······ 1

1.1 计算机网络的发展与分类 ······ 1

1.1.1 计算机网络的发展 ······ 1

1.1.2 计算机网络的功能 ······ 3

1.1.3 计算机网络的分类 ······ 3

1.2 计算机网络的组成 ······ 4

1.3 计算机网络协议及体系结构 ······ 7

1.3.1 计算机网络协议 ······ 7

1.3.2 计算机网络的体系结构 ······ 7

1.3.3 OSI 的通信模型 ······ 9

1.3.4 OSI 中的数据传输过程 ······ 10

1.3.5 TCP/IP 模型 ······ 11

1.4 计算机网络的拓扑结构 ······ 13

1.4.1 计算机网络拓扑结构的基本概念 ······ 13

1.4.2 计算机网络拓扑结构的主要类型 ······ 13

1.5 实训 ······ 15

1.5.1 实训 1：双绞线的制作 ······ 15

1.5.2 实训 2：双机互连对等网络的组建 ······ 18

1.6 习题 ······ 21

第2章 局域网技术基础 ······ 23

2.1 网络常用连接设备 ······ 23

2.2 局域网的参考模型 ······ 25

2.3 IEEE 802 标准 ······ 26

2.4 局域网介质访问控制方法 ······ 28

2.4.1 带冲突检测的载波侦听多路访问 ······ 28

2.4.2 令牌环 ······ 29

2.4.3 令牌总线 ······ 29

2.5 以太网技术 ······ 30

2.5.1 MAC 地址 ······ 30

2.5.2 以太网的帧格式 ······ 30

2.5.3　10Mbps 标准以太网 …… 31

2.6　高速局域网技术 …… 31

2.6.1　100Mbps 快速以太网 …… 32

2.6.2　千兆以太网 …… 32

2.6.3　万兆以太网 …… 33

2.6.4　十万兆以太网 …… 33

2.7　局域网交换技术 …… 33

2.7.1　交换机的工作原理 …… 33

2.7.2　交换机的帧转发方式 …… 35

2.7.3　冲突域和广播域 …… 36

2.7.4　交换机的互联方式 …… 36

2.8　实训 …… 39

2.9　习题 …… 40

第3章　IP 地址与子网划分 …… 43

3.1　IP 与网络层服务 …… 43

3.2　IP 地址 …… 44

3.2.1　IP 地址的结构和分类 …… 44

3.2.2　特殊 IP 地址 …… 45

3.3　子网掩码与子网划分 …… 45

3.3.1　子网掩码 …… 45

3.3.2　子网划分 …… 46

3.4　IP 数据报格式 …… 48

3.5　IPv6 …… 50

3.6　实训 …… 53

3.6.1　实训 1：IP 地址与子网的划分方法 …… 53

3.6.2　实训 2：IPv6 的使用 …… 55

3.7　习题 …… 58

第4章　虚拟局域网技术 …… 61

4.1　交换机的管理与基本配置 …… 61

4.1.1　交换机的硬件组成 …… 61

4.1.2　交换机的启动过程 …… 61

4.1.3　交换机的配置模式 …… 62

4.1.4　交换机的命令行操作模式 …… 62

4.1.5　交换机的密码基础 …… 63

4.2　虚拟局域网技术概述 …… 63

4.2.1　VLAN 的工作原理 …… 63

4.2.2　VLAN 的划分方法 …… 65

4.2.3 trunk 技术 …… 65
4.2.4 VLAN 中继协议 …… 66
4.3 实训 …… 67
4.3.1 实训 1：交换机的基本配置 …… 67
4.3.2 实训 2：单交换机上的 VLAN 划分 …… 72
4.3.3 实训 3：多交换机上的 VLAN 划分 …… 74
4.4 习题 …… 77

第 5 章 网络互联技术 …… 80

5.1 路由器概述 …… 80
5.2 路由器的工作原理 …… 82
5.3 路由选择算法 …… 83
5.3.1 标准路由选择算法 …… 84
5.3.2 距离矢量路由选择算法与 RIP …… 84
5.3.3 链路状态路由选择算法与 OSPF …… 86
5.4 实训 …… 87
5.4.1 实训 1：路由器的基本配置 …… 88
5.4.2 实训 2：局域网间路由的配置 …… 89
5.5 习题 …… 92

第 6 章 常用网络命令 …… 95

6.1 TCP/UDP …… 95
6.1.1 TCP 格式 …… 95
6.1.2 三次握手机制 …… 96
6.1.3 滑动窗口机制 …… 97
6.1.4 确认与重传机制 …… 98
6.1.5 UDP 格式 …… 99
6.1.6 TCP/UDP 端口 …… 99
6.2 ARP 和 RARP …… 100
6.2.1 ARP 的工作原理 …… 101
6.2.2 RARP 的工作原理 …… 101
6.3 ICMP …… 102
6.3.1 ICMP 差错报文 …… 102
6.3.2 ICMP 控制报文 …… 103
6.3.3 ICMP 回应请求与应答报文 …… 103
6.4 实训 …… 104
6.5 习题 …… 113

第7章　无线局域网技术 …… 115

7.1　无线局域网基础 …… 115
7.2　无线局域网标准 …… 116
7.2.1　IEEE 802.11x 系列标准 …… 116
7.2.2　家庭无线网络技术 …… 118
7.2.3　蓝牙技术 …… 118
7.3　无线局域网接入设备 …… 118
7.3.1　无线网卡 …… 118
7.3.2　无线访问接入点 …… 119
7.3.3　无线路由器 …… 119
7.3.4　天线 …… 120
7.4　无线局域网的组网模式 …… 121
7.4.1　Ad-Hoc 模式 …… 121
7.4.2　infrastructure 模式 …… 121
7.5　服务集标识 …… 122
7.6　无线加密标准 …… 122
7.6.1　WEP 加密标准 …… 122
7.6.2　WPA 加密标准 …… 122
7.6.3　WPA2 加密标准 …… 123
7.6.4　WPA3 加密标准 …… 123
7.7　实训 …… 123
7.7.1　实训1：组建 Ad-Hoc 模式无线对等网络 …… 124
7.7.2　实训2：组建 infrastructure 模式无线局域网 …… 128
7.8　习题 …… 135

第8章　互联网接入技术 …… 138

8.1　常见的互联网接入技术 …… 138
8.1.1　PSTN 接入 …… 138
8.1.2　ADSL 接入 …… 138
8.1.3　HFC 接入 …… 139
8.1.4　光纤接入 …… 139
8.1.5　通过代理服务器接入 …… 140
8.2　网络地址转换 …… 140
8.3　ICS 服务 …… 142
8.4　实训 …… 143
8.4.1　实训1：局域网通过宽带路由器接入 Internet …… 143
8.4.2　实训2：局域网通过“移动热点”接入 Internet …… 146
8.5　习题 …… 149

第 9 章 网络操作系统 …… 151

9.1 网络操作系统概述 …… 151
9.2 Windows 操作系统 …… 152
9.3 UNIX 网络操作系统 …… 155
9.4 Linux 网络操作系统 …… 155
9.5 实训 …… 156
9.5.1 实训 1：安装 Windows Server 2016 操作系统 …… 156
9.5.2 实训 2：工作组模式下的用户、组和文件管理 …… 160
9.6 习题 …… 165

第 10 章 常见网络服务 …… 167

10.1 网络服务器 …… 167
10.1.1 机架式服务器 …… 167
10.1.2 刀片式服务器 …… 168
10.2 客户机/服务器模式 …… 168
10.2.1 什么是客户机/服务器模式 …… 168
10.2.2 客户机/服务器模式的特性 …… 168
10.2.3 客户机/服务器模式的运作过程 …… 168
10.3 DHCP 服务 …… 169
10.3.1 DHCP 的概念 …… 169
10.3.2 DHCP 服务器的位置 …… 169
10.3.3 DHCP 的工作过程 …… 169
10.3.4 DHCP 的时间域 …… 171
10.4 DNS 服务 …… 171
10.4.1 域名 …… 171
10.4.2 域名解析 …… 173
10.4.3 区域文件 …… 174
10.5 WWW 服务 …… 174
10.5.1 WWW 的基本概念 …… 174
10.5.2 HTTP …… 175
10.5.3 HTML …… 176
10.6 FTP 服务 …… 176
10.6.1 FTP 服务和客户机/服务器模式 …… 176
10.6.2 FTP 的使用方式 …… 177
10.6.3 FTP 访问控制 …… 177
10.7 实训 …… 178
10.7.1 实训 1：DHCP 服务器的配置 …… 178
10.7.2 实训 2：DNS 服务器的配置 …… 186

10.7.3　实训3：Web服务器的配置 …… 195
10.7.4　实训4：FTP服务器的配置 …… 201
10.8　习题 …… 204

第11章　防火墙技术 …… 206

11.1　防火墙技术概述 …… 206
11.2　防火墙技术原理 …… 208
11.2.1　包过滤防火墙 …… 208
11.2.2　代理防火墙 …… 209
11.2.3　状态检测防火墙 …… 211
11.3　防火墙体系结构 …… 211
11.3.1　包过滤路由器防火墙结构 …… 212
11.3.2　双宿主主机防火墙结构 …… 212
11.3.3　屏蔽主机防火墙结构 …… 212
11.3.4　屏蔽子网防火墙结构 …… 213
11.4　Windows防火墙 …… 213
11.4.1　网络位置 …… 213
11.4.2　高级安全性 …… 214
11.5　实训 …… 216
11.6　习题 …… 228

第12章　VPN技术 …… 230

12.1　VPN技术概述 …… 230
12.2　VPN的特点 …… 231
12.3　VPN的处理过程 …… 231
12.4　VPN的分类 …… 232
12.5　VPN的关键技术 …… 233
12.6　VPN隧道协议 …… 234
12.7　实训 …… 235
12.7.1　实训1：部署一台基本的VPN服务器 …… 235
12.7.2　实训2：在客户端建立并测试VPN连接 …… 242
12.8　习题 …… 247

附录A　网络模拟软件Cisco Packet Tracer的使用方法 …… 249

附录B　电子活页 …… 256

参考文献 …… 258

第 1 章　计算机网络概况

学习目标

（1）掌握计算机网络的基本概念。

（2）了解计算机网络的发展历史、功能和分类。

（3）掌握计算机网络的组成、体系结构、网络拓扑结构。

（4）掌握直通线和交叉线的制作方法。

（5）掌握双机互连对等网络的组建方法。

1.1　计算机网络的发展与分类

计算机网络是现代高科技的重要组成部分，是计算机技术与通信技术相结合的产物。计算机网络出现的历史并不长，但发展很快，经历了一个从简单到复杂、从低级到高级的过程。

1.1.1　计算机网络的发展

计算机网络的发展经历了 4 个阶段。

1. 面向终端的计算机网络——以数据通信为主

20 世纪 50 年代末期，由一台中央主机通过通信线路连接在地理上分散的大量终端，构成面向终端的计算机网络，如图 1-1 所示。终端分时访问中心计算机的资源，中心计算机将处理结果返回给终端。

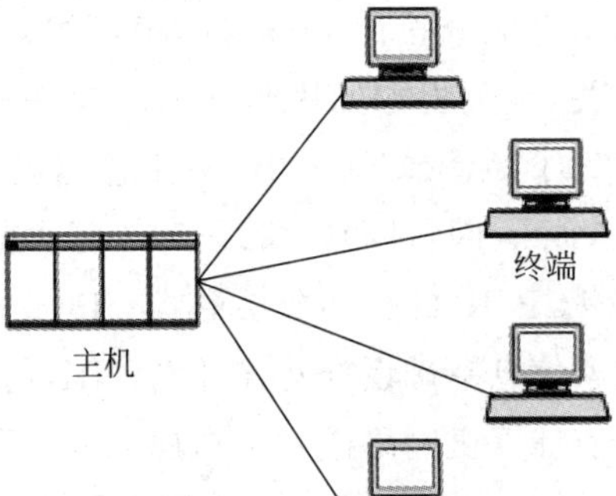

主机
终端

图 1-1　面向终端的计算机网络

2. 面向通信的计算机网络——以资源共享为主

1969 年由美国国防部高级研究计划署（Advanced Research Projects Agency，ARPA）研究组建的 ARPANET 是世界上第一个真正意义上的计算机网络。ARPANET 当时只连接了 4 台主机，每台主机都具有自主处理能力，彼此之间不存在主从关系，相互共享资源。ARPANET 是计算机网络技术发展的一个里程碑，它对计算机网络技术的发展作出的突出贡献主要表现在以下 3 个方面。

（1）采用资源子网与通信子网组成两级网络结构，如图 1-2 所示。通信子网负责全部网络的通信工作，资源子网由各类主机、终端、软件、数据库等组成。

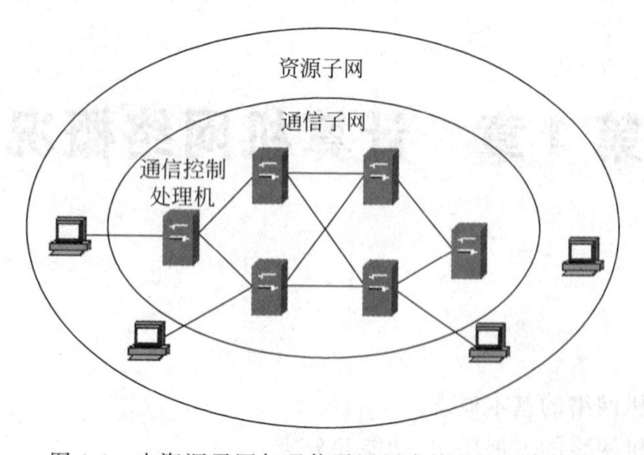

图 1-2　由资源子网与通信子网组成的两级网络结构

(2) 采用报文分组交换方式。

(3) 采用层次结构的网络协议。

3. 面向应用的计算机网络——体系标准化

20 世纪 70 年代中期,局域网得到了迅速发展。美国 Xerox、DEC 和 Intel 公司推出了以 CSMA/CD 介质访问技术为基础的以太网(Ethernet)产品,其他大公司也纷纷推出自己的产品,如 IBM 公司的 SNA(system network architecture,系统网络体系结构)。但各家网络产品在技术、结构等方面存在着很大差异,没有统一的标准,彼此之间不能互联,从而造成了不同网络之间信息传递的障碍。为了统一标准,1984 年由国际标准化组织(ISO)制订了一种统一的分层方案——OSI(open system interconnection,开放系统互联)参考模型,将网络体系结构分为 7 层。

4. 面向未来的计算机网络——以 Internet 为核心的高速计算机网络

OSI 参考模型为计算机网络提供了统一的分层方案,但事实是世界上没有任何一个网络是完全按照 OSI 参考模型组建的,这固然与 OSI 参考模型的 7 层分层设计过于复杂有关,更重要的原因是在 OSI 参考模型提出时,已经有很多网络使用 TCP/IP 的分层模式加入了 ARPANET 中,并使它的规模不断扩大,从而最终形成了世界范围的互联网——Internet(因特网)。所以,Internet 就是在 ARPANET 的基础上发展起来的,并且一直沿用着 TCP/IP 的 4 层分层模式。Internet 的大发展始于 20 世纪 90 年代,1993 年美国宣布了国家信息基础设施建设计划(NII,信息高速公路计划),促成了 Internet 爆炸式的飞跃发展,也使计算机网络进入了高速化的互联阶段。

Internet 是覆盖全球的信息基础设施之一,用户可以利用 Internet 实现全球范围的信息传输、信息查询、电子邮件、语音与图像通信服务等功能。ARPANET 与分组交换技术的发展,奠定了互联网的基础。

1991 年 6 月,我国第一条与国际互联网连接的专线建成,从中国科学院高能物理研究所一直到斯坦福大学直线加速器中心。到 1994 年,我国才实现了采用 TCP/IP 的国际互联网的功能联接,可以通过四大主干网(中国科技网 CSTNET、中国教育科研网 CERNET、中国公用信息网 CHINANET、中国金桥信息网 CHINAGBN)接入因特网。

1.1.2　计算机网络的功能

计算机网络是将地理上分散且具有独立功能的计算机通过通信设备及传输媒体连接起来，在通信软件的支持下，实现计算机间资源共享、信息交换或协同工作的系统。

计算机网络的主要功能有以下几个。

(1) 数据通信。利用计算机网络可实现各地各计算机之间快速可靠地互相传送数据，进行信息处理。数据通信是计算机网络最基本的功能。

(2) 资源共享。“资源”是指网络中所有的硬件、软件和数据资源，“共享”是指网络中的用户都能够部分或全部地享用这些资源。

(3) 分布式处理。计算机网络的组建，使原来单个计算机无法处理的大型任务，可以通过多台计算机共同完成。对于一些大型任务，可以把它分解成多个小型任务，由网络上的多台计算机协同工作、分布式处理。

(4) 综合信息服务。计算机网络的发展使应用日益多元化，即在一套系统上提供集成的信息服务，包括来自社会、政治、经济等各方面资源，甚至同时还提供多媒体信息，如图像、语音、动画等。在多元化发展的趋势下，许多网络应用形式不断涌现，如电子邮件、网上交易、视频点播、联机会议、微信、微博等。

1.1.3　计算机网络的分类

计算机网络的分类方式有很多，如按网络的覆盖范围、拓扑结构、应用协议、传输介质、数据交换方式等分类。按网络的覆盖范围可以将计算机网络分为局域网、城域网、广域网等，按拓扑结构可分为星形网、总线型网、环形网、树形网、网状网等，按传播方式可分为点对点传输网络和广播式传输网络等。

(1) 局域网(local area network，LAN)：在小范围内将两台或多台计算机连接起来所构成的网络，如网吧、机房等。局域网一般位于一个建筑物或一个单位内，它的特点是：连接范围窄、用户数少、配置容易、连接速率快、可靠性高。局域网的传输速率通常为 100～10000Mbps 甚至更高。从介质访问控制方法角度分类，局域网可分为共享式局域网和交换式局域网。

(2) 城域网(metropolitan area network，MAN)：介于广域网与局域网之间的一种高速网络，传输距离通常为几千米到几十千米不等，覆盖范围通常是一座城市。城域网的设计目标是要满足多个局域网互联的需求，以实现大量用户之间的数据、语音、图形与视频等信息的传输。早期的 MAN 产品主要是光纤分布式数据接口(fiber distributed data interface，FDDI)。目前的城域网建设方案有以下几个共同点：传输介质采用光纤；交换节点采用基于 IP 交换的高速路由交换机或 ATM 交换机；在体系结构上采用核心交换层、业务汇聚层与接入层的三层模式。

(3) 广域网(wide area network，WAN)：覆盖范围从几十千米到几千千米甚至全球，可以把众多的 LAN 连接起来，具有规模大、传输延迟时间长的特点。最广为人知的 WAN 就是 Internet，虽然它的传输速率相对 LAN 要低得多，但它的优点也是非常明显的，即信息量大，传播范围广。因为广域网很复杂，其实现技术在所有网络中也是最复杂的。广域网从逻辑功能上可分为通信子网和资源子网。通信子网采用分组交换技术，利用公用分组交换网、卫星通信网和无线分组交换网实现网络互联。资源子网负责全网的数据处理,向网络用户提供各种网络资源与网络服务,主要包括主机和终端。

1.2 计算机网络的组成

计算机网络的硬件系统通常由服务器、工作站、传输介质、网卡、路由器、集线器、中继器、调制解调器等组成,下面介绍几种类型。

1. 服务器

服务器(server)是网络运行、管理和提供服务的中枢,它影响网络的整体性能,一般在大型网络中采用大型机、中型机或小型机作为网络服务器;对于网点不多、网络通信量不大、数据安全要求不高的网络,可以选用高档微型计算机作为网络服务器。

服务器按提供的服务被冠以不同的名称,如数据库服务器、邮件服务器、打印服务器、WWW 服务器、文件服务器等。

2. 工作站

工作站(workstation)也称客户机(client)。由服务器进行管理和提供服务的、连入网络的任何计算机都属于工作站,其性能一般低于服务器。个人计算机接入 Internet 后,在获取 Internet 服务的同时,其本身就成为 Internet 网上的一台工作站。

服务器或工作站中一般都安装了网络操作系统,网络操作系统除具有通用操作系统的功能外,还应具有网络支持功能,能管理整个网络的资源。常见的网络操作系统主要有 Windows、UNIX、Linux 等。

3. 传输介质

传输介质是网络中信息传输的物理通道,通常分为有线网和无线网。

- 有线网中的计算机通过光纤、双绞线、同轴电缆等传输介质连接。
- 无线网中的设备则通过无线电、微波、红外线、激光和卫星信道等无线介质进行连接。

1)光纤

光纤(图 1-3)又称为光缆,具有很大的带宽,是目前常用的传输介质。光纤是由许多细如发丝的玻璃纤维外加绝缘护套组成的,光束在玻璃纤维内传输。光纤具有防电磁干扰、传

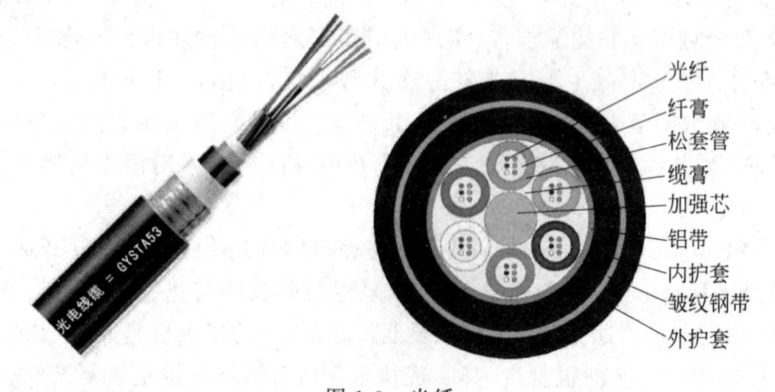

图 1-3 光纤

输稳定可靠、传输带宽高等特点，适用于高速网络和骨干网。利用光纤连接网络，每端必须连接光/电转换器，另外还需要其他辅助设备。

光纤分为单模光纤和多模光纤两种(所谓“模”，就是指以一定的角度进入光纤的一束光线)。

- 在单模光纤中，芯的直径一般为 9μm 或 10μm，使用激光作为光源，并且只允许一束光线穿过光纤，定向性强，传递数据质量高，传输距离远，可达 100km，通常用于长途干线传输及城域网建设等。
- 在多模光纤中，芯的直径一般是 50μm 或 62.5μm，使用发光二极管作为光源，允许多束光线同时穿过光纤，定向性差，最大传输距离为 2km，一般用于距离相对较近的区域内的网络连接。

2) 双绞线

双绞线(俗称网络)是布线工程中最常用的一种传输介质，由不同颜色的 4 对 8 芯线(每根芯线加绝缘层)组成，每两根芯线按一定规则交织在一起(为降低信号之间的相互干扰)，成为一个芯线对。双绞线可分为非屏蔽双绞线(unshielded twisted pair，UTP)和屏蔽双绞线(shielded twisted pair，STP)，如图 1-4(a)和(b)所示。平时人们接触的大多是非屏蔽双绞线，其最大传输距离为 100m。

使用双绞线组网时，双绞线和其他设备连接必须使用 RJ-45 接头(俗称水晶头)，如图 1-5 所示。

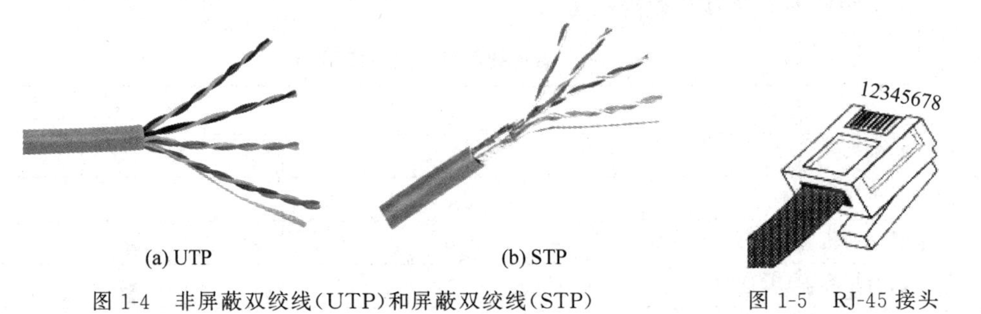

(a) UTP　　(b) STP

图 1-4　非屏蔽双绞线(UTP)和屏蔽双绞线(STP)

图 1-5　RJ-45 接头

RJ-45 水晶头中的线序有两种标准：EIA/TIA 568A 和 EIA/TIA 568B，如图 1-6 所示。

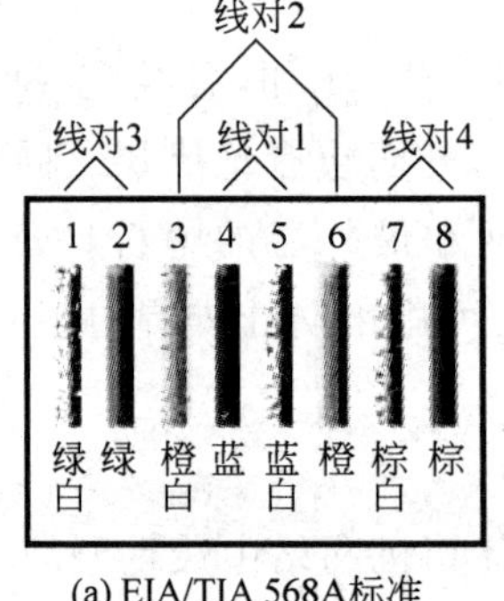

(a) EIA/TIA 568A标准

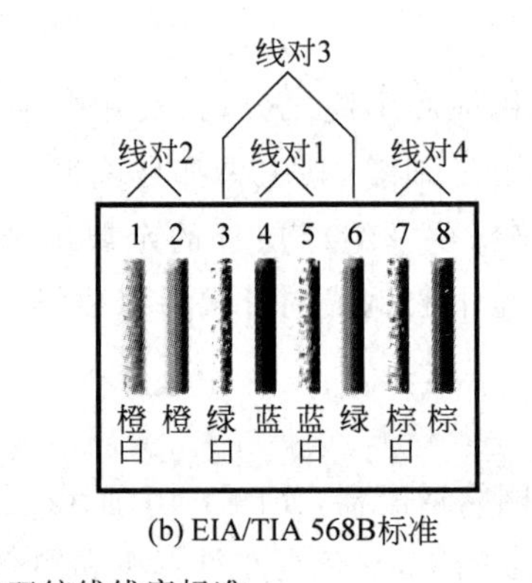

(b) EIA/TIA 568B标准

图 1-6　两种双绞线线序标准

(1) EIA/TIA 568A 标准：绿白-1、绿-2、橙白-3、蓝-4、蓝白-5、橙-6、棕白-7、棕-8。

(2) EIA/TIA 568B 标准：橙白-1、橙-2、绿白-3、蓝-4、蓝白-5、绿-6、棕白-7、棕-8。

在双绞线中，直接参与通信的导线是线序为1、2、3、6的四根线，其中1和2负责发送数据；3和6负责接收数据。

针对应用场合的不同，可将网线分为直通线和交叉线两种。

(1) 直通线：也称直连线，如图1-7所示，是指双绞线两端线序都为568A或568B，用于连接不同种类的设备。

(2) 交叉线：如图1-8所示，双绞线一端线序为568A，另一端线序为568B，用于连接相同种类的设备。

图1-7 直通线导线分布

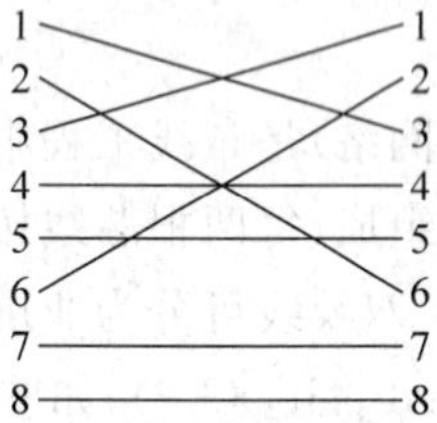

图1-8 交叉线导线分布

直通线和交叉线的应用如表1-1所示。新型的交换机已不再需要区分Uplink口和普通口，交换机级联时直接使用直通线。

表1-1 直通线和双绞线的应用

应用方式	直通线	交叉线
网卡对网卡		√
网卡对集线器	√	
网卡对交换机	√	
集线器对集线器(普通口)		√
交换机对交换机(普通口)		√
交换机对集线器(Uplink口)	√	

3) 同轴电缆

同轴电缆有粗缆和细缆之分，在实际中应用广泛，比如，有线电视网中使用的就是粗缆。不论是粗缆还是细缆，其中央都是一根铜线，外面包有绝缘层。同轴电缆(图1-9)由中心铜线、环绕绝缘层及绝缘层外的金属屏蔽网和最外层的塑料封套组成，这种结构的金属屏蔽网可防止中心铜线向外辐射电磁场，也可用来防止外界电磁场干扰中心铜线中的信号。

4. 网卡

网卡也称为网络适配器，如图1-10所示，是计算机网络中最重要的连接设备。计算机主要通过网卡连接网络，它负责在计算机和网络之间实现双向数据传输。每块网卡均有唯一的48位二进制网卡地址(MAC地址)，如00-23-5A-69-7A-3D(十六进制)。

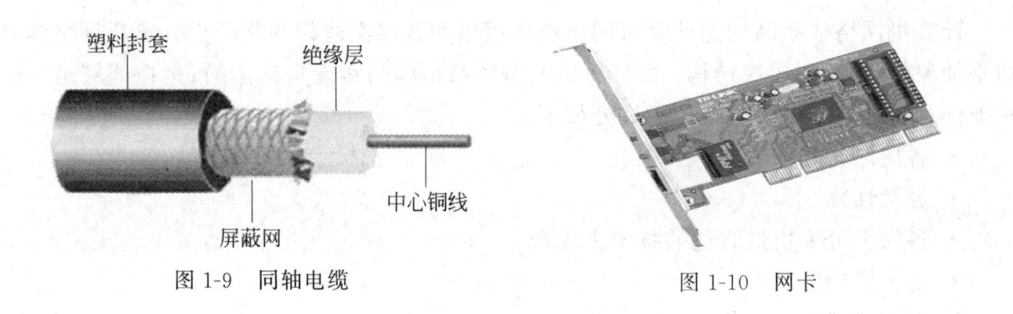

图 1-9　同轴电缆　　　图 1-10　网卡

1.3　计算机网络协议及体系结构

1.3.1　计算机网络协议

在计算机网络中为实现计算机之间的正确数据交换，必须要有一系列有关数据传输顺序、信息格式和信息内容等的约定，这些规则、标准或约定称为计算机网络协议（protocol）。计算机网络协议一般至少包括 3 个要素。

（1）语法：规定用户数据与控制信息的结构和格式。

（2）语义：规定需要发出何种控制信息及完成的动作与做出的响应。

（3）时序：规定对事件实现顺序控制的时间。

1.3.2　计算机网络的体系结构

在计算机网络诞生之初，每个计算机厂商都有自己的一套网络体系结构，它们之间互不相容。为此，国际标准化组织（ISO）在 1979 年建立了一个分委员会来专门研究一种用于开放系统互联的体系结构，即 OSI。“开放”这个词表示：只要遵循 OSI 标准，一个系统可以和位于世界上任何地方的，也遵循 OSI 标准的其他任何系统进行连接。这个分委员会提出了开放系统互联参考模型，即 OSI 参考模型（OSI/RM），它定义了异质系统互联的标准框架。OSI/RM 模型分为 7 层，从下往上分别是物理层、数据链路层、网络层、传输层、会话层、表示层和应用层，如图 1-11 所示。

层次			
7	应用层	←应用层协议→	应用层
6	表示层	←表示层协议→	表示层
5	会话层	←会话层协议→	会话层
4	传输层	←传输层协议→	传输层
3	网络层	←网络层协议→	网络层
2	数据链路层	←数据链路层协议→	数据链路层
1	物理层	←物理层协议→	物理层
0	物理互联媒体		

图 1-11　OSI/RM 模型

计算机网络体系结构是计算机网络层次模型和各层次协议的集合。计算机网络体系结构是抽象的,多采用层次结构;而计算机网络体系结构的实现是具体的,是指能够运行的一些硬件和软件。采用层次结构的好处如下。

- 各层之间相互独立。
- 灵活性好。
- 各层都可采用最合适的技术来实现。
- 易于实现维护。
- 有利于促进标准化。

划分层次的原则如下。

- 网中各节点都有相同的层次。
- 不同节点的同等层具有相同的功能。
- 同一节点内相邻层之间通过接口通信。
- 每一层使用下层提供的服务,并向其上层提供服务。
- 不同节点的同等层按照协议实现对等层之间的通信。

OSI 参考模型各层次的主要功能如表 1-2 所示。

表 1-2　OSI 参考模型各层次的主要功能

层　　次	数据格式	主要功能	典型设备
应用层	数据报文	为应用程序提供网络服务	
表示层	数据报文	数据表示、数据安全、数据压缩	
会话层	数据报文	建立、管理和终止会话	
传输层	数据报文	提供端到端连接	
网络层	数据包(分组)	确定地址、路径选择(路由)	路由器
数据链路层	数据帧	介质访问(接入)	网桥、交换机、网卡
物理层	比特流	二进制数据流传输	光纤、同轴电缆、双绞线、中继器和集线器

(1) 物理层。这是整个 OSI 参考模型的最低层,它的任务就是提供网络的物理连接,所以,物理层是建立在物理介质上的(而不是逻辑上的协议和会话),它提供的是机械和电气接口,其作用是使原始的数据比特(bit)流能在物理介质上传输。

(2) 数据链路层。数据链路层分为介质访问控制(media access control,MAC)子层和逻辑链路控制(logical link control,LLC)子层,在物理层提供比特流传输服务的基础上,传送以帧为单位的数据。数据链路层的主要作用是通过校验、确认和反馈重发等手段,将不可靠的物理链路改造成对网络层来说无差错的数据链路。数据链路层还要协调收发双方的数据传输速率,即进行流量控制,以防止接收方因来不及处理发送方传送来的高速数据而导致缓冲区溢出及线路阻塞等问题。

(3) 网络层。网络层负责由一个站到另一个站的路径选择,它解决的是网络与网络之间,即网际的通信问题,而不是同一网段内部的通信问题。网络层的主要功能是提供路由,即选择到达目的主机的最佳路径,并沿该路径传送数据包(分组)。此外,网络层还具有流量控制和拥挤控制的能力。

(4) 传输层。传输层负责完成两站之间数据的传送。当两个站已确定建立了联系后,传输层即负责监督，以确保数据能正确无误地传送，提供可靠的端到端数据传输功能。

（5）会话层。会话层主要负责控制每一站究竟什么时间可以传送与接收数据。例如，如果有许多使用者同时进行传送与接收消息，此时会话层的任务就是确定在接收消息还是发送消息时不会有“碰撞”的情况发生。

（6）表示层。表示层负责将数据转换成使用者可以看得懂的有意义的内容，包括格式转换、数据加密与解密、数据压缩与恢复等功能。

（7）应用层。应用层负责为软件提供接口以使程序能够使用网络服务。应用层协议的代表包括 Telnet、FTP、HTTP、SNMP、DNS 等。

1.3.3　OSI 的通信模型

OSI 的通信模型结构如图 1-12 所示，它描述了 OSI 通信环境，OSI 参考模型描述的范围包括联网计算机系统中的应用层到物理层的 7 层与通信子网，即图中虚线所连接的范围。

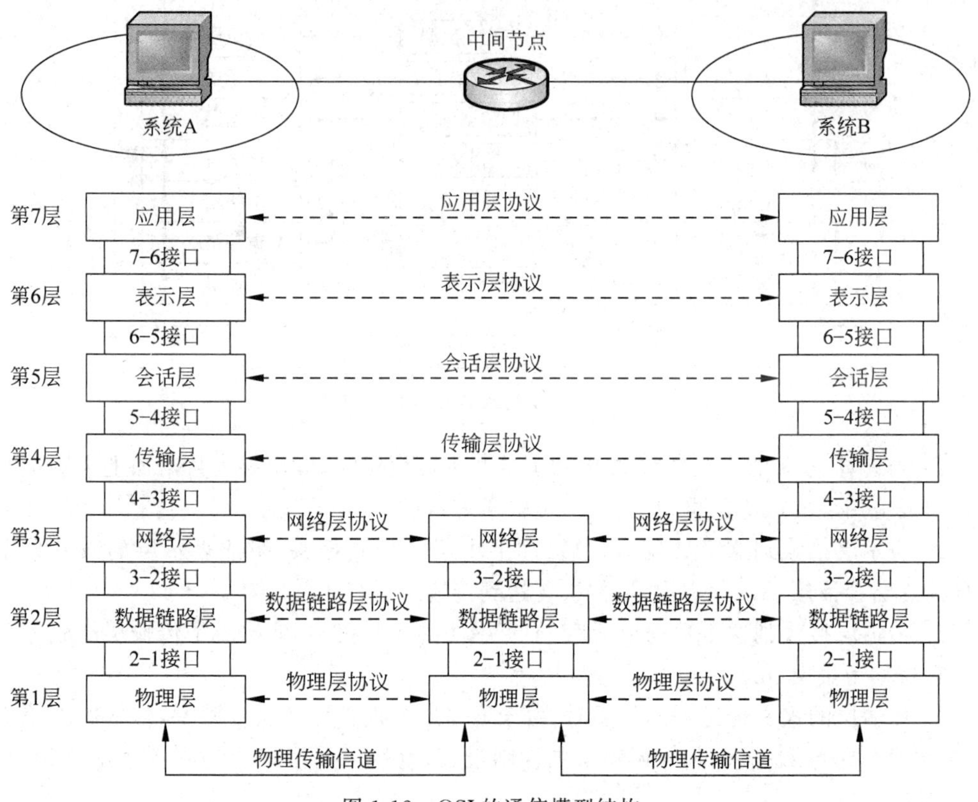

图 1-12　OSI 的通信模型结构

在图 1-12 中，系统 A 和系统 B 在连入计算机网络之前，不需要有实现从应用层到物理层的 7 层功能的硬件与软件。如果它们希望接入计算机网络，就必须增加相应的硬件和软件。通常物理层、数据链路层和网络层大部分可以由硬件方式来实现，而高层（传输层、会话层、表示层和应用层）基本通过软件方式来实现。

例如，系统 A 要与系统 B 交换数据，系统 A 首先调用实现应用层功能的软件模块，将系统 A 的交换数据请求传送到表示层，再向会话层传送，直至物理层。物理层通过传输介质连接系统 A 与中间节点的通信控制处理机(路由器、交换机等),将数据传送到通信控制处理机。通信控制处理机的物理层接收到系统 A 的数据后,通过数据链路层检查是否存在传输错误,若无错误,通信控制处理机通过网络层确定下面应该把数据传送到哪一个中间节点。若通过路径选择,确定下一个中间节点的通信控制处理机,则将数据从上一个中间节点传送到下一个中间节点。下一个中间节点的通信控制处理机采用相同的方法将数据传送到系统 B,系统 B 将接收到的数据从物理层逐层向高一层传送,直至系统 B 的应用层。

1.3.4 OSI 中的数据传输过程

数据在网络中传送时,在发送方和接收方有一个封装和解封装的过程,如图 1-13 所示。

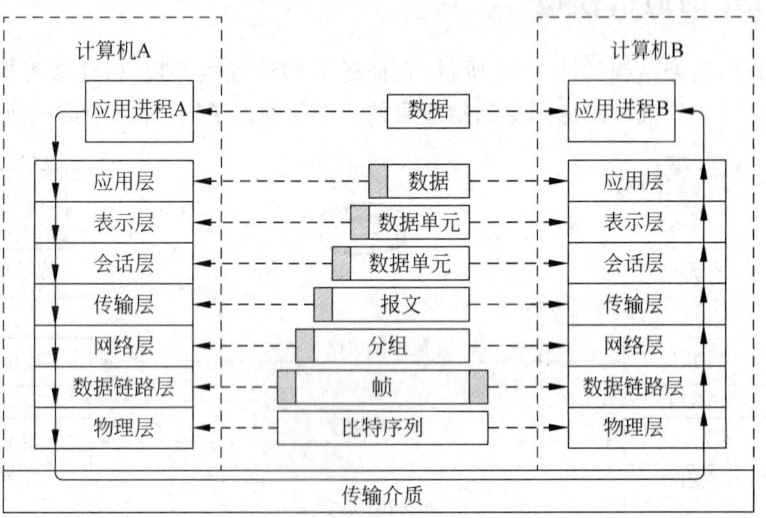

图 1-13　数据的封装和解封装过程

(1) 当计算机 A 的应用进程 A 的数据传送到应用层时,应用层为数据加上本层控制报头后,组成应用层的服务数据单元,然后传输给表示层。

(2) 表示层接收到这个数据单元后,加上本层的控制报头,组成表示层的服务数据单元,再传送给会话层。以此类推,数据被传送到传输层。

(3) 传输层接收到这个数据单元后,加上本层的控制报头,就构成了传输层的服务数据单元,它被称为报文(message)。

(4) 传输层的报文传送到网络层时,由于网络层数据单元的长度限制,传输层长报文将被分成多个较短的数据段,加上网络层的控制报头,就构成了网络层的服务数据单元,它被称为分组(packet)。

(5) 网络层的分组传送到数据链路层时,加上数据链路层的控制信息(帧头和帧尾),就构成了数据链路层的服务数据单元,它被称为帧(frame)。

(6) 数据链路层的帧传送到物理层后,物理层将以比特流的方式通过传输介质传输出去。

当比特流到达目的节点计算机 B 时,再从物理层依层上传,每层对各层的控制报头进行处理后,将用户数据上交给上一层,最后将计算机 A 的应用进程 A 的数据传送给计算机 B 的应用进程 B。

尽管应用进程 A 的数据在 OSI 环境中经过复杂的处理过程才能传送到另一台计算机的应用进程 B,但对于每台计算机的应用进程而言,OSI 环境中数据流的复杂处理过程是透明的。应用进程 A 的数据好像是“直接”传送给应用进程 B,这就是开放系统在网络通信过程中最本质的作用。

1.3.5　TCP/IP 模型

建立 OSI 体系结构的初衷是希望为网络通信提供一种统一的国际标准,然而其固有的复杂性等缺点制约了它的实际应用。一般而言,由于 OSI 体系结构具有概念清晰的优点,所以其主要适用于教学研究。

ARPANET 最初开发的网络协议被用在通信可靠性较差的通信子网中,且出现了不少问题,这就推动了新的网络协议 TCP/IP 的诞生。虽然 TCP/IP 不是 OSI 标准,但它是目前最流行的商业化的网络协议,并被公认为当前的工业标准或“事实上的标准”。

TCP/IP 具有以下特点。

- 开放的协议标准,可以免费使用,并且独立于特定的计算机硬件与操作系统之外。
- 独立于特定的网络硬件,可以运行在局域网、广域网中,更适用于运行在互联网中。
- 统一的网络地址分配方案,使整个 TCP/IP 设备在网中都具有唯一的地址。
- 标准化的高层协议,可提供多种可靠的服务。

TCP/IP 模型分为四层:网络接口层、网络层、传输层和应用层。OSI 参考模型与 TCP/IP 模型的对应关系如表 1-3 所示。

表 1-3　OSI 参考模型与 TCP/IP 模型的对应关系

OSI 参考模型	TCP/IP 模型	TCP/IP 常用协议
应用层	应用层	DNS、HTTP、SMTP、POP、Telnet、FTP、NFS
表示层		
会话层		
传输层	传输层	TCP、UDP
网络层	网络层	IP、ICMP、IGMP、ARP、RARP
数据链路层	网络接口层	Ethernet、ATM、FDDI、ISDN、TDMA
物理层		

1. 网络接口层

网络接口层也被称为主机—网络层,它位于 TCP/IP 模型的最底层,负责将数据帧放入线路或从线路中取下数据帧。它包括了能使用与物理网络进行通信的协议,且对应着 OSI 的物理层和数据链路层。标准并没有定义具体的网络接口协议,而是旨在提供灵活性,以适应各种网络类型,如 LAN、MAN 和 WAN。这也说明了 TCP/IP 可以运行在任何网络之上。

2. 网络层

网络层也被称为互联层(Internet 层),它处理来自上层(传输层)的数据,形成 IP 分组,并且为该 IP 分组进行路径选择,最终将它从源主机传送到目的主机。在网络层中,最常用的协议是网际协议IP(Internet protocol),其他一些协议用来协助IP进行操作,如ICMP、IGMP、ARP、RARP等协议。

网络层的功能主要体现在以下3个方面。

- 处理来自传输层的分组发送请求。
- 处理接收的分组。
- 处理路径选择、流量控制与阻塞问题。

3. 传输层

传输层主要负责应用进程之间的端到端通信,主要包括两个协议:传输控制协议(transmission control protocol,TCP)和用户数据报协议(user datagram protocol,UDP)。

(1) TCP是一种可靠的面向连接的协议,允许将一台主机的字节流无差错地传送到目的主机,通过三次"握手"先建立TCP连接后方可传送数据,并且要求分组按顺序到达目的主机。对于大量数据的传输,通常都要求有可靠的传送。

(2) UDP是一种不可靠的面向无连接的协议,传送数据前不必先建立连接,并且不要求分组按顺序到达目的主机,传输过程中数据有可能出错,必须由应用层的应用程序来实现可靠性机制和差错控制,以保证端到端数据传输的正确性。虽然UDP与TCP相比显得非常不可靠,但在一些特定的环境下还是非常有优势的。例如,要发送的信息较短,不值得在主机之间建立一次连接。另外,面向连接的通信通常只能在两个主机之间进行,若要实现多个主机之间的一对多或多对多的数据传输,即广播或多播,就需要使用UDP。

4. 应用层

应用层位于TCP/IP模型的最高层,与OSI模型的高三层(应用层、表示层、会话层)任务相同,都是用于提供网络服务。本层是应用程序进入网络的通道。应用层包括了所有的高层协议,而且总是不断有新的协议加入,应用层的主要协议有以下几种。

(1) 远程登录协议(telnet):利用它本地主机可以作为仿真终端登录到远程主机上运行应用程序。

(2) 文件传输协议(file transfer protocol,FTP):实现主机之间的文件传送。

(3) 简单邮件传输协议(simple mail transfer protocol,SMTP):实现主机之间电子邮件的传送。

(4) 域名系统(domain name system,DNS):用于实现主机域名与IP地址之间的映射。

(5) 动态主机配置协议(dynamic host configuration protocol,DHCP):实现对主机的IP地址分配和配置工作。

(6) 路由信息协议(routing information protocol,RIP):用于网络设备之间交换路由信息。

(7) 网络文件系统(network file system,NFS):实现主机之间的文件系统的共享。

(8) 超文本传输协议(hypertext transfer protocol,HTTP):用于Internet中的客户机与WWW服务器之间的数据传输。

(9) 简单网络管理协议(simple network management protocol,SNMP):实现网络的管理。

1.4　计算机网络的拓扑结构

1.4.1　计算机网络拓扑结构的基本概念

在复杂的计算机网络结构设计中，人们引用了拓扑学中拓扑结构的概念。拓扑学是几何学的分支，它由图论演变而来。在拓扑学中，先将实体抽象为与大小、形状无关的点，再将连接实体的线路抽象为线，进而研究点、线、面之间的关系。

在计算机网络结构设计中，借助了拓扑学的概念，将通信子网中的通信处理机和其他通信设备抽象为与大小和形状无关的点，并将连接节点的通信线路抽象为线，而将这种点、线连接而成的几何图形称为网络拓扑结构。网络拓扑结构通常可以反映出网络中各实体之间的结构关系。

在网络结构的设计中，第一，必须确定各计算机和其他网络设备在网络中的位置。第二，网络的拓扑结构将直接关系到网络的性能、系统可靠性、通信及投资费用等因素。例如，选用总线型拓扑结构时，其传输介质的用量最少，投资也就较少。第三，拓扑结构还是实现各种协议的基础。所以，网络拓扑结构的选择和设计是计算机网络设计的第一步。

计算机网络拓扑结构主要是指通信子网的拓扑结构。

1.4.2　计算机网络拓扑结构的主要类型

局域网中采用的拓扑结构主要有星形拓扑、总线型拓扑、环形拓扑和树形拓扑。

1. 星形拓扑

星形拓扑是由中央节点和通过点到点的链路接到中央节点的各站点组成，如图 1-14 所示。中央节点执行集中式通信控制策略，任何两个站点之间的通信都要经过中央节点，因此中央节点较复杂，而各个站点的通信处理负担都很小。星形拓扑结构广泛应用于网络中智能集中于中央节点的场合。

1）星形拓扑的优点

- 方便服务。利用中央节点可方便地提供服务和网络重新配置。
- 集中控制和故障诊断。由于每个站点直接连到中央节点，因此，故障容易检测和隔离，可以很方便地将有故障的站点从系统中删除。单个连接的故障只影响一个设备，不会影响全网。

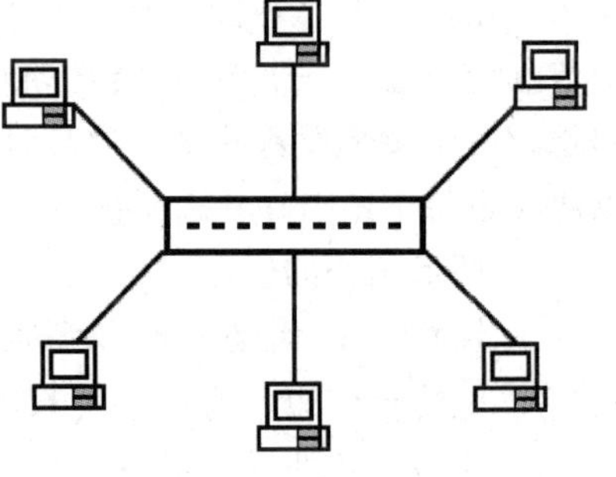

图 1-14　星形拓扑结构

- 简单的访问协议。在星形拓扑结构中，任何一个连接只涉及中央节点和一个站点，因此，控制介质访问的方法很简单，致使访问协议也十分简单。

2）星形拓扑的缺点

- 依赖于中央节点。中央节点是网络的瓶颈，一旦出现故障则全网瘫痪，所以中央节点的可靠性和冗余度要求很高。

• 电缆长度长。每个站点直接和中央节点相连,这种拓扑结构需要大量电缆,安装、维护等费用较高。

• 中央节点的负荷较重。由于所有的通信都要经过中央节点,中央节点成为信息传输速率的瓶颈。

2. 总线型拓扑

总线型拓扑结构采用单条总线进行通信,所有的站点都通过相应的硬件接口直接连接到传输介质——总线上,如图1-15所示。任何一个站点发送的信号都可以沿着介质传播(广播发送),而且能被其他站点接收。因为所有的站点共享一条公用的传输链路,所以一次只能由一个设备传输,这就需要采用某种形式的访问控制策略来决定下一次哪一个站点可以发送信号。

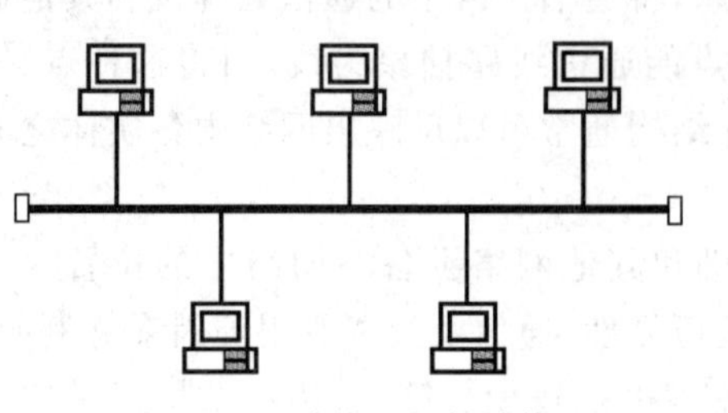

图1-15　总线型拓扑结构

1) 总线型拓扑的优点

• 结构简单、易于扩充。增加新的站点,可以在任一点将其接入。

• 电缆长度短,布线容易。因为所有的站点接到一个公共数据通路(总线),因此,只需要很短的电缆长度,减少了安装费用,易于布线和维护。

2) 总线型拓扑的缺点

• 传输距离短。总线的传输距离有限,通信范围受到限制。

• 故障诊断困难。当接口发生故障时,将影响全网,故障检测需在网上各个站点上进行。

• 复杂的访问协议。由于一次仅能由一个站点发送数据,其他站点必须等待,直到获得发送权,因此介质访问协议较复杂。

3. 环形拓扑

在环形拓扑结构中,各个网络节点连接成环,如图1-16所示。在环路上,信息单向地(顺时针或逆时针方向)从一个节点传送到下一个节点,传送路径固定,没有路径选择的问题。由于多个设备共享一个环,因此需要进行访问控制,以便决定每个站点在什么时候可以发送数据。

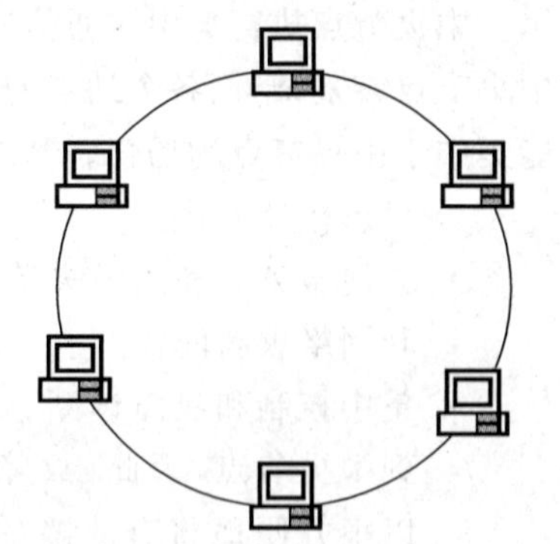

图1-16　环形拓扑结构

1) 环形拓扑的优点

• 结构简单、容易实现、无路径选择。

• 电缆长度短。所需电缆长度和总线型拓扑相近,但比星形拓扑要短得多。

• 信息传输的延迟时间相对稳定。适用于传输负荷较重、实时性要求较高的应用环境。

• 可使用光纤。光纤的传输速率很高,十分适合环形拓扑的单方向传输。

2) 环形拓扑的缺点

• 可靠性较差。在环上的数据传输要通过接在环上的所有节点,所以环中的某一个节点出现故障都会引起全网故障。

- 故障诊断困难。因为某一个节点故障都会使全网不工作，因此难以诊断故障，需要对每个节点进行检测。

4. 树形拓扑

树形拓扑是从星形拓扑或总线型拓扑结构演变而来的，形状像一棵倒置的树，顶端是树根，树根以下带分支，每个分支还可再带分支，如图 1-17 所示。树根接收各站点发送的数据，然后再根据 MAC 地址发送到相应的分支，树形拓扑结构在中小型局域网中应用较多。

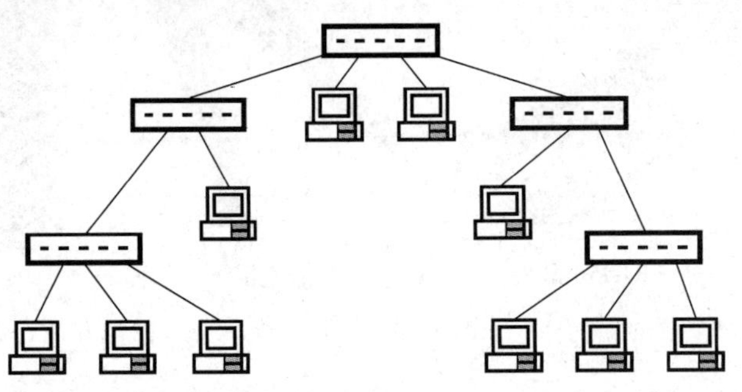

图 1-17　树形拓扑结构

1）树形拓扑的优点

- 易于扩展。这种结构可以延伸出很多分支和子分支，新的节点和新的分支很容易加入网内。
- 故障容易隔离。如果某一分支的节点或线路发生故障，很容易将该分支和整个系统隔离开来。

2）树形拓扑的缺点

树形拓扑的缺点是对根的依赖性大，如果根发生故障，则全网不能正常工作，因此这种结构的可靠性与星形结构相似。

1.5　实　　训

1.5.1　实训 1：双绞线的制作

实训 1：双绞线的制作

1. 实训目标

（1）掌握双绞线的制作标准、制作步骤。

（2）掌握直通线和交叉线的制作技术。

（3）学会剥线钳、压线钳等工具的使用方法。

（4）学会双绞线的检测方法。

2. 完成实训所需的设备和软件

（1）5 类双绞线若干米、RJ-45 水晶头若干个。

（2）压线钳 1 把、网线测试仪 1 台。

3. 实施步骤

双绞线的制作分为直通线的制作和交叉线的制作。双绞线的制作过程主要分为 5 步，可简单归纳为“剥”“理”“插”“压”“测”5 个字。

1）直通线的制作

步骤 1：准备好 5 类双绞线、RJ-45 水晶头、压线钳和网线测试仪等工具，如图 1-18 所示。

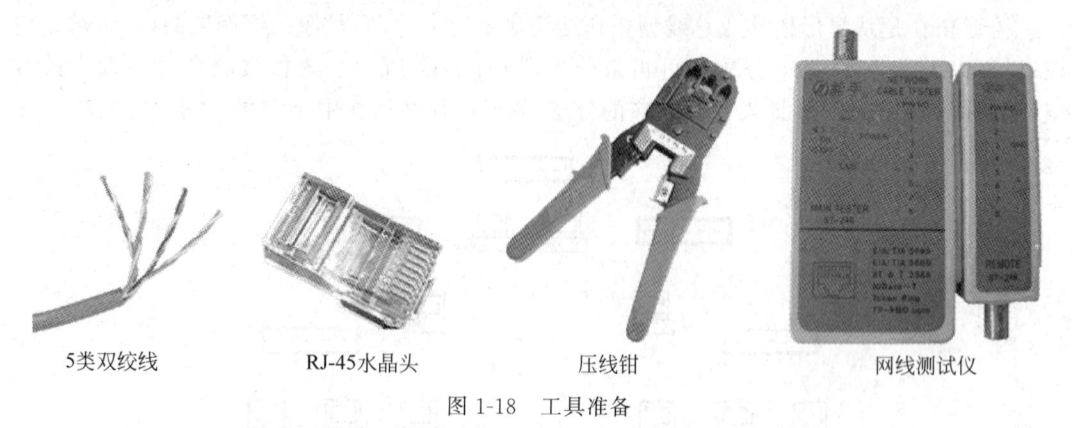

图 1-18　工具准备

步骤 2：用压线钳的剥线刀口夹住 5 类双绞线的外保护套管，适当用力夹紧并慢慢旋转，让刀口正好划开双绞线的外保护套管(注意不要将里面的双绞线的绝缘层划破)，刀口距 5 类双绞线的端头至少 2cm，如图 1-19 所示。

步骤 3：将划开的外保护套管剥去(旋转、向外抽)，如图 1-20 所示。

图 1-19　划开双绞线外保护套管

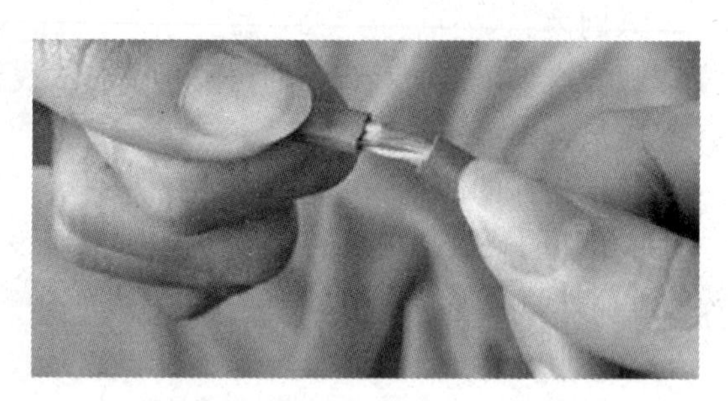

图 1-20　剥去双绞线外保护套管

步骤 4：剥去外保护套管后，露出 4 对双绞线，如图 1-21 所示。

步骤 5：把相互缠绕在一起的每对线缆逐一解开，按照 EIA/TIA 568B 标准(橙白-1、橙-2、绿白-3、蓝-4、蓝白-5、绿-6、棕白-7、棕-8)和导线颜色将导线按规定的序号排好，排列的时候注意尽量避免线路的缠绕和重叠，如图 1-22 所示。

图 1-21　5 类线电缆中的 4 对双绞线

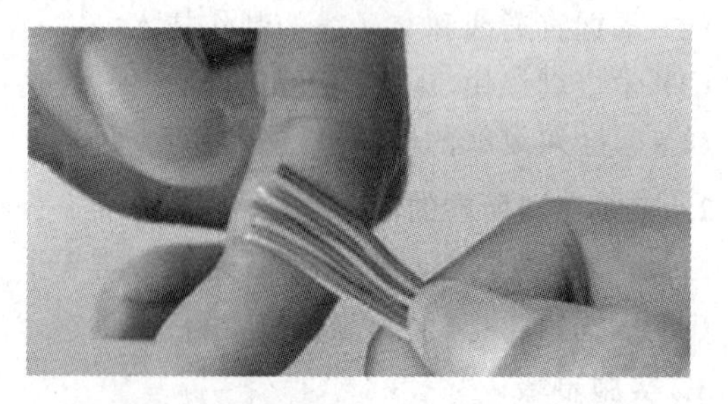

图 1-22　按照 EIA/TIA 568B 标准排好线序

步骤 6：将 8 根导线拉直、压平、理顺，导线间不留空隙，如图 1-23 所示。

步骤 7：用压线钳的剪线刀口将 8 根导线剪齐，如图 1-24 所示。

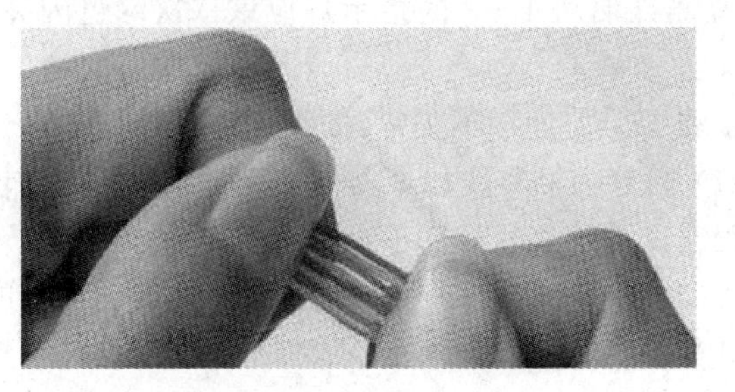

图 1-23　拉直、压平、理顺

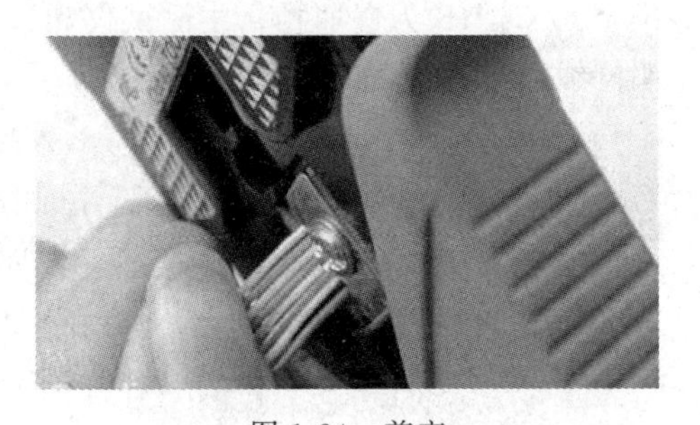

图 1-24　剪齐

【注意】 修剪时，要保留剥开的导线长度约等于水晶头长度，不可过长或过短。剥线过长会使双绞线因外保护套管不能被水晶头卡住而容易松动甚至断线；剥线过短则使导线不能被完全插到水晶头底部，从而造成水晶头的插针不能与双绞线的铜芯有效接触，往往导致网线制作失败。

步骤 8：捏紧 8 根导线，防止导线乱序，把水晶头有塑料弹片的一侧朝下，把整理好的 8 根导线插入水晶头。

【注意】 8 根导线一定要插至水晶头底部，如图 1-25 所示，并使双绞线的外保护套管恰好位于水晶头的凹槽处，以便压线时能压住外保护套管。

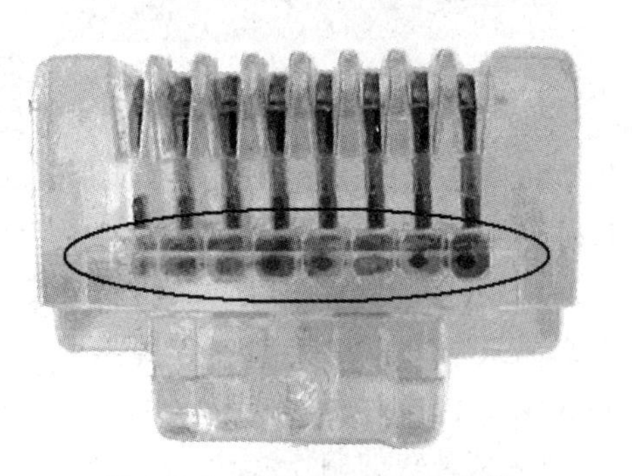

图 1-25　网线插至水晶头底部

步骤 9：确认 8 根导线都已插至水晶头底部，再次检查线序无误后，将水晶头从压线钳“无牙”一侧推入压线槽内，如图 1-26 所示。

步骤 10：双手紧握压线钳的手柄，用力压紧，使水晶头的 8 个针脚接触点穿过导线的绝缘外层，分别和 8 根导线紧紧地压接在一起。制作完成的水晶头如图 1-27 所示。

图 1-26　将水晶头推入压线槽

图 1-27　制作完成的水晶头

步骤 11：完成了直通线一端的水晶头的制作，还需要制作直通线另一端的水晶头，按照 EIA/TIA 568B 标准并重复前面介绍的步骤 1～步骤 10 来制作另一端的水晶头。

水晶头制作完成后，下一步需要检测它的连通性，可用网线测试仪（如上海三北的“能手"网线测试仪)测试是否有连接故障。

步骤12：将直通线两端的水晶头分别插入主测试仪和远程测试端的RJ-45接口，将开关推至ON挡(S为慢速挡)，主测试仪和远程测试端从1～8的指示灯应该依次绿色闪亮，说明网线连接正常，如图1-28所示。

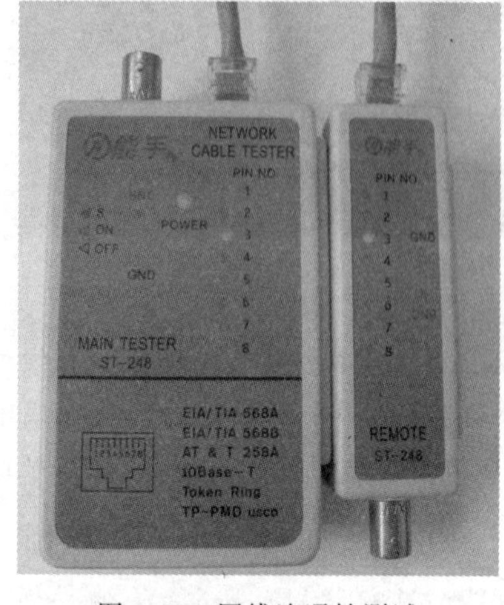
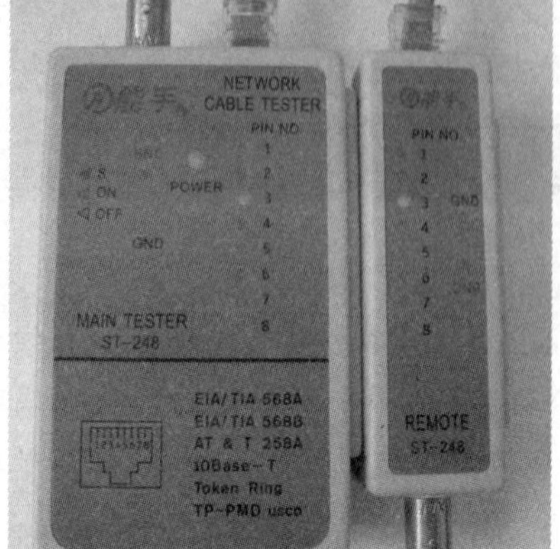

图1-28 网线连通性测试

步骤13：若连接不正常，按下述情况显示。

(1) 当有一根导线如3号线断路时，则主测试仪和远程测试端的3号灯都不亮。

(2) 当有几条导线断路，则相对应的几根导线的指示灯都不亮，当少于两根导线连通时，所有指示灯都不亮。

(3) 当两头网线乱序，如2、4线乱序时，则显示如下。

- 主测试仪端不变：1→2→3→4→5→6→7→8。
- 远程测试端：1→4→3→2→5→6→7→8。

(4) 当有两根导线短路时，主测试仪的指示灯仍然按从1～8的顺序逐个闪亮，而远程测试端两根短路导线所对应的指示灯将被同时点亮，其他的指示灯仍按正常的顺序逐个闪亮。若有3根以上(含3根)导线短路时，则短路的几条导线的指示灯都不亮。

(5) 如果出现红灯或黄灯，说明其中存在接触不良等现象，此时最好先用压线钳压制两端水晶头一次。再测，如果故障依旧存在，再检查一下两端芯线的排列顺序是否一样。如果芯线顺序不一样，就应剪掉一端，并参考另一端芯线顺序，重做一个水晶头。

2) 交叉线的制作

制作交叉线的步骤和操作要领与制作直通线一样，只是交叉线一端按EIA/TIA 568B标准，另一端按EIA/TIA 568A标准制作。

测试交叉线时，主测试仪的指示灯按1→2→3→4→5→6→7→8的顺序逐个闪亮，而远程测试端的指示灯应该按3→6→1→4→5→2→7→8的顺序逐个闪亮。

1.5.2 实训2：双机互连对等网络的组建

实训2：双机互连对等网络的组建

1. 实训目标

(1) 正确安装与配置网卡。

(2) 用交叉线将两台计算机连接起来，组建双机互连对等网络。

2. 完成实训所需的设备和软件

(1) 安装Windows 10操作系统的计算机2台，也可使用网络模拟软件。

(2) 交叉线1根。

3. 网络拓扑结构

为了完成本次实训，搭建如图1-29所示的网络拓扑结构。

交叉线

图1-29 网络拓扑结构

4. 实施步骤

1) TCP/IP 的配置

步骤 1：将交叉线两端分别插入两台计算机网卡的 RJ-45 端口，如果观察到网卡的 Link/Act 指示灯亮起，则表示连接良好。

步骤 2：选择桌面右下角的“网络”→“网络和 Internet 设置”→“更改适配器选项”，在打开的“网络连接”窗口中右击“以太网”图标，在弹出的快捷菜单中选择“属性”命令，打开“以太网 属性”对话框，如图 1-30 所示。

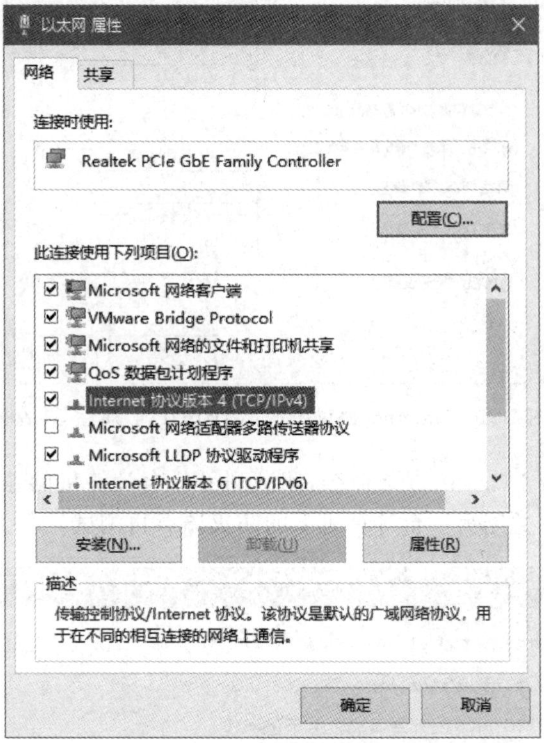

图 1-30　“以太网 属性”对话框

步骤 3：选择“Internet 协议版本 4(TCP/IPv4)”选项，再单击“属性”按钮，或双击“Internet 协议版本 4(TCP/IPv4)”选项，打开“Internet 协议版本 4(TCP/IPv4)属性”对话框，如图 1-31 所示。

步骤 4：选中“使用下面的 IP 地址”单选按钮，将“IP 地址”设置为 192.168.0.1，“子网掩码”设置为 255.255.255.0，单击“确定”按钮，返回“以太网 属性”对话框，单击“关闭”按钮。

步骤 5：使用相同的方法，将另一台计算机的“IP 地址”设置为 192.168.0.2，“子网掩码”设置为 255.255.255.0。

2) 网络连通性测试

步骤 1：运行 cmd 命令，切换到命令行状态，输入 ping 127.0.0.1 命令，进行回送测试，测试网卡与驱动程序是否正常工作。

步骤 2：输入 ping 192.168.0.1 命令，测试本机 IP 地址是否与其他主机冲突。

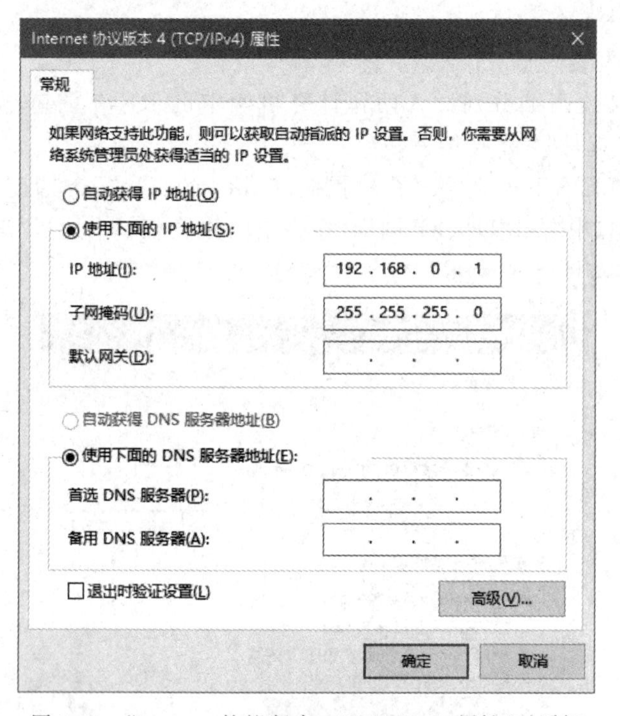

图 1-31 “Internet 协议版本 4(TCP/IPv4)属性”对话框

步骤 3：输入 ping 192.168.0.2 命令，测试到另一台计算机的连通性，如图 1-32 所示。如果 ping 不成功，则可关闭另一台计算机上的防火墙后再测试。

```
管理员: 命令提示符
Microsoft Windows [版本 10.0.19042.1052]
(c) Microsoft Corporation。保留所有权利。

C:\Users\Administrator>ping 192.168.0.2

正在 Ping 192.168.0.2 具有 32 字节的数据:
来自 192.168.0.2 的回复: 字节=32 时间<1ms TTL=64
来自 192.168.0.2 的回复: 字节=32 时间<1ms TTL=64
来自 192.168.0.2 的回复: 字节=32 时间<1ms TTL=64
来自 192.168.0.2 的回复: 字节=32 时间<1ms TTL=64

192.168.0.2 的 Ping 统计信息:
    数据包: 已发送 = 4，已接收 = 4，丢失 = 0 (0% 丢失)，
往返行程的估计时间(以毫秒为单位):
    最短 = 0ms，最长 = 0ms，平均 = 0ms

C:\Users\Administrator>
```

图 1-32 ping 命令测试

同理，可在另一台计算机上运行 ping 192.168.0.1 命令，测试网络连通性。

【说明】 ping 命令是 Windows 操作系统自带的用于检测网络连通性及网络连接速度的命令。在默认状态下，ping 命令向目的主机发送 4 个回送请求报文，在网络正常联通的情况下，应收到目的主机发回的 4 个应答报文，并显示发送请求报文与收到应答报文之间的时间差，以反映网络连接速度。如果显示“无法访问目的主机”，则可能是目的主机没有响应、网络不通等原因造成的。

1.6　习　　题

一、选择题

1. Internet 是目前世界上第一大互联网，它起源于美国，其雏形是(　　)。

   A. ARPANET　　B. NCFC　　C. GBNET　　D. CERNET

2. 关于 OSI 参考模型层次划分原则的描述中，正确的是(　　)。

   A. 不同节点的同等层具有相同的功能
   B. 网中各节点都需要采用相同的操作系统
   C. 高层需要知道底层功能是如何实现的
   D. 同一节点内相邻层之间通过对等协议通信

3. 关于 OSI 参考模型各层功能的描述中，错误的是(　　)。

   A. 物理层基于传输介质提供物理连接服务
   B. 网络层通过路由算法为分组选择传输路径
   C. 数据链路层为用户提供可靠的端到端服务
   D. 应用层为用户提供各种高层网络应用服务

4. 传输层向用户提供(　　)。

   A. 点到点服务　　B. 端到端服务
   C. 网络到网络服务　　D. 子网到子网服务

5. 当一台计算机向另一台计算机发送文件时，下面的(　　)过程正确描述了数据包的转换步骤。

   A. 数据、数据段、数据包、数据帧、比特
   B. 比特、数据帧、数据包、数据段、数据
   C. 数据包、数据段、数据、比特、数据帧
   D. 数据段、数据包、数据帧、比特、数据

6. 在实际的计算机网络组建过程中，一般首先应该做(　　)。

   A. 网络拓扑结构设计　　B. 设备选型
   C. 应用程序结构设计　　D. 网络协议选型

7. 下列有关网络拓扑结构的叙述中，正确的是(　　)。

   A. 星形结构的缺点是：当需要增加新的节点时，成本比较高
   B. 树形结构的线路复杂，网络管理也较困难
   C. 网络的拓扑结构是指网络中节点的物理分布方式
   D. 网络的拓扑结构是指网络节点间的布线方式

二、填空题

1. 计算机网络是________技术与________技术相结合的产物。

2. 计算机网络的发展历史不长，其发展过程经历了 4 个阶段，即________、________、________和________。

3. 计算机网络可分为两级结构：________子网负责全部网络的通信工作，________子

网由各类主机、终端、软件、数据库等组成。

4. 计算机网络的主要功能有________、________、________和________。

5. 按网络覆盖的地理范围,计算机网络可以分为________、________和________。

6. 用于计算机网络的有线传输介质有________、________和________。

7. RJ-45水晶头中的线序有两种标准,分别为________和________。非屏蔽双绞线的其最大传输距离为________m。

8. 每块网卡均有唯一的________位二进制网卡地址(MAC地址),如00-23-5A-69-7A-3D(十六进制)。

9. 计算机网络层次结构模型和各层协议的集合叫作计算机网络________。

10. 计算机网络的参考模型有两种,即________和________。前者出自国际标准化组织,后者就是一个事实上的工业标准。

11. OSI参考模型将网络体系结构分为________、________、________、________、________、________和________7层。

12. TCP/IP只有4层,由下而上分别为________、________、________和________。

13. 在OSI参考模型中,每层可以使用________层提供的服务。

14. 网络协议主要由3个要素组成,它们分别是________、________和________。

15. 在TCP/IP中,传输层中的________是一种面向连接的协议,它能够提供可靠的数据包传输;传输层有的________是一种面向无连接的协议,它提供不可靠的数据包传输,数据传输过程中可能会出错。

16. 光纤、同轴电缆、双绞线、中继器和集线器等工作在OSI参考模型中的________层;网桥、交换机、网卡等工作在OSI参考模型中的________层;路由器工作在OSI参考模型中的________层。

17. 在TCP/IP模型中,网络层的常用协议有________、________、________、________和________;应用层的常用协议有________、________、________、________、________。

三、简答题

1. 简述OSI参考模型中各层的主要功能。

2. 简述数据发送方封装和接收方解封装的过程。

3. TCP/IP中各层主要有哪些协议?

4. 常用的传输介质有哪些?各有何特点?

5. 双绞线的EIA/TIA 568A标准和EIA/TIA 568B标准的线序是怎样的?

6. 直通线和交叉线的应用场合是什么?

四、实践操作题

制作直通线和交叉线各一条,并用网线测试仪进行测试。

第2章　局域网技术基础

学习目标

(1) 掌握局域网的参考模型和介质访问控制方法。

(2) 掌握以太网组网技术。

(3) 熟练掌握交换机的工作原理、帧转发方式、互联方式。

(4) 掌握使用交换机组建小型交换式对等网的方法。

2.1　网络常用连接设备

局域网一般由服务器、用户工作站和通信设备等组成。

通信设备主要是实现物理层和介质访问控制(MAC)子层的功能,在网络节点间提供数据帧的传输,包括中继器、集线器、网桥、交换机、路由器、网关等。

1. 中继器

在计算机网络中,信号在传输介质中传输时,由于传输介质的阻抗会使信号越来越弱,导致信号衰减失真。当网线的长度超过一定限度后,若想再继续传输下去,必须将信号整理放大,恢复成原来的波形和强度。中继器(repeater)的主要功能就是将接收到的信号重新整理,使其恢复到原来的波形和强度,然后继续传输下去,以实现更远距离的信号传输。它工作在OSI参考模型的最底层(物理层),所以在以太网中最多可使用4个中继器。

2. 集线器

集线器(hub)是单一总线共享式设备,提供很多网络接口,负责将网络中多个计算机连在一起,如图2-1所示。所谓共享,是指集线器所有端口共用一条数据总线。因此,平均每用户(端口)传递的数据量、速率等受活动用户(端口)总数量的限制。它的主要性能参数有总线带宽、端口数量、智能程度(是否支持网络管理)、可扩展性(是否支持级联和堆叠)等。

图2-1　集线器

集线器的主要功能是对接收到的信号进行再生、整形和放大,以扩大网络的传输距离,同时把所有节点集中在以它为中心的节点上。它工作在物理层,采用广播方式发送数据,当一个端口接收到数据后就向所有其他端口转发。用集线器组建的网络在物理上属于星形拓扑结构,在逻辑上属于总线拓扑结构。

3. 网桥

网桥(bridge)在数据链路层实现同类网络的互联,它有选择地将数据从某一网段传向另一网段。如果网络负载重而导致性能下降时,可用网桥将其分为两个(或多个)网段,可较好地缓解网络通信繁忙的程度,提高通信效率。

网桥的功能在延长网络跨度上类似于中继器,然而它能提供智能化连接服务,即根据数据帧的目的地址处于哪一网段来进行转发和过滤。网桥对站点所处网段的了解是靠"自学习"实现的。

4. 交换机

交换机(switch)也称为交换式集线器,是一种工作在数据链路层上的、基于 MAC 地址识别、具有封装转发数据包功能的网络设备。它通过对信息进行重新生成,并经过内部处理后转发至指定端口,具备自动寻址能力和数据交换能力。交换机可以"自学习"MAC 地址,并把其存放在内部地址表中,通过在数据帧的始发者和目的接收者之间建立临时的交换路径,使数据帧直接由源地址到达目的地址。

交换机是集线器的升级产品,每一端口都可视为独立的网段,连接在其上的网络设备共同享有该端口的全部带宽。由于交换机根据所传递信息包的目的地址,将每一信息包独立地从源端口传送至目的端口,而不会向所有端口发送,避免了和其他端口发生冲突,从而提高了传输效率。

交换机的主要功能包括物理编址、网络拓扑结构、错误校验、帧序列及流量控制。目前有些交换机还具备了一些新的功能,如对 VLAN(virtual LAN,虚拟局域网)的支持、对链路汇聚的支持,甚至有的还具有防火墙功能。

交换机与集线器的区别如下。

(1) OSI 体系结构上的区别。集线器属于 OSI 参考模型的第一层(物理层)设备,而交换机属于 OSI 参考模型的第二层(数据链路层)设备,这也就意味着集线器只是对数据的传输起到同步、放大和整形的作用,对数据传输中的短帧、碎片等无法进行有效的处理,不能保证数据传输的完整性和正确性;而交换机不但可以对数据的传输做到同步、放大和整形,而且可以过滤短帧、碎片等。

(2) 工作方式上的区别。集线器的工作机理是广播(broadcast)。无论是从哪一个端口接收到信息包,都以广播的形式将信息包发送给其余的所有端口,这样很容易产生广播风暴,当网络规模较大时网络性能会受到很大的影响;交换机工作时,只有发出请求的端口和目的端口之间相互响应,不影响其他端口,因此交换机能够隔离冲突域和有效地抑制广播风暴的产生。

(3) 带宽占用方式上的区别。集线器不管有多少个端口,所有端口都共享一条带宽,在同一时刻只能有两个端口在发送或接收数据,其他端口只能等待,同时集线器只能工作在半双工模式下;而对于交换机而言,每个端口都有一条独占的带宽,当两个端口工作时并不影响其他端口的工作,同时交换机不但可以工作在半双工模式下,而且可以工作在全双工模式下。

5. 路由器

路由器工作在OSI参考模型的第三层(网络层),这意味着它可以在多个网络上交换和路由数据包。路由器通过在相对独立的网络中,交换具体协议的信息来实现这个目标。

比起网桥,路由器不但能过滤和分隔网络信息流、连接网络分支,还能访问数据包中更多的信息,并用来提高数据包的传输效率。常见的家用无线路由器如图2-2所示。

路由器中包含一张路由表,该表中有网络地址、连接信息、路径信息和发送代价信息等。路由器转发数据比网桥慢,主要用于广域网或广域网与局域网的互联。

图2-2　常见的家用无线路由器

6. 网关

网关通过把信息重新包装来适应不同的网络环境。网关能互联异类的网络,网关从一个网络中读取数据,剥去数据的老协议,然后用目的网络的新协议进行重新包装。

网关的一个较为常见的用途是,在局域网中的微型计算机和小型计算机或大型计算机之间进行“翻译”,从而连接两个(或多个)异类的网络。网关的典型应用是当作网络专用服务器。

2.2　局域网的参考模型

局域网技术从20世纪80年代开始迅速发展,各种局域网产品层出不穷,但是不同设备生产商其产品互不兼容,给网络系统的维护和扩充带来了很大困难。美国电气电子工程师协会(Institute of Electrical and Electronics Engineers,IEEE)下设IEEE 802委员会,根据局域网介质访问控制方法适用的传输介质、拓扑结构、性能及实现难易等考虑因素,为局域网制定了一系列的标准,称为IEEE 802标准。

由于OSI参考模型是针对广域网设计的,因而OSI的数据链路层可以很好地解决广域网中通信子网的交换节点之间的点到点通信问题。但是,当将OSI参考模型应用于局域网时就会出现一个问题:该模型的数据链路层不具备解决局域网中各站点争用共享通信介质的能力。为了解决这个问题,同时又保持与OSI参考模型的一致性,在将OSI参考模型应用于局域网时,就将数据链路层划分为两个子层:逻辑链路控制(logical link control,LLC)子层和介质访问控制(medium access control,MAC)子层,如图2-3所示。MAC子层处理局域网中各站点对通信介质的争用问题,对于不同的传输介质、不同的网络拓扑结构可以采用不同的MAC方法。LLC子层屏蔽各种MAC子层的具体实现,将其改造成为统一的LLC界面,从而向网络层提供统一的服务。

1. MAC子层(介质访问控制子层)

MAC子层是数据链路层的一个功能子层,是数据链路层的下半部分,它直接与物理层相邻。MAC子层为不同的物理介质定义了不同的介质访问控制方法。其主要功能如下。

(1) 传送数据时,将传送的数据组装成MAC帧,帧中包含地址和差错检测字段。

(2) 接收数据时,将接收的数据分解成MAC帧,并进行地址识别和差错检测。

OSI参考模型	IEEE 802模型
应用层	高层
表示层	
会话层	
传输层	
网络层	
数据链路层	LLC子层
	MAC子层
物理层	物理层

图 2-3 OSI 参考模型与 IEEE 802 模型的对应关系

(3) 管理和控制对局域网传输介质的访问。

2. LLC 子层(逻辑链路控制子层)

LLC 子层位于数据链路层的上半部分,在 MAC 子层的支持下向网络层提供服务,它可运行于所有 802 局域网和城域网协议之上。LLC 子层与传输介质无关,它独立于介质访问控制方法,隐蔽了各种 802 网络之间的差别,并向网络层提供一个统一的格式和接口。

LLC 子层的功能包括差错控制、流量控制和顺序控制,并为网络层提供面向连接和无连接的两类服务。

2.3 IEEE 802 标准

IEEE 802 标准是美国电气电子工程师协会(IEEE)于 1980 年 2 月制定的,因此被称为 IEEE 802 标准,它被美国国家标准协会(American National Standards Institute,ANSI)作为美国国家标准,随后又被国际标准化组织(ISO)采纳为国际标准,称为 ISO 802 标准。

IEEE 802 委员会认为,由于局域网只是一个计算机通信网,而且不存在路由选择问题,因此它不需要网络层,有最低的两个层次(数据链路层和物理层)就可以;但与此同时,由于局域网的种类繁多,其介质访问控制方法也各不相同,因此有必要将局域网分解为更小而且容易管理的子层。

IEEE 802 标准系列间的关系如图 2-4 所示。随着网络发展的需要,新的标准还在不断地补充进来。

IEEE 802 为局域网制定了一系列标准,主要有以下几种。

IEEE 802.1 标准:局域网体系结构及寻址、网络管理和网络互联等。

IEEE 802.2 标准:逻辑链路控制(LLC)子层。

IEEE 802.3 标准:带冲突检测的载波侦听多路访问(carrier sense multiple access with collision detection,CSMA/CD)。

IEEE 802.3u 标准:100Mbps 快速以太网。

IEEE 802.3z 标准:1000Mbps 以太网(光纤、同轴电缆)。

IEEE 802.3ab 标准:1000Mbps 以太网(双绞线)。

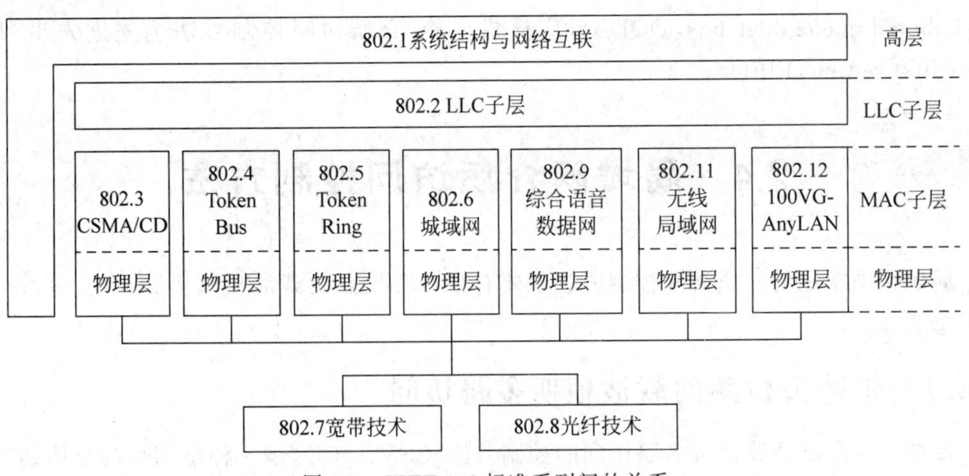

图 2-4 IEEE 802 标准系列间的关系

IEEE 802.3ae 标准：10000Mbps 以太网。

IEEE 802.4 标准：令牌总线网(token bus)。

IEEE 802.5 标准：令牌环网(token ring)。

IEEE 802.6 标准：城域网(MAN)。

IEEE 802.7 标准：宽带技术。

IEEE 802.8 标准：光纤分布式数据接口(FDDI)。

IEEE 802.9 标准：综合语音和数据局域网。

IEEE 802.10 标准：局域网安全技术。

IEEE 802.11 标准：无线局域网。

IEEE 802.12 标准：100VG-AnyLAN 优先高速局域网(100Mbps)。

IEEE 802.13 标准：有线电视网(cable-TV)。

IEEE 802.14 标准：有线调制解调器(已废除)。

IEEE 802.15 标准：无线个人区域网络(蓝牙)。

IEEE 802.16 标准：宽带无线 MAN 标准(WiMAX,微波)。

IEEE 802.17 标准：弹性分组环(resilient packet ring,RPR)可靠个人接入技术。

IEEE 802.18 标准：宽带无线局域网技术咨询组。

IEEE 802.19 标准：无线共存技术咨询组。

IEEE 802.20 标准：移动宽带无线访问。

IEEE 802.21 标准：符合 IEEE 802 标准的网络与非 IEEE 802 标准的网络之间的互通。

IEEE 802.22 标准：无线地域性区域网络(wireless regional area networks,WRANs)工作组。

以太网使用 CSMA/CD 作为介质访问控制方法，其协议为 IEEE 802.3；令牌总线网使用令牌总线作为介质访问控制方法，其协议为 IEEE 802.4；令牌环网使用令牌环作为介质访问控制方法,其协议为 IEEE 802.5; FDDI 是一种令牌环网,采用双环拓扑,以光纤作为传输介质,传输速度为 100Mbps; 城域网的标准为 IEEE 802.6,分布式队列双总线(distributed queue dual bus,DQDB),广播式连接,介质访问控制方法为先进先出(first input first output,FIFO)。

2.4 局域网介质访问控制方法

局域网中常见的介质访问控制方法主要有带冲突检测的载波侦听多路访问、令牌环和令牌总线 3 种。

2.4.1 带冲突检测的载波侦听多路访问

带冲突检测的载波侦听多路访问的控制方法(CSMA/CD)是一种争用型的介质访问控制协议,它只适用于总线拓扑结构的 LAN,能有效解决总线 LAN 中介质共享、信道分配和信道冲突等问题。

CSMA/CD 的工作原理可概括为 16 个字:"先听后发,边听边发,冲突停止,延时重发。"其具体工作过程概括如下。

(1) 发送数据前,先侦听信道是否空闲; 若空闲,则立即发送数据。

(2) 若信道忙,则继续侦听,直到信道空闲时立即发送数据。

(3) 在发送数据时,边发送边继续侦听; 若侦听到冲突,则立即停止发送数据,并向总线上发出一串阻塞信号,通知总线上各站点已发生冲突,使各站点重新开始侦听与竞争信道。

(4) 已发出信息的各站点收到阻塞信号后,等待一段随机时间,再重新进入侦听发送阶段。

CSMA/CD 的工作过程如图 2-5 所示。

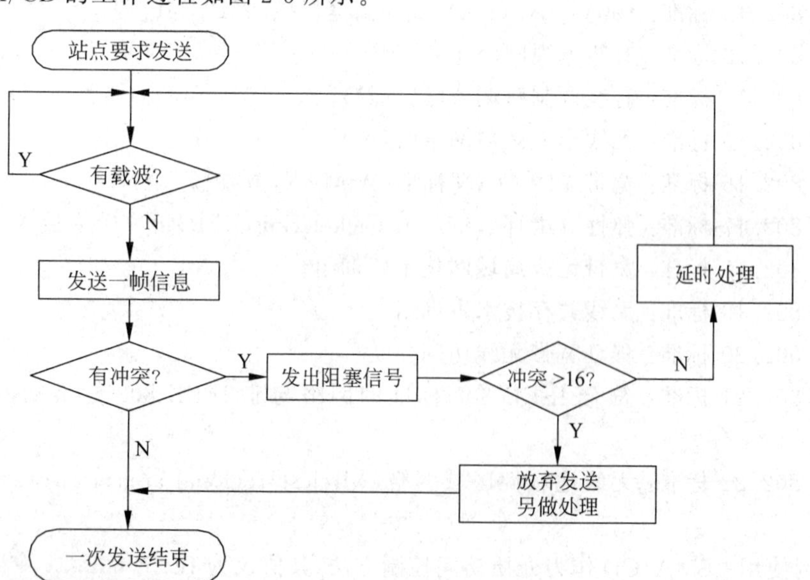

图 2 5 CSMA/CD 的工作过程

CSMA/CD的优点是：原理比较简单，技术上易实现，网络中各工作站处于平等地位，不需集中控制，不提供优先级控制。

CSMA/CD的缺点是：需要冲突检测，存在错误判断和最小帧长度(64字节)限制，网络负载增大时，发送时间增长，发送效率急剧下降。

2.4.2　令牌环

令牌环适用于环形拓扑结构的LAN，在令牌环网中有一个令牌(token)沿着环形总线在入网节点计算机间依次传递。令牌实际上是一个特殊格式的控制帧，本身并不包含信息，仅控制信道的使用，确保在同一时刻只有一个节点能够独占信道。当环上节点都空闲时，令牌绕环行进。节点计算机只有取得令牌后才能发送数据帧，因此不会发生“碰撞”。由于令牌在环上是按顺序依次单向传递的，因此对所有入网计算机而言，访问权是公平的。

令牌在工作中有“闲”和“忙”两种状态。“闲”表示令牌没有被占用，即网中没有计算机在传送信息；“忙”表示令牌已被占用，即网中有信息正在传送。希望传送数据的计算机必须首先检测到“闲”令牌，并将它置为“忙”的状态，然后在该令牌后面传送数据。当所传数据被目的节点计算机接收后，数据在网中被除去，令牌被重新置为“闲”。

令牌环网的缺点是需要维护令牌，一旦失去令牌就无法工作，需要选择专门的节点监视和管理令牌。

2.4.3　令牌总线

令牌总线类似于令牌环，但其采用总线拓扑结构，因此，它既具有CSMA/CD的结构简单、轻负载、延时小的优点，又具有令牌环的重负载时效率高、公平访问和传输距离较远的优点，同时还具有传送时间固定、可设置优先级等优点。

令牌总线是在总线的基础上，通过在网络节点之间有序地传递令牌来分配各节点对共享型总线的访问权，形成闭合的逻辑环路，工作原理如图2-6所示。它采用半双工的工作方式，只有获得令牌的节点才能发送信息，而其他节点只能接收信息。为保证逻辑闭合环路的形成，每个节点都动态地维护着一个链接表，该表记录着本节点在环路中的前趋、后继和本节点的地址，每个节点根据后继地址确定下一占有令牌的节点。

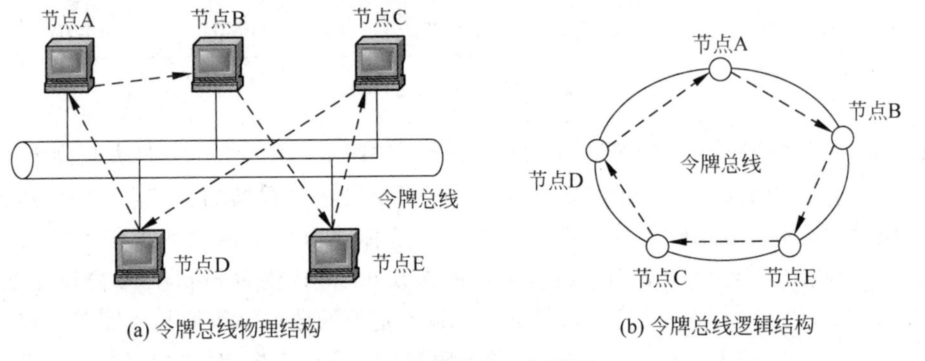

图2-6　令牌总线工作原理

2.5　以太网技术

1976 年 7 月，Bob 在 ALOHA 网络的基础上，提出总线型局域网的设计思想，并提出冲突检测、载波侦听与随机后退延迟算法，将这种局域网命名为以太网。

以太网的核心技术是介质访问控制方法 CSMA/CD，它解决了多节点共享公用总线的问题。每个站点都可以接收到所有来自其他站点的数据，目的站点将该帧复制，其他站点则丢弃该帧。

2.5.1　MAC 地址

为了标识以太网上的每台主机，需要给每台主机上的网络适配器(网卡)分配一个全球唯一的通信地址，即以太网地址或称为网卡的物理地址、MAC 地址。

IEEE 负责为网络适配器制造厂商分配 MAC 地址块，各厂商为自己生产的每块网络适配器分配一个全球唯一的 MAC 地址。MAC 地址长度为 48 比特，共 6 字节，如 00-0D-88-47-58-2C。其中，前 3 字节为 IEEE 分配给厂商的厂商代码(00-0D-88)，后 3 字节为厂商自己设置的网络适配器编号(47-58-2C)。

MAC 广播地址为 FF-FF-FF-FF-FF-FF。如果 MAC 地址(二进制)的第 8 位是 1，则表示该 MAC 地址是组播地址，如 01-00-5E-37-55-4D。

2.5.2　以太网的帧格式

以太网的帧是数据在数据链路层的封装形式，网络层的数据包被加上帧头和帧尾后成为可以被数据链路层识别的数据帧(成帧)。虽然帧头和帧尾所用的字节数是固定不变的，但随着被封装的数据包大小的变化，以太网的帧长度也在变化，其范围是 64～1518 字节(不算 8 字节的前导字符)。

以太网的帧格式有多种，在每种格式的帧开始处都有 64 比特(8 字节)的前导字符，其中前 7 字节为前同步码(7 个 10101010)，第 8 字节为帧起始标志(10101011)。Ethernet Ⅱ 的帧格式(未包括前导字符)如图 2-7 所示。

目的MAC地址 (6字节)	源MAC地址 (6字节)	类型 (2字节)	数据 (46～1500字节)	FCS (4字节)

图 2-7　Ethernet Ⅱ 的帧格式

Ethernet Ⅱ类型以太网帧的最小长度为 64 字节(6＋6＋2＋46＋4)，最大长度为 1518 字节(6＋6＋2＋1500＋4)。其中前 12 字节分别标识出发送数据帧的源节点 MAC 地址和接收数据帧的目的节点 MAC 地址。接下来的 2 字节标识出以太网帧所携带的上层数据类型，如十六进制数 0x0800 代表 IP 数据，十六进制数 0x809B 代表 appletalk 协议数据，十六进制数 0x8138 代表 Novell 类型协议数据等。在不定长的数据字段后是 4 字节的帧校验序列(frame check sequence，FCS)，采用 32 位 CRC 循环冗余校验，对从“目的 MAC 地址”字段到“数据”字段的数据进行校验。

2.5.3　10Mbps 标准以太网

以前，以太网只有 10Mbps 的吞吐量，采用 CSMA/CD 的介质访问控制方法和曼彻斯特编码，这种早期的 10Mbps 以太网称为标准以太网。

以太网可以使用粗同轴电缆、细同轴电缆、非屏蔽双绞线、屏蔽双绞线和光纤等多种传输介质进行连接，并且在 IEEE 802.3 标准中为不同的传输介质制定了不同的物理层标准，在这些标准中前面的数字表示传输速度，单位是 Mbps，最后的一个数字表示单段网线长度(基准单位是 100m)，Base 表示“基带传输”。

表 2-1 列出了四种 10Mbps 以太网的特性。

表 2-1　四种 10Mbps 以太网特性比较

特　　性	10Base-5	10Base-2	10Base-T	10Base-F
IEEE 标准	IEEE 802.3	IEEE 802.3a	IEEE 802.3i	IEEE 802.3j
速率/Mbps	10	10	10	10
传输方法	基带	基带	基带	基带
无中继器，线缆最大长度/m	500	185	100	2000
站间最小距离/m	2.5	0.5		
最大长度/m/媒体段数	2500/5	925/5	500/5	4000/2
传输介质	50Ω 粗同轴电缆(ϕ10)	50Ω 细同轴电缆(ϕ5)	UTP	多模光纤
拓扑结构	总线型	总线型	星形	星形
编码	曼彻斯特编码	曼彻斯特编码	曼彻斯特编码	曼彻斯特编码

在局域网发展历史中，10Base-T 技术是现代以太网技术发展的里程碑。

使用集线器时，10Base-T 需要 CSMA/CD，但使用交换机时，则在大多数情况下不需要 CSMA/CD。使用集线器来设计 10Base-5、10Base-2、10Base-T 网络，最关键的一点是遵循 5-4-3-2-1 规则。其中，“5”表示允许最多 5 个网段；“4”表示在同一信道上允许最多接 4 个中继器或集线器；“3”表示在其中的 3 个网段上可增加节点；“2”表示在另外 2 个网段上，除了作中继器链路外，不能接任何节点；“1”表示上述将组建一个大型的冲突域。

2.6　高速局域网技术

传统局域网技术建立在“共享介质”的基础上，网中所有节点共享一条公共传输介质，典型的介质访问控制方法有 CSMA/CD、令牌环和令牌总线。

介质访问控制方法使每个节点都能够“公平”使用公共传输介质。如果网络中节点数目增多，每个节点分配的带宽将越来越少，冲突和重发现象将大量增加，网络效率急剧下降，数据传输的延迟增长，网络服务质量下降。为进一步提高网络性能，较好的解决方案如下。

(1) 增加公共线路的带宽。优点是：仍然保护局域网用户已有的投资。

(2) 将大型局域网划分成若干个用网桥或路由器连接的子网。优点是：每个子网作为小型局域网，隔离子网间的通信量，提高网络的安全性。

(3) 将共享介质改为交换介质。优点是：交换式局域网的设备是交换机，可以在多个端口之间建立多个并发连接。交换方式出现后，局域网分为共享式局域网和交换式局域网。

2.6.1 100Mbps 快速以太网

100Mbps 快速以太网与 10Mbps 标准以太网相比，仍然采用相同的帧格式、相同的介质访问控制和组网方法，可将速率从 10Mbps 提高到 100Mbps。在 MAC 子层仍然使用 CSMA/CD，在物理层进行必要的调整，定义了新的物理层标准。快速以太网的标准为 IEEE 802.3u。

100Mbps 快速以太网标准定义了介质独立接口 MII，它将 MAC 子层与物理层隔开，传输介质和信号编码方式的变化不会影响 MAC 子层。

关于 100Mbps 快速以太网的传输介质标准主要有以下 3 种。

(1) 100Base-TX：支持 2 对 5 类非屏蔽双绞线或 2 对 1 类屏蔽双绞线；其中 1 对用来发送，1 对用来接收。采用 4B/5B 编码方式。可以采用全双工传输方式，每个节点可同时以 100Mbps 速率发送和接收数据，即 200Mbps 带宽。

(2) 100Base-T4：支持 4 对 3 类非屏蔽双绞线，其中 3 对用于数据传输，1 对用于冲突检测。采用 8B/6T 编码方式。

(3) 100Base-FX：支持 2 芯的单模或多模光纤，主要用于高速主干网，从节点到集线器的距离可达 2km。采用 4B/5B 编码方式和全双工传输方式。

由于 100Base-TX 与 10Base-T 兼容，所以使用更广泛。

2.6.2 千兆以太网

千兆以太网是建立在以太网标准基础之上的技术。千兆以太网与大量使用的标准以太网和快速以太网完全兼容，并利用了原以太网标准所规定的全部技术规范，其中包括 CSMA/CD 协议、以太网帧、全双工、流量控制及 IEEE 802.3 标准中所定义的管理对象。

IEEE 802.3z 标准定义了 1000Base-SX、1000Base-LX、1000Base-CX 3 种千兆以太网标准，IEEE 802.3ab 标准定义了 1000Base-T 千兆以太网标准。这 4 种千兆以太网的特性如表 2-2 所示。

表 2-2 4 种千兆以太网特性比较

特　　性	1000Base-SX	1000Base-LX	1000Base-CX	1000Base-T
IEEE 标准	IEEE 802.3z	IEEE 802.3z	IEEE 802.3z	IEEE 802.3ab
传输介质	62.5μm/50μm(多模) 850nm(激光)	62.5μm/50μm(多模) 10μm(单模) 1310nm(激光)	STP	5 类及以上 UTP
编码方式	8B/10B	8B/10B	8B/10B	4D-PAM5
最大的段距离/m	550	550(多模) 3000(单模)	25	100

千兆以太网仍采用 CSMA/CD 介质访问控制方法并与现有的以太网兼容。千兆以太网是以交换机为中心的网络。

2.6.3 万兆以太网

万兆以太网技术与千兆以太网类似，仍然保留了以太网帧结构。通过不同的编码方式或波分复用提供10Gbps传输速度。万兆以太网的标准为IEEE 802.3ae，它只支持光纤作为传输介质，不存在介质争用问题，不再使用CSMA/CD介质访问控制方法，仅支持全双工传输方式。

IEEE 802.3ae标准定义了10GBase-SR、10GBase-LR、10GBase-ER 3种10Gbps以太网标准。

（1）10GBase-SR：850nm短距离模块（现有多模光纤上最长传输距离为85m，新型2000MHz/km多模光纤上最长传输距离为300m）。

（2）10GBase-LR：1310nm长距离模块（单模光纤上最长传输距离为10km）。

（3）10GBase-ER：1550nm超长距离模块（单模光纤上最长传输距离为40km）。

2.6.4 十万兆以太网

1996年出现了40Gbps波分复用技术。2004年，波分复用技术在局部范围开始商用，同时路由器开始提供40Gbps接口。2007年，多个厂商开始提供40Gbps波分复用设备。与此同时，电信业对40Gbps波分复用设备的需求增加。40Gbps波分复用技术已大量应用于互联网数据中心（Internet data center，IDC）、高性能计算机、高性能服务器集群与云计算平台。

2004年前后，100Gbps技术开始出现并受到广泛的关注。100Gbps技术不是单项技术的研究，而是一系列技术的综合，包括相关技术标准、以太网技术、密集波分复用（dense wavelength division multiplexing，DWDM）技术等。

100Gbps以太网的标准是IEEE 802.3ab，该标准仅支持全双工操作，保留了IEEE 802.3MAC子层的以太网帧格式，定义了多种物理介质接口规范，其中有1m背板连接、7m铜缆线、100m并行多模光纤和10km单模光纤（基于波分复用技术），最大传输距离为40km，目前主要用在高速主干网上。

2.7 局域网交换技术

2.7.1 交换机的工作原理

二层交换技术发展比较成熟。二层交换机属数据链路层设备，可以识别数据包中的MAC地址信息，根据MAC地址进行转发，并将这些MAC地址与对应的端口记录在自己内部的一个MAC地址表中。

1. 交换机具体的工作流程

（1）当交换机从某个端口接收到一个数据帧时，它先读取帧头中的源MAC地址，这样它就知道源MAC地址的机器是连接在哪个端口上的。

(2) 读取帧头中的目的 MAC 地址,并在 MAC 地址表中查找相应的端口。

(3) 如果在 MAC 地址表中找不到相应的端口,则把数据帧广播到除了源端口外的所有其他端口上。当目的机器对源机器回应时,交换机又可以学习到该目的 MAC 地址与哪个端口对应,在下次转发数据时就不再需要对所有端口进行广播了。

(4) 如果在 MAC 地址表中有与这目的 MAC 地址相对应的端口,则把数据包直接转发到这个端口上,而不向其他端口广播。

不断循环这个过程,就可以学习到整个网络的 MAC 地址信息,二层交换机就是这样建立和维护它自己的 MAC 地址表的。

在每次添加或更新 MAC 地址表的表项时,添加或更新的表项被赋予一个计时器,计时器用来记录该表项的超时时间,当到达超时时间,该表项将被交换机删除。通过删除过时的表项,交换机维护了一个精确且有用的 MAC 地址表。可见,MAC 地址表中包含了 MAC 地址、端口、超时时间等信息。

2. 举例说明交换机的工作原理

如图 2-8 所示,有 A、B、C、D 共 4 台工作站分别连接在交换机的 E0、E1、E2、E3 这 4 个端口上。

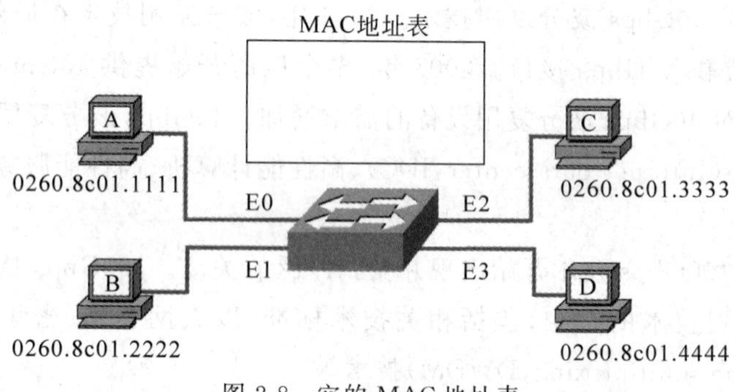

图 2-8 空的 MAC 地址表

(1) 交换机初始的 MAC 地址表是空的。

(2) 当工作站 A 向工作站 B 发送数据帧时,交换机在 E0 端口接收到工作站 A 的数据帧,于是交换机将工作站 A 所连接的端口号和它的 MAC 地址信息“E0:0260.8c01.1111”保存在 MAC 地址表中。由于在 MAC 地址表中没有找到工作站 B 的 MAC 地址,交换机向除了 E0 端口之外的所有其他端口广播这个数据帧,如图 2-9 所示。

在 MAC 地址表中的 MAC 地址表项默认保留 5 分钟。

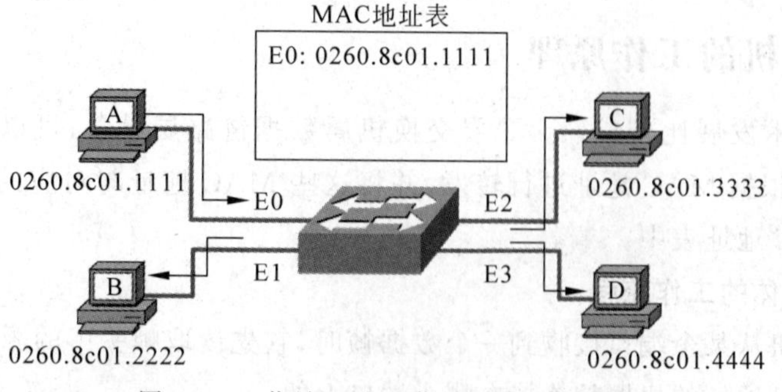

图 2-9 工作站 A 向工作站 B 发送数据帧

(3) 如果此时工作站 D 也向工作站 B 发送数据帧,则交换机就将工作站 D 所连接的端口号和它的 MAC 地址信息“E3：0260.8c01.4444”也保存在 MAC 地址表中。因为在 MAC 地址表中没有找到工作站 B 的 MAC 地址,交换机向除了 E3 外的所有其他端口广播这个数据帧,如图 2-10 所示。

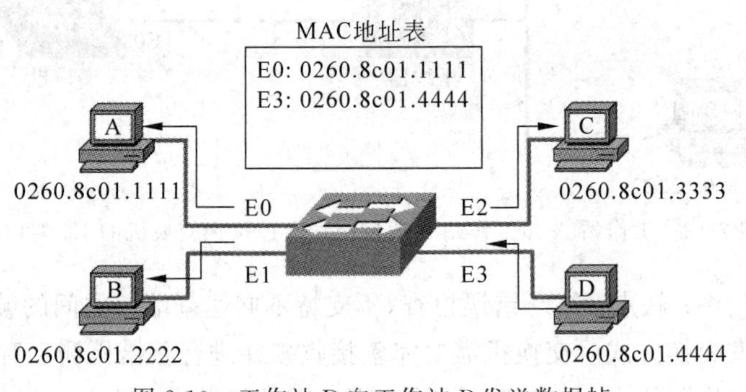

图 2-10　工作站 D 向工作站 B 发送数据帧

(4) 如果工作站 B 有回应,交换机将工作站 B 所连接的端口号和它的 MAC 地址信息“E1：0260.8c01.2222”保存在 MAC 地址表中。

这样,交换机可不断地“学习”到各工作站所连接的端口号和它们的 MAC 地址。

(5) 如果工作站 A 再次向工作站 B 发送数据帧,由于工作站 B 的 MAC 地址已经在 MAC 地址表中,因此,通过查找 MAC 地址表可知,工作站 B 是连接在 E1 端口上的,于是交换机就把数据帧转发到 E1 端口,而不会向其他端口(E2、E3 等)广播,如图 2-11 所示。

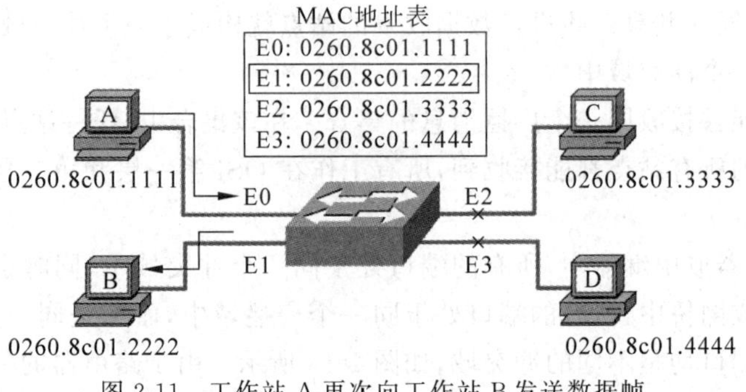

图 2-11　工作站 A 再次向工作站 B 发送数据帧

重新刷新工作站 B 的 MAC 地址超时时间。

(6) 如果工作站 A 和工作站 B 通过集线器连接在交换机的 E0 端口上,则工作站 A 向工作站 B 发送数据帧时,通过查找 MAC 地址表可知,工作站 A 和工作站 B 处于相同的接口 E0,交换机将丢弃这个数据帧,而不会转发或广播该数据帧,如图 2-12 所示。

2.7.2　交换机的帧转发方式

以太网交换机的帧转发方式有以下 3 种。

(1) 直接交换方式(直通方式)。提供线速处理能力,交换机只读出帧的前 14 字节,便将帧传送到相应的端口上,不用判断是否出错,帧出错检测由目的节点完成。直接交换方式

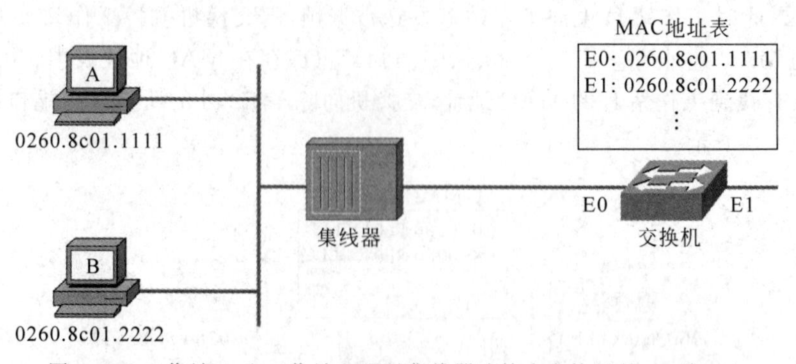

图 2-12　工作站 A 和工作站 B 通过集线器连接在交换机的 E0 端口上

的优点：交换延迟小；缺点：缺乏错误检查,不支持不同速率端口之间的帧转发。

(2) 存储转发交换方式。交换机需要完整接收帧并进行差错检测。存储转发交换方式的优点：具有差错检测能力,并支持不同速率端口间的帧转发；缺点：交换延迟将会增大。

(3) 改进的直接交换方式(免碎片转发方式)。结合上述两种方式,在接收到前 64 字节后,判断帧头是否正确,如果正确则转发。对短帧而言,交换延迟同直接交换延迟；对长帧而言,因为只对帧头(地址和控制字段)检测,交换延迟将会减小。

2.7.3　冲突域和广播域

在共享式以太网中,由于所有的站点使用同一共享总线发送和接收数据,在某一时刻,只能有一个站点进行数据的发送；如果有另一站点也在该时刻发送数据的话,则这两个站点所发送的数据就会发生冲突,冲突的结果使双方的数据发送均不会成功,都需要重新发送,这样所有使用同一共享总线进行数据收发的站点就构成了一个冲突域。因此,集线器的所有端口处于同一个冲突域中。

广播域是指能够接收同一个广播消息的集合。在该集合中,任一站点发送的广播消息,处于该广播域中的所有站点都能接收到,所有工作在 OSI 第一层和第二层的站点处于同一个广播域中。

可见,在集线器或中继器中,所有的端口处于同一个冲突域中,同时也处于同一个广播域中。在交换机或网桥中,所有的端口处于同一个广播域中,而不是同一个冲突域中,交换机或网桥的每个端口均是不同的冲突域,如图 2-13 所示。由于路由器的每个端口并不转发广播消息,因此路由器的每个端口均是不同的广播域。

2.7.4　交换机的互联方式

最简单的局域网通常由一台交换机和若干计算机终端组成。随着企业信息化步伐的加快,计算机数量则成倍地增加,网络规模日益扩大,单一交换机环境已无法满足企业的需求,多交换机局域网应运而生。交换机互联技术得到了飞速的发展,交换机的互联方式主要有交换机级联和交换机堆叠两种。

1. 交换机级联

交换机级联是指两台或两台以上的交换机通过一定的方式相互连接,使端口数量得以扩充。交换机级联模式是组建中、大型局域网的理想方式,可以综合利用各种拓扑设计技术

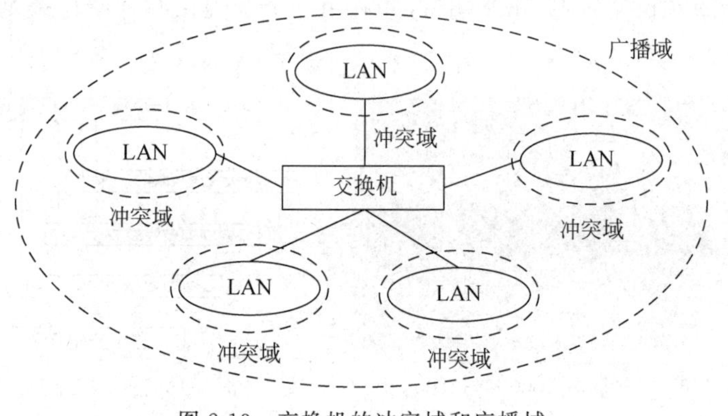

图 2-13　交换机的冲突域和广播域

和冗余技术来实现层次化的网络结构。常见的 3 层网络是交换机级联的典型例子。目前，中、大型企业网自上而下一般可分为 3 个层次：核心层、汇聚层和接入层。核心层一般采用千兆甚至万兆以太网技术，汇聚层采用 100/1000Mbps 以太网技术，接入层采用 100Mbps 以太网技术。这种结构实际上就是由各层次的多台交换机级联而成的。核心层交换机下连若干台汇聚层交换机，汇聚层交换机下连若干台接入层交换机，如图 2-14 所示。

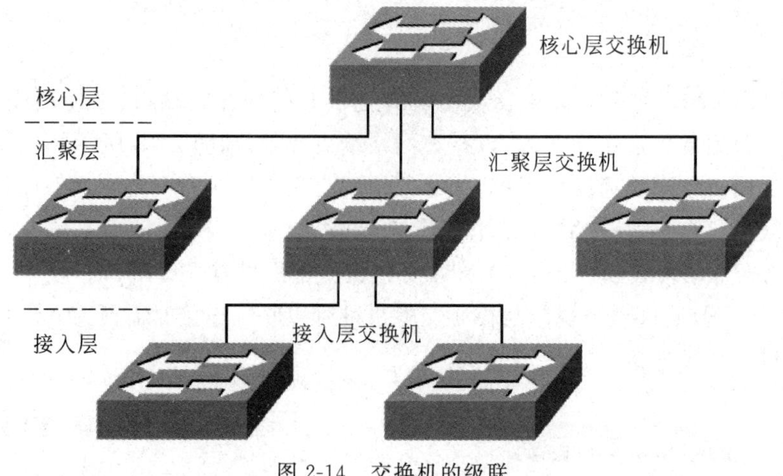

图 2-14　交换机的级联

级联既可使用交换机的普通端口，也可使用专用的 Uplink 级联端口。当相互级联的两个端口分别为普通端口（MDI-Ⅹ）和级联端口（MDI-Ⅱ）时，应当使用直通双绞线。当相互级联的两个端口均为普通端口或级联端口时，则应当使用交叉双绞线。

无论是 100Base-TX 快速以太网还是 1000Base-T 千兆以太网，级联交换机所使用的双绞线最大长度均可达到 100m，这个长度与交换机到计算机之间的最大长度完全相同。因此，级联除了能够扩充端口数量外，还可延伸网络范围。

(1) 使用级联端口级联。现在大多数交换机都提供有专用的 Uplink 端口，如图 2-15 所示，使交换机之间的连接变得更加简单。Uplink 端口是专门用于与其他交换机连接的端口，可利用直通双绞线将该端口连接至其他交换机上除 Uplink 端口外的任何普通端口，如图 2-16 所示，这种连接方式跟计算机与交换机之间的连接完全相同。另外，有些品牌的交换机使用一个普通端口兼作 Uplink 端口,并利用一个开关在两种端口类型间进行切换,如图 2-17 所示。

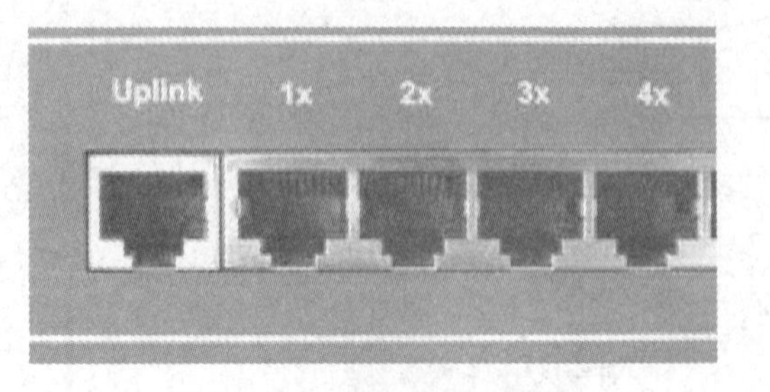

图 2-15　专用的 Uplink 端口

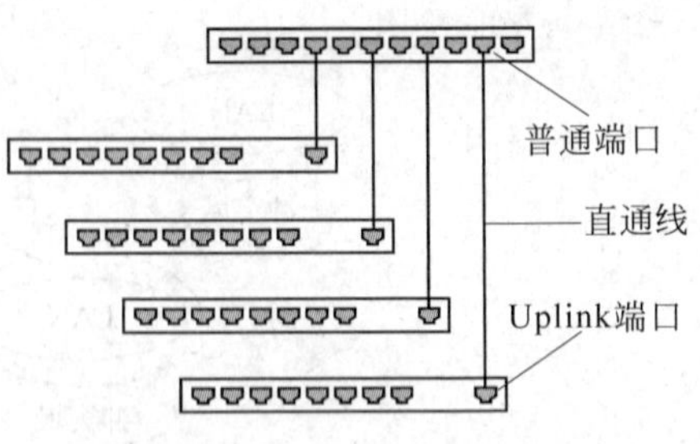

图 2-16　使用 Uplink 端口级联

图 2-17　普通端口兼作 Uplink 端口

(2) 使用普通端口级联。如果交换机没有提供专门的级联端口,则使用交叉双绞线将两台交换机的普通端口连接在一起,以扩充网络端口数量,如图 2-18 所示。值得注意的是,对于一般的交换机使用普通端口连接时,必须使用交叉双绞线而不是直通双绞线。目前,一些新型的交换机具有自适应端口,可以使用直通双绞线进行级联。

(3) 使用光纤端口级联。目前,中高端交换机上都提供有光纤端口。在中、大型企业网中,骨干交换机一般通过光纤端口与核心交换机进行级联。连接时需注意,光纤的收发端口之间也必须进行交叉连接,如图 2-19 所示。

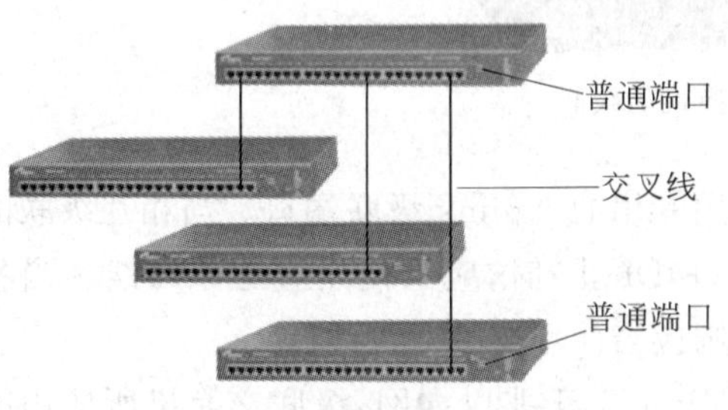

图 2-18　使用普通端口级联

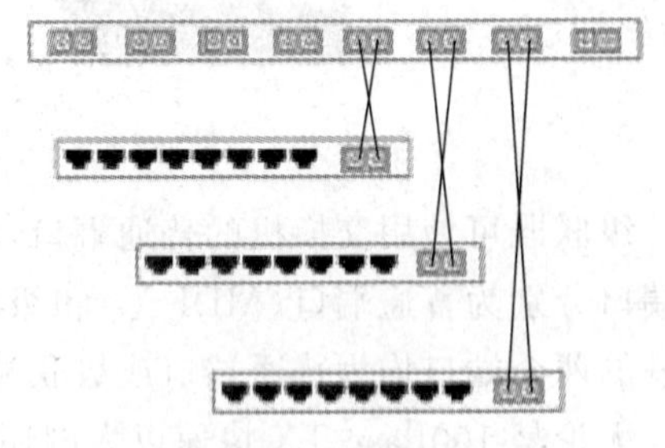

图 2-19　使用光纤端口级联

2. 交换机堆叠

堆叠技术是目前在以太网交换机上扩展端口的又一常用技术,是一种非标准化的技术,各个厂商的交换机之间不支持混合堆叠,堆叠模式由各厂商制定。

堆叠与级联的不同之处主要有以下几点。

(1) 使用堆叠技术互联的交换机之间距离必须非常近,一般在几米范围内,相对级联

(一般是 100m,采用光纤级联时距离可更远)来说要小得多。

(2) 堆叠只能使用专用的模块和线缆,不是所有的交换机都可以进行堆叠,只有相同品牌的交换机才能使用堆叠技术进行互联。而级联可使用普通端口和 Uplink 端口两种,交换机级联没有品牌和类型的限制。

(3) 使用堆叠技术互联的交换机形成一个堆叠单元,这不仅增加了交换端口,还将提供比级联更好的数据转发性能,这是因为堆叠单元将堆叠交换机背板带宽聚集在一起,而级联只能共享级联端口的带宽。

交换机通常有两个堆叠端口,分别命名为 UP 和 DOWN,如图 2-20 所示,表示对应于向上和向下堆叠连接。

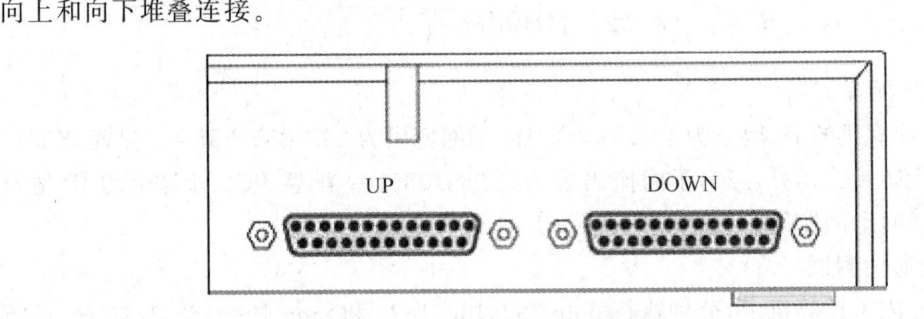

图 2-20　交换机堆叠端口

堆叠技术是一种集中管理的端口扩充技术,不能提供拓扑管理,没有国际标准,且兼容性较差,但在需要大量端口的局域网中,堆叠可以提供比较优良的转发性能和方便管理的特性。级联是组建网络的基础,可以灵活利用各种拓扑、冗余技术,在层次多的时候,需要精心设计。

2.8　实　　训

本章的实训内容为小型交换式对等网络的组建。

实训:小型交换式对等网络的组建

1. 实训目标

(1) 掌握使用交换机组建小型交换式对等网的方法。

(2) 了解使用交换机可提高网络速度。

2. 完成实训所需的设备和软件

(1) 安装 Windows 10 操作系统的计算机 3 台(PC1、PC2、PC3)。

(2) 交换机 1 台、直通线 3 根。

3. 网络拓扑结构

为了完成本次实训,搭建如图 2-21 所示的网络拓扑结构。

4. 实施步骤

1) 硬件连接

如图 2-21 所示,将 3 条直通线的两端分别插入每台计算机网卡的 RJ-45 接口和交换机的 RJ-45 接口中,检查网卡和交换机的相应指示灯是否亮起,判断网络连通是否正常。

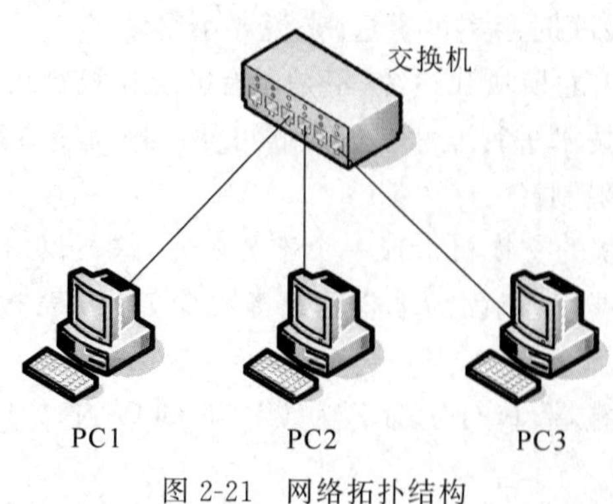

图 2-21　网络拓扑结构

2）TCP/IP 配置

配置 PC1 计算机的 IP 地址为 192.168.1.10，子网掩码为 255.255.255.0；配置 PC2 计算机的 IP 地址为 192.168.1.20，子网掩码为 255.255.255.0；配置 PC3 计算机的 IP 地址为 192.168.1.30，子网掩码为 255.255.255.0。

3）网络连通性测试

步骤 1：在 PC1 计算机中，分别执行 ping 192.168.1.20 和 ping 192.168.1.30 命令，测试与 PC2、PC3 计算机的连通性。

步骤 2：在 PC2 计算机中，分别执行 ping 192.168.1.10 和 ping 192.168.1.30 命令，测试与 PC1、PC3 计算机的连通性。

步骤 3：在 PC3 计算机中，分别执行 ping 192.168.1.10 和 ping 192.168.1.20 命令，测试与 PC1、PC2 计算机的连通性。

2.9　习　　题

一、选择题

1. 关于共享介质局域网的描述中，错误的是(　　)。

   A. 采用广播方式发送数据　　B. 所有网络节点使用同一信道

   C. 不需要介质访问控制方法　　D. 数据在传输过程中可能冲突

2. 采用 CSMA/CD 介质访问控制方法的局域网适用于办公自动化环境。这类局域网在(　　)网络通信负荷情况下表现出较好的吞吐率与延迟特性。

   A. 较高　　B. 较低　　C. 中等　　D. 不限定

3. 如果以太网交换机有 4 个 100Mbps 全双工端口和 20 个 10Mbps 半双工端口，那么这个交换机的总带宽最高可以达到(　　)Mbps。

   A. 600　　B. 1000　　C. 1200　　D. 1600

4. 1000Base-T 标准支持的传输介质是(　　)。

   A. 单模光纤　　B. 多模光纤　　C. 非屏蔽双绞线　　D. 屏蔽双绞线

5. 支持单模光纤的千兆以太网物理层标准是(　　)。

   A. 1000Base-LX　　B. 1000Base-SX　　C. 1000Base-CX　　D. 1000Basc-T

6. 10Gbps 以太网采用的标准是 IEEE(　　)。

A. 802.3a　　B. 802.3ab　　C. 802.3ae　　D. 802.3u

7. 令牌环网和令牌总线中的“令牌”是一种特殊结构的(　　)。

A. 控制帧　　B. LLC 帧　　C. 数据包　　D. 无编号帧

8. IEEE 802.4 标准中,关于令牌总线说法不正确的是(　　)。

A. 从物理结构上看,它是一个总线结构的局域网

B. 从逻辑结构上看,它是一个环形结构的局域网

C. 总线上站的实际顺序与逻辑的顺序是有关系的

D. 从逻辑结构上看,令牌是按地址的递减顺序传送到下一个站点

9. 以下(　　)不是决定局域网特性的要素。

A. 传输介质　　B. 网络拓扑

C. 介质访问控制方法　　D. 网络应用

10. 在一个以太网中,有 A、B、C、D 4 台主机,如果 A 向 B 发送数据,那么(　　)。

A. 只有 B 可以接收到数据　　B. 4 台主机都能接收到数据

C. 只有 B、C、D 可以接收到数据　　D. 4 台主机都不能接收到数据

11. 以太网帧的数据字段的最小长度是(　　)B。

A. 18　　B. 46　　C. 64　　D. 1500

12. 与以太网相比,令牌环网的最大优点是(　　)。

A. 价格低廉　　B. 易于维护　　C. 高效可靠　　D. 实时性高

13. 在共享式的网络环境中,由于公共传输介质为多个节点所共享,因此有可能出现(　　)。

A. 拥塞　　B. 泄密　　C. 冲突　　D. 交换

14. 局域网交换机的帧交换需要查询(　　)。

A. 端口/MAC 地址映射表　　B. 端口/IP 地址映射表

C. 端口/介质类型映射表　　D. 端口/套接字映射表

15. 组建局域网可以用集线器,也可以用交换机。用交换机连接的一组工作站(　　)。

A. 同属一个冲突域,但不属一个广播域

B. 同属一个冲突域,也同属一个广播域

C. 不属一个冲突域,但同属一个广播域

D. 不属一个冲突域,也不属一个广播域

二、填空题

1. 中继器、交换机、路由器分别工作在 OSI 参考模型的________层、________层和________层。

2. 光纤分为单模和多模两种,单模光纤的性能________多模光纤。

3. 以太网的 MAC 地址长度为________位。

4. 局域网 IEEE 802 标准将数据链路层划分为介质访问控制子层与________子层。

5. 网桥可以在互联的多个局域网之间实现数据接收、地址________与数据转发功能。

6. 以太网Ⅱ规定,帧的数据字段的最大长度是________。

7. 共享型以太网采用________介质访问控制方法。

8. ________是一种工作在数据链路层上的、基于 MAC 地址识别、具有封装转发数据包功能的网络设备。

9. ________设备工作在 OSI 的第三层(网络层),它可以在多个网络上交换和路由数据包。

10. ________能互联异类的网络,它从一个网络中读取数据,剥去数据的老协议,然后用目的网络的新协议进行重新包装。

11. CSMA/CD 的工作原理可概括为 16 个字,即“________、________、________、________”。

12. ________标准定义了快速以太网的标准。________标准定义了 1000Base-SX、1000Base-LX、1000Base-CX 这三种千兆以太网标准,________标准定义了 1000Base-T 千兆以太网标准,________标准定义了万兆以太网的标准。

13. 万兆以太网只支持________作为传输介质,不存在介质争用问题,不再使用 CSMA/CD 介质访问控制方法,仅支持________传输方式。

14. 交换机的 MAC 地址表中包含了________、________、________等信息。

15. 交换机的互联方式可分为________和________。

三、简答题

1. 简述 CSMA/CD、令牌环网和令牌总线的工作原理。
2. 简述交换机与集线器的区别。
3. 画出以太网的帧格式。
4. 简述交换机的工作原理。
5. 简述冲突域和广播域的区别。

四、实践操作题

到学院的网络中心、计算中心、图书馆等场所参观,认识常见的网络连接设备,并画出网络拓扑结构图。

第3章　IP地址与子网划分

学习目标

(1) 熟练掌握IPv4和IP地址。

(2) 熟练掌握子网划分的方法。

(3) 了解IPv6。

3.1　IP与网络层服务

TCP/IP是20世纪60年代由麻省理工学院(MIT)和一些商业组织为美国国防部开发的,即使遭到核攻击而破坏了大部分网络,TCP/IP依然能够维持有效地通信。ARPANET就是基于该协议开发而成的,并发展成为后来的Internet。TCP/IP同时具备了可扩展性和可靠性的需求。Internet公用化以后,人们开始发现Internet的强大功能。Internet的普遍性是TCP/IP至今仍然被广泛使用的原因。用户经常在没有意识到的情况下就在自己的PC上安装了TCP/IP,从而使该网络协议在全球应用最广。IPv4的32位寻址方案不足以支持越来越多加入Internet的主机和网络数,IPv4正在逐步向IPv6过渡。

1. IP互联网的工作原理

Internet是将提供不同服务的、使用不同技术的、具有不同功能的网络互联起来而形成的。IP精确定义了IP数据报格式,并且对数据寻址和路由、数据报分片和重组、差错控制和处理等做出了具体规定。

IP互联网的工作原理:假设主机A发送数据到主机B,主机A的应用层形成的数据经传输层送往网络层处理;网络层将数据封装成IP数据包,并决定发送给最近的路由器;主机A利用以太网控制程序把IP数据包传送到路由器;路由器对数据包进行拆封和处理,如果仍需传输,再封装后利用网络层的广域网控制程序进行传输,并经由通信子网传输到主机B。

2. 网络层所提供的服务

网络层提供的服务有以下3种。

(1) 不可靠的数据传递服务。IP不能确定发送的报文是否被正确接收,即不能保证数据包的可靠传递。

(2) 面向无连接的传输服务。从源节点到目的节点的数据包可能经过不同的传输路径,而且在传输过程中数据包有可能丢失,也有可能正确到达。

(3) 尽最大努力投递服务。IP数据包虽是面向无连接的不可靠服务,但IP互联网并不会随意丢弃数据包。只有系统资源用尽、接收数据错误或网络发生故障时,IP互联网才会被迫丢弃数据包。

3. IP互联网的特点

IP互联网的特点如下。

(1) IP互联网隐藏了低层物理网络细节,为用户提供通用的、一致的网络服务。

(2) 一个网络只要通过路由器与IP互联网中任意一个网络相连,就具有访问整个互联网的能力。

(3) 信息可以跨网传输。

(4) 网络中的计算机使用统一的、全局的地址描述法。

(5) IP互联网平等对待互联网中的每一个网络。

3.2 IP 地 址

3.2.1 IP地址的结构和分类

根据TCP/IP可知,连接在Internet上的每个设备都必须至少有一个IP地址,它是一个32位的二进制数,也可以用十进制数字形式书写,每8个二进制位为一组,用一个十进制数来表示,即0～255。每组之间用“.”隔开,例如192.168.43.10。

IP地址包括3部分:地址类别、网络号和主机号(为了方便划分网络,后面将“地址类别”和“网络号”合称“网络号”),如图3-1所示,这样做的目的是为了方便寻址。IP地址中的网络号用于标明不同的网络,而主机号用于标明每一个网络中的主机地址。IP地址主要分为A、B、C、D、E这五类,如图3-2所示。

地址类别

	网络号	主机号

图3-1 IP地址的结构

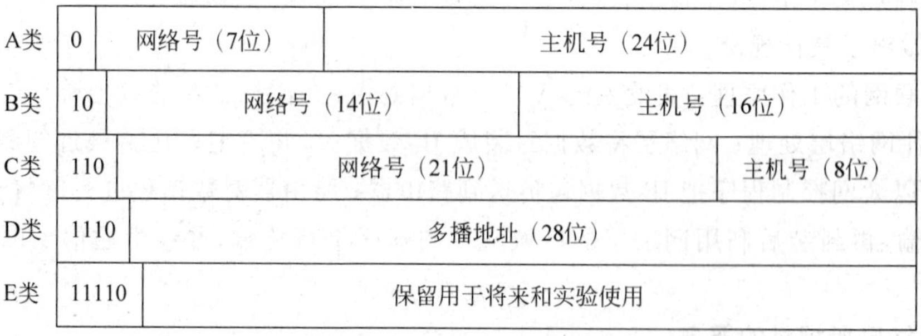

A类	0	网络号(7位)	主机号(24位)
B类	10	网络号(14位)	主机号(16位)
C类	110	网络号(21位)	主机号(8位)
D类	1110	多播地址(28位)	
E类	11110	保留用于将来和实验使用	

图3-2 IP地址分类

(1) A类大型网。高8位代表网络号,后3个8位代表主机号,网络号的最高位必须是0。十进制的第1组数值所表示的网络号范围为0～127,由于0和127有特殊用途,因此,有效的地址范围是1～126。每个A类网络可连接16777214台($2^{24}-2$)主机。

(2) B类中型网。前2个8位代表网络号,后2个8位代表主机号,网络号的最高位必须是10。十进制的第1组数值范围为128～191。每个B类网络可连65534台($2^{16}-2$)主机。

(3) C类小型网。前3个8位代表网络号，低8位代表主机号，网络号的最高位必须是110。十进制的第1组数值范围为192～223。每个C类网络可连接254台($2^{8}-2$)主机。

(4) D类、E类为特殊地址。D类用于组播(多播)传送，十进制的第1组数值范围为224～239。E类保留用于将来和实验使用，十进制的第1组数值范围为240～247。

3.2.2　特殊IP地址

IP地址空间中的某些地址已经作为特殊目的而被保留，而且通常并不允许作为主机地址，如表3-1所示，这些保留地址的规则如下。

表3-1　特殊IP地址

网络号	主机号	地址类型	用　　途
任意	全0	网络地址	代表一个网段
任意	全1	直接广播地址	特定网段的所有节点
127	任意	回送地址	回送测试
全0		私有地址	在路由器中作为默认路由
全1		有限广播地址	本网段的所有节点

(1) 网络地址。网络地址用于表示网络本身。具有正常的网络号部分，而主机号部分为全0的IP地址称为网络地址。如129.5.0.0就是一个B类网络地址。

(2) 直接广播地址。广播地址用于向网络中的所有设备进行广播。具有正常的网络号部分，而主机号部分为全1(即255)的IP地址称为直接广播地址。如129.5.255.255就是一个B类的直接广播地址。

32位全为1(即255.255.255.255)的IP地址称为有限广播地址，用于本网广播。

(3) 回送地址。网络号部分不能以十进制的127开头，在地址中数字127保留给系统作诊断用，称为回送地址(回环地址)。如127.0.0.1用于回路测试。

(4) 私有地址。只能在局域网中使用、不能在Internet上使用的IP地址称为私有IP地址。当网络上的公有地址不足时，可以通过网络地址转换(network address translation, NAT)，利用少量的公有地址把大量的配有私有地址的机器连接到公用网络上。

下列地址作为私有IP地址。

10.0.0.0～10.255.255.255，表示1个A类地址。

172.16.0.0～172.31.255.255，表示16个B类地址。

192.168.0.0～192.168.255.255，表示256个C类地址。

3.3　子网掩码与子网划分

3.3.1　子网掩码

子网掩码用于识别IP地址中的网络号和主机号。子网掩码也是32位二进制数字。在子网掩码中,对应于网络号部分用1表示,主机号部分用0表示。由此可知,A类网络的默认子网掩码是255.0.0.0,B类网络的默认子网掩码是255.255.0.0,C类网络的默认子网掩码是255.255.255.0。还可以用网络前缀法表示子网掩码,即“/＜网络号位数＞”,如138.96.0.0/16表示B类网络138.96.0.0的子网掩码为255.255.0.0。

通过子网掩码与IP地址的进行按位“与”操作,屏蔽掉主机号,得到网络号。例如:B类地址128.22.25.6,如果子网掩码为255.255.0.0,进行按位“与”操作后,得到网络号为128.22.0.0;如果子网掩码为255.255.255.0,进行按位“与”操作后,得到网络号为128.22.25.0。

3.3.2 子网划分

我们可以发现,在A类地址中,每个网络最多可以容纳16777214台($2^{24}-2$)主机;在B类地址中,每个网络最多可以容纳65534台($2^{16}-2$)主机。在网络设计中一个网络内部不可能有这么多机器;另外,IPv4面临IP地址资源短缺的问题。在这种情况下,可以采取划分子网的办法来有效地利用IP地址资源。

子网划分是通过借用IP地址的若干位主机位来充当子网地址(子网号),从而将原网络划分为若干子网而实现的,如图3-3所示。划分子网时,随着子网地址借用主机位数的增多,致使子网的数目也会随之增加,而每个子网中的可用主机数逐渐减少。

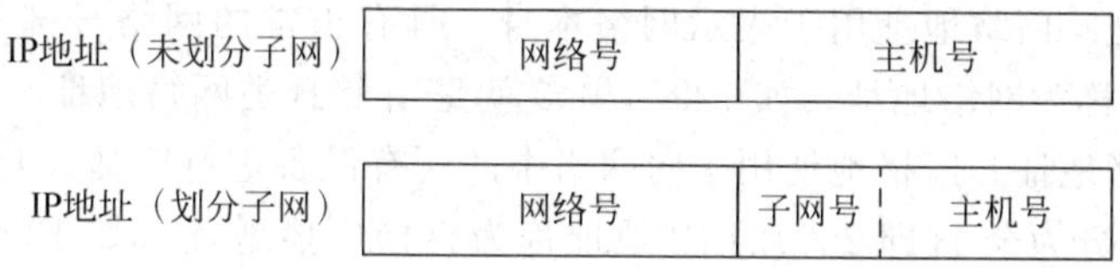

IP地址(未划分子网) | 网络号 | 主机号

IP地址(划分子网) | 网络号 | 子网号 | 主机号

图3-3 划分子网

以C类网络为例,原有8位主机位,256个(2^8)主机地址,默认子网掩码为255.255.255.0。网络管理员可以将这8位主机位分成两部分,一部分作为子网标识,另一部分作为主机标识。作为子网标识的位数为2～6位,如果子网标识的位数为m,则该网络一共可以划分为(2^m-2)个子网(注意子网标识不能全为1,也不能全为0),与之对应主机标识的位数为$8-m$,每个子网中可以容纳($2^{8-m}-2$)台主机(注意主机标识不能全为1,也不能全为0)。根据子网标识借用的主机位数,可以计算出划分的子网数、子网掩码、每个子网主机数等,如表3-2所示。

表3-2 C类网络的子网划分

子网位数(m)	划分子网数(2^m-2)	子网掩码(二进制)	子网掩码(十进制)	每个子网的主机数($2^{8-m}-2$)
2	2	11111111.11111111.11111111.11000000	255.255.255.192	62
3	6	11111111.11111111.11111111.11100000	255.255.255.224	30
4	14	11111111.11111111.11111111.11110000	255.255.255.240	14
5	30	11111111.11111111.11111111.11111000	255.255.255.248	6
6	62	11111111.11111111.11111111.11111100	255.255.255.252	2

在表3-2所示的C类网络中,若子网占用7位主机位时,主机位只剩一位,无论设为0还是1,这都意味着主机位是全0或全1。由于主机位全0表示本网络,全1留作广播地址,这时子网实际上没有可用的主机地址,所以主机位至少应保留2位。

B类网络的子网划分如表3-3所示。

表3-3 B类网络的子网划分

子网位数(m)	划分子网数(2^m-2)	子网掩码(二进制)	子网掩码(十进制)	每个子网的主机数($2^{8-m}-2$)
2	2	11111111.11111111.11000000.00000000	255.255.192.0	16382
3	6	11111111.11111111.11100000.00000000	255.255.224.0	8190
4	14	11111111.11111111.11110000.00000000	255.255.240.0	4094
5	30	11111111.11111111.11111000.00000000	255.255.248.0	2046
6	62	11111111.11111111.11111100.00000000	255.255.252.0	1022
7	126	11111111.11111111.11111110.00000000	255.255.254.0	510
8	254	11111111.11111111.11111111.00000000	255.255.255.0	254
9	510	11111111.11111111.11111111.10000000	255.255.255.128	126
10	1022	11111111.11111111.11111111.11000000	255.255.255.192	62
11	2046	11111111.11111111.11111111.11100000	255.255.255.224	30
12	4094	11111111.11111111.11111111.11110000	255.255.255.240	14
13	8190	11111111.11111111.11111111.11111000	255.255.255.248	6
14	16382	11111111.11111111.11111111.11111100	255.255.255.252	2

1. 子网划分的步骤

子网划分的步骤如下。

(1) 确定要划分的子网数目及每个子网的主机数目。

(2) 求出子网数目对应二进制数的位数 N 及主机数目对应二进制数的位数 M。

(3) 将该IP地址的原有子网掩码的地址部分的前 N 位置1(其余全置0)或后 M 位置0(其余全置1),即得出该IP地址划分子网后的新子网掩码。

例如,对于B类网络135.41.0.0/16需要划分为20个能容纳200台主机的网络。因为14<20<30,即 $2^4-2<20<2^5-2$,所以,子网位只需占用5位主机位就可划分成30个子网,可以满足划分成20个子网的要求。B类网络的默认子网掩码是255.255.0.0,转换为二进制为11111111.11111111.00000000.00000000。现在子网又占用了5位主机位,根据子网掩码的定义,划分子网后的子网掩码应该为11111111.11111111.11111000.00000000,转换为十进制应该为255.255.248.0。现在来看一看每个子网的主机数。子网中可用主机位还有11位(16−5),$2^{11}=2048$,去掉主机位全0和全1的情况,还有2046个(2048−2)主机标识可以分配,而子网能容纳200台主机就能满足需求了。按照上述方式划分子网,每个子网能容纳的主机数目远大于需求的主机数目,造成了IP地址资源的浪费。为了更有效地利用资源,也可以根据子网所需主机数来划分子网。还以上例来说,(128−2)<200<(256−2),即 $(2^7-2)<200<(2^8-2)$,也就是说,在B类网络的16位主机位中,保留8位主机位,其他的8位(16−8)作为子网位,可以将B类网络138.96.0.0划分成254个 (2^8-2) 能容纳254台(256−2)主机的子网。此时的子网掩码为11111111.11111111.11111111.00000000,

转换为十进制为 255.255.255.0。

在上例中,分别根据子网数和主机数划分子网,从而得到了两种不同的结果,都能满足需求。实际上,子网占用 5~8 位主机位时所得到的子网都能满足上述需求。所以,在实际工作中,应按照一定的原则来决定子网位占用几位主机位。

2. 划分子网时的注意事项

(1) 在划分子网时,不仅要考虑目前的需要,还应了解将来需要多少子网和主机。子网掩码使用较多的主机位可以得到更多的子网,节约了 IP 地址资源,若将来需要更多子网时,不必再重新分配 IP 地址,但每个子网的主机数量有限;反之,子网掩码使用较少的主机位,每个子网的主机数量允许有更大的增长,但可用子网数量有限。

(2) 一般来说,一个网络中的节点数太多,网络会因为广播通信而饱和。所以,网络中的主机数量的增长是有限的,也就是说,在条件允许的情况下,应将更多的主机位用于子网位中。

可见,子网掩码的设置关系到子网的划分。子网掩码设置得不同,所得到的子网就不同,每个子网能容纳的主机数目也不同。若设置错误,可能会导致数据传输错误。

3. 划分子网的优点

划分子网具有以下优点。

(1) 充分利用 IP 地址。由于 A 类网络或 B 类网络的地址空间太大,造成在不使用路由设备的单一网络中无法使用全部 IP 地址,比如,对于一个 B 类网络 172.17.0.0,可以有 65534 台($2^{16}-2$)主机,这么多的主机在单一的网络下是无法工作的。因此,为了能更有效地利用 IP 地址空间,有必要把可用的 IP 地址分配给更多较小的网络。

(2) 简化管理。划分子网还可以简化网络管理。当一个网络被划分为多个子网时,每个子网中的站点数量就会大幅减少,每个子网就变得更加容易管理和控制。每个子网的用户、计算机及其子网资源可以让不同的管理员进行管理来减轻单人管理大型网络的负担。

(3) 提高网络性能。在一个网络中,随着网络用户和主机数量的增加,网络通信也将变得繁忙。而繁忙的网络通信很容易导致冲突、丢失数据包及数据包重传,因而降低了主机之间的通信效率。而如果将一个大型的网络划分为若干个子网,并通过路由器将其连接起来,就可以减少网络拥塞。这些路由器就像一堵墙把子网隔离开来,使本地的通信不会转发到其他子网中。使同一个子网中主机之间进行广播和通信,只能在各自的子网中进行。

3.4 IP 数据报格式

IP 数据报分为报文头和数据区两大部分,其中报文头只是为了正确传输高层(即传输层)数据而增加的控制信息,数据区包括高层需要传输的数据。

IPv4 数据报格式如图 3-4 所示。

1. IPv4 数据报的主要字段

(1) 版本。占 4 位,指明 IP 的版本号(一般是 4,即 IPv4),不同 IP 版本规定的数据格式不同。

(2) 报头长度。占 4 位,指明数据报报头的长度。以 32 位(即 4 字节)为单位,当报头

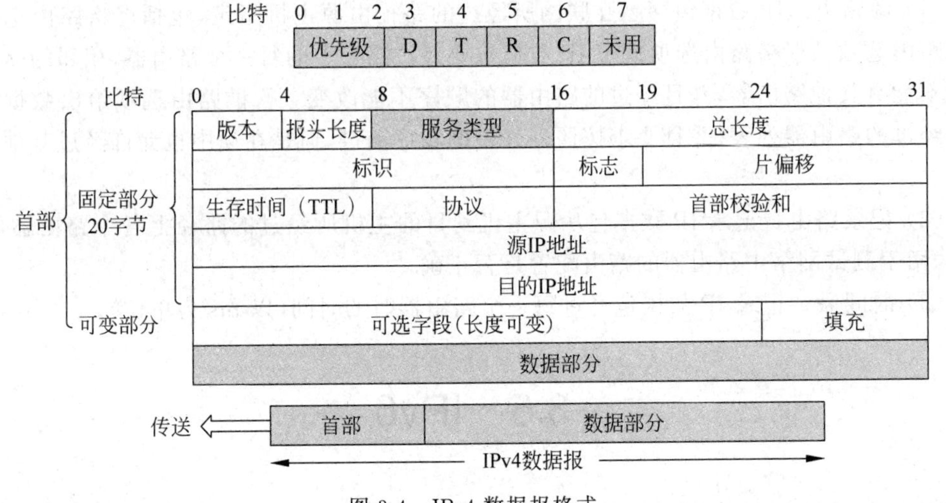

图 3-4　IPv4 数据报格式

中无可选项时,报头的基本长度为 5 个单位(即 20 字节)。

(3) 服务类型。占 8 位,其中 3 位用于标识优先级,4 个标志位：D(延迟)、T(吞吐量)、R(可靠性)和 C(代价),另外一位未用。

(4) 总长度。占 16 位,数据报的总长度,包括头部和数据,以字节为单位。

(5) 标识。占 16 位,源主机赋予 IP 数据报的标识符,目的主机利用此标识来判断此分片属于哪个数据报,以便重组。

当 IP 分组在网上传输时,可能要跨越多个网络,但每个网络都规定了一帧最多携带的数据量(此限制称为最大传输单元 MTU),当长度超过 MTU 时,就需要将数据分成若干个较小的部分(分片),然后独立发送每个分片。目的主机接收到分片后的数据报后,对分片进行重新组装(重组)。

(6) 标志。占 3 位,告诉目的主机该数据报是否已经分片,是否是最后的分片。

(7) 片偏移。占 13 位,指示本片数据在初始 IP 数据报(未分片时)中的位置,以 8 字节为单位。

(8) 生存时间(time to live,TTL)。占 8 位,设计一个计数器,当计数器值为 0 时,数据报被删除,避免循环发送。

(9) 协议。占 8 位,指示传输层所采用的协议,如 TCP、UDP 等。

(10) 首部校验和。占 16 位,只校验数据报的报头,不包括数据部分。

(11) IP 地址。各占 32 位的源 IP 地址和目的 IP 地址分别表示数据报发送者和接收者的 IP 地址,在整个数据报传输过程中,此两字段的值一直保持不变。

(12) 可选字段(长度可变)。主要用于控制和测试。既然是选项,用户可以使用,也可以不使用,但实现 IP 的设备必须能处理 IP 选项。

(13) 填充。在使用选项的过程中,如果造成 IP 数据报的报头不是 32 位的整数倍,这时需要使用“填充”字段凑齐。

(14) 数据部分。本域常包含送往传输层的 TCP 或 UDP 数据。

2. IP 选项

IP 选项主要有以下 3 个。

(1) 源路由。IP数据包穿越互联网所经过的路径由源主机指定,包括严格路由选项和松散路由选项。严格路由选项规定IP数据包要经过路径上的每一个路由器,相邻的路由器之间不能有其他路由器,并且经过的路由器的顺序不能改变。松散路由选项给出数据包必须要经过的路由器列表,并且要求按照列表中的顺序前进,但是在途中也允许经过其他的路由器。

(2) 记录路由。记录IP数据包从源主机到目的主机所经过的路径上各个路由器的IP地址,用于测试网络中路由器的路由配置是否正确。

(3) 时间戳。记录IP数据包经过每一个路由器时的时间(以ms为单位)。

3.5 IPv6

IPv4定义IP地址的长度为32位,Internet上的每台主机至少分配了1个IP地址,同时为提高路由效率将IP地址进行了分类,从而造成了IP地址的浪费。网络用户和节点的增长不仅导致IP地址的短缺,也导致了路由表的迅速膨胀。

针对IPv4的不足,国际互联网工程任务组(Internet engineering task force,IETF)的IPng工作组在1994年9月提出了一个正式的草案the recommendation for the IP next generation protocol,1995年年底确定了IPng的协议规范,并称为“IP版本6(IPv6)”,以与现在的IP版本4相区别。

1. IPv6的优点

与IPv4相比,IPv6主要有以下的优点。

(1) 超大的地址空间。IPv6将IP地址从32位增加到128位,所包含的IP地址数目高达2^{128}个(约为3.4×10^{38})。如果所有地址平均散布在整个地球表面,大约每平方米有10^{24}个地址,远超过了地球上的人数。

(2) 更好的首部格式。IPv6采用了新的首部格式,将选项与基本首部分开,并将选项插入到首部与上层数据之间。首部具有固定的40字节的长度,简化和加速了路由选择的过程。

(3) 增加了新的选项。IPv6有一些新的选项可以实现附加的功能。

(4) 允许扩充。留有充分的备用地址空间和选项空间,当有新的技术或应用需要时允许协议进行扩充。

(5) 支持资源分配。在IPv6中删除了IPv4中的服务类型,但增加了流标记字段,可用来标识特定的用户数据流或通信量类型,以支持实时音频和视频等需实时通信的通信量。

(6) 增加了安全性考虑。扩展了对认证、数据一致性和数据保密的支持。

2. IPv6地址

1) IPv6的地址表示

IPv6地址采用128位二进制数,其表示格式有以下几种。

(1) 首选格式:按16位一组,每组转换为4位十六进制数,并用冒号隔开。例如,“21DA:0000:0000:0000:02AA:000F:FE08:9C5A”。

(2) 压缩表示:一组中的前导0可以不写;在有多个0连续出现时,可以用一对冒号取代，且只能取代一次。如上面地址可表示为“21DA:0:0:0:2AA:F:FE08:9C5A”或“21DA::2AA:F:FE08:9C5A”。

(3) 内嵌 IPv4 地址的 IPv6 地址：为了从 IPv4 平稳过渡到 IPv6，IPv6 引入一种特殊的格式，即在 IPv4 地址前置 96 个 0，保留十进制点分格式，如“::192.168.0.1”。

2) IPv6 掩码

与无类别域间路由(classless inter-domain routing，CIDR)类似，IPv6 掩码采用前缀表示法，即表示成：IPv6 地址/前缀长度，如“21DA::2AA:F:FE08:9C5A/64”。

3) IPv6 地址类型

IPv6 地址有单播、组播和任播 3 种类型。IPv6 取消了广播类型。

(1) 单播地址。单播地址是点对点通信时使用的地址，该地址仅标识一个接口。网络负责将向单播地址发送的分组发送到这个接口上。

(2) 组播地址。组播地址(前 8 位均为“1”)表示主机组，它标识一组网络接口，发送给组播的分组必须交付到该组中的所有成员。

(3) 任播地址。任播地址也表示主机组，但它用于标识属于同一个系统的一组网络接口(通常属于不同的节点)，路由器会将目的地址是任播地址的数据包发送给距离本地路由器最近的一个网络接口。如移动用户上网就需要因地理位置的不同而接入离用户距离最近的一个接收站，这样才可以使移动用户在地理位置上不受太多的限制。

当一个单播地址被分配给多于 1 个的接口时，就属于任播地址。任播地址从单播地址中分配，可使用单播地址的任何格式，从语法上任播地址与单播地址没有任何区别。

4) 特殊 IPv6 地址

当所有 128 位都为 0 时(即 0:0:0:0:0:0:0:0)，如果主机不知道自己的 IP 地址，在发送查询报文时用作源地址。注意该地址不能用作目的地址。

当前 127 位为 0，而第 128 位为 1 时(即 0:0:0:0:0:0:0:1)，作为回送地址使用。

当前 96 位为 0，而最后 32 位为 IPv4 地址时，可以作为内嵌 IPv4 地址的 IPv6 地址使用。

3. IPv6 的数据报格式

IPv6 的数据报由一个 IPv6 的基本报头、多个扩展报头和一个高层协议数据单元组成。基本报头长度为 40 字节。一些可选的内容放在扩展报头部分实现，这种设计方法可提高数据报的处理效率。IPv6 数据报格式不向下兼容 IPv4。

IPv6 数据报格式如图 3-5 所示。

IPv6 数据报的主要字段有以下几个。

(1) 版本。占 4 位，取值为 6，表示是 IPv6 协议。

(2) 通信流类别。占 8 位，表示 IPv6 的数据报类型或优先级，以提供区分服务。

(3) 流标签。占 20 位，用来标识这个 IP 数据报属于源节点和目的节点之间的一个特定数据报序列。流是指从某个源节点向目的节点发送的分组群中，源节点要求中间路由器进行特殊处理的分组。

(4) 有效载荷长度。占 16 位，是指除基本报头之外的数据，包含扩展报头和高层数据。

(5) 下一个报头。占 8 位，如果存在扩展报头，该字段的值用于指定下一个扩展报头的类型；如果无扩展报头，该字段的值用于指定高层数据的类型，如 TCP(6)、UDP(17)等。

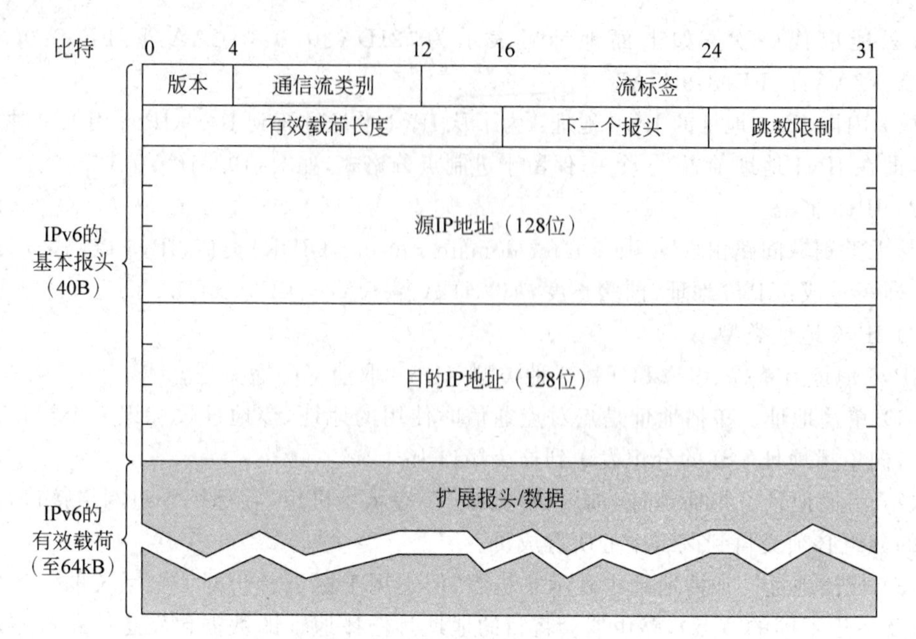

图 3-5　IPv6 数据报格式

(6) 跳数限制。占 8 位，指 IP 数据报被丢弃之前可以被路由器转发的次数。

(7) 源 IP 地址。占 128 位，指发送方的 IPv6 地址。

(8) 目的 IP 地址。占 128 位，在大多情况下，该字段为最终目的节点的 IPv6 地址，如果有路由扩展报头，目的地址可能为下一个转发路由器的 IPv6 地址。

(9) IPv6 扩展报头。扩展报头是可选报头，紧接在基本报头之后，IPv6 数据报可包含多个扩展报头，而且扩展报头的长度并不固定，IPv6 扩展报头代替了 IPv4 报头中的选项字段。

IPv6 的基本报头为固定 40 字节长，一些可选报头信息由 IPv6 扩展报头来实现。IPv6 的基本报头中"下一个报头"字段指定第一个扩展报头类型。每个扩展报头中都包含"下一个报头"字段，用于指定后继扩展报头类型。最后一个扩展报头中的"下一个报头"字段指定高层协议的类型。

扩展报头有以下几种。

① 逐跳选项报头。类型为 0，由中间路由器处理的扩展报头。

② 目的站选项报头。类型为 60，用于携带由目的节点检查的信息。

③ 路由报头。类型为 43，用于指定数据报从数据源到目的节点传输过程中需要经过一个或多个中间路由器。

④ 分片报头。类型为 44，IPv6 对分片的处理类似于 IPv4，该字段包括数据报标识符、分片号和是否终止标识符。在 IPv6 中，只能由源主机对数据报进行分片，源主机对数据报分片后要加分片选项扩展报头。

⑤ 认证报头。类型为 51，用于携带通信双方进行认证所需的参数。

⑥ 封装安全有效载荷报头。类型为 52，与认证报头结合使用，也可单独使用，用于携带通信双方进行认证和加密所需的参数。

4. IPv6 的地址自动配置

IPv6 的地址自动配置分为无状态地址配置和有状态地址配置两类。

(1) 无状态地址配置：128 位的 IPv6 地址由 64 位前缀和 64 位网络接口标识符(网卡 MAC 地址，IPv6 中 IEEE 已经将网卡 MAC 地址由 48 位改为 64 位)组成。

一台计算机主机可以与本地网络的其他主机直接通信，这是因为它们处于同一网络中，有相同的 64 位前缀。

如果与其他网络互联，当前计算机则需要从网络的路由器中获得该网络所使用的网络前缀，然后与 64 位网络接口标识符结合形成有效的 IPv6 地址。

(2) 有状态地址配置：自动配置需要 DHCPv6 服务器的支持，主机向本地连接中的所有 DHCPv6 服务器发送多点广播"DHCP 请求信息"，DHCPv6 返回"DHCP 应答消息"中分配的地址给请求主机，主机利用该地址作为自己的 IPv6 地址进行配置。

3.6 实　　训

3.6.1 实训 1：IP 地址与子网的划分方法

实训 1：IP 地址与子网的划分方法

1. 实训目标

(1) 正确配置 IP 地址和子网掩码。

(2) 掌握子网划分的方法。

2. 完成实训所需的设备和软件

(1) 安装有 Windows 10 操作系统的计算机 5 台(PC1～PC5)。

(2) 交换机 1 台、直通线 5 根。

3. 网络拓扑结构

为了完成本次实训，搭建如图 3-6 所示的网络拓扑结构。

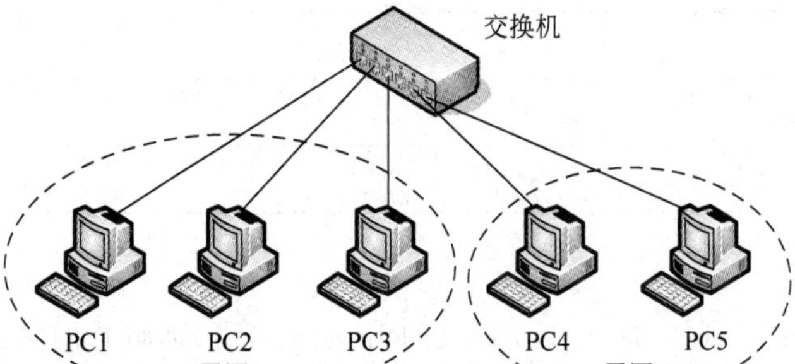

图 3-6　小型对等网络的拓扑结构

4. 实施步骤

1) 硬件连接

如图 3-6 所示，将 5 条直通线的两端分别插入每台计算机网卡的 RJ-45 接口和交换机的 RJ-45 接口中，检查网卡和交换机的相应指示灯是否亮起，从而判断网络是否正常连通。

2) TCP/IP配置

步骤1：配置PC1计算机的IP地址为192.168.1.10，子网掩码为255.255.255.0；配置PC2计算机的IP地址为192.168.1.20，子网掩码为255.255.255.0；配置PC3计算机的IP地址为192.168.1.30，子网掩码为255.255.255.0；配置PC4计算机的IP地址为192.168.1.40，子网掩码为255.255.255.0；配置PC5计算机的IP地址为192.168.1.50，子网掩码为255.255.255.0。

步骤2：在PC1、PC2、PC3、PC4、PC5之间用ping命令测试网络的连通性，测试结果填入表3-4中。

表3-4 计算机之间的连通性(1)

计算机	PC1	PC2	PC3	PC4	PC5
PC1	—				
PC2		—			
PC3			—		
PC4				—	
PC5					—

3) 划分子网1

步骤1：保持PC1、PC2、PC3这3台计算机的IP地址不变，而将它们的子网掩码都修改为255.255.255.224。

步骤2：在PC1、PC2、PC3之间用ping命令测试网络的连通性，测试结果填入表3-5中。

表3-5 计算机之间的连通性(2)

计算机	PC1	PC2	PC3
PC1	—		
PC2		—	
PC3			—

4) 划分子网2

步骤1：保持PC4、PC5这2台计算机的IP地址不变，而将它们的子网掩码都修改为255.255.255.224。

步骤2：用ping命令测试在PC4、PC5之间网络的连通性，测试结果填入表3-6中。

表3-6 计算机之间的连通性(3)

计算机	PC4	PC5
PC4	—	
PC5		—

5）子网 1 和子网 2 之间的连通性测试

用 ping 命令测试 PC1、PC2、PC3（子网 1）与 PC4、PC5（子网 2）之间网络的连通性，测试结果填入表 3-7。

表 3-7 子网之间的连通性

子网（计算机）		子网 2	
		PC4	PC5
子网 1	PC1		
	PC2		
	PC3		

【说明】 由于各个子网在逻辑上是独立的，因此，没有路由器的转发，子网之间的主机不可能相互通信，尽管这些主机可能处于同一个物理网络中。

3.6.2 实训 2：IPv6 的使用

实训 2：IPv6 的使用

1. 实训目标

掌握 IPv6 的配置方法。

2. 完成实训所需的设备和软件

安装有 Windows 10 操作系统的计算机 1 台。

3. 实施步骤

1）手工配置 IPv6

Windows 7、Windows 10 等已支持 IPv6。在使用 IPv6 时，对 IPv4 站点间的通信没有影响，互不干扰。在 Windows 10 中添加 IPv6 的操作步骤如下。

步骤 1：选择桌面上右下角的"网络"→"网络和 Internet 设置"→"更改适配器选项"，在打开的"网络连接"窗口中，右击"以太网"图标，在弹出的快捷菜单中选择"属性"命令，打开"以太网 属性"对话框，如图 3-7 所示。

步骤 2：选择"Internet 协议版本 6（TCP/IPv6）"选项，再单击"属性"按钮，打开"Internet 协议版本 6（TCP/IPv6）属性"对话框，如图 3-8 所示。

步骤 3：可以输入 ISP 给定的 IPv6 地址，包括网关等信息。

步骤 4：完成后，运行 cmd 命令，进入命令提示符模式，可以用 ping ::1 命令来验证 IPv6 协议是否正确安装，如图 3-9 所示。

2）使用程序配置 IPv6

步骤 1：在"命令提示符"窗口中运行 netsh 命令，进入系统网络参数设置环境，如图 3-10 所示。

步骤 2：设置 IPv6 地址及默认网关。假如网络管理员分配给客户端的 IPv6 地址为 2010:da8:207::1010，默认网关为 2010:da8:207::1001，则在系统网络参数设置环境中执行如下两条命令，可设置 IPv6 地址和默认网关，如图 3-11 所示。

```
interface ipv6 add address "以太网" 2010:da8:207::1010
interface ipv6 add route ::/0 "以太网" 2010:da8:207::1001
```

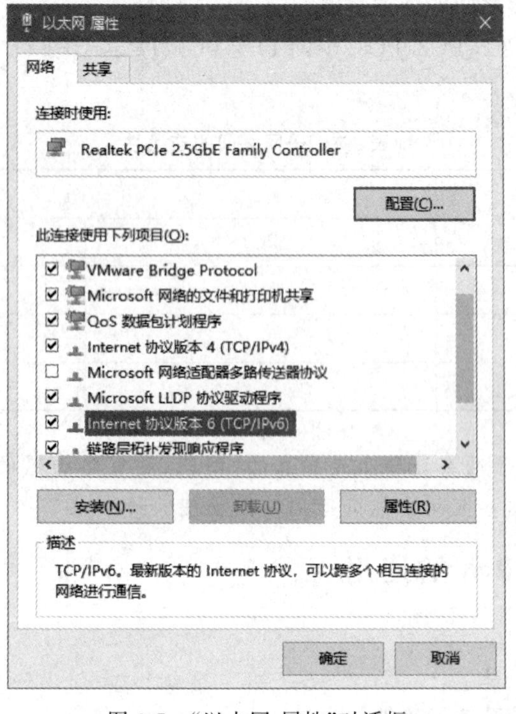

图 3-7 “以太网 属性”对话框

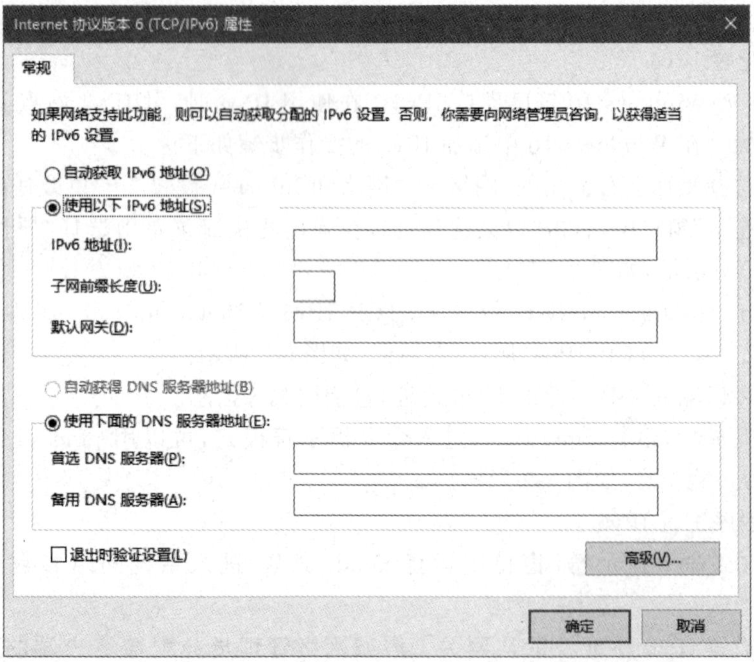

图 3-8 “Internet 协议版本 6(TCP/IPv6)属性”对话框(1)

步骤 3：查看“以太网”的“Internet 协议版本 6(TCP/IPv6)属性”，可发现 IPv6 地址已经配置好，如图 3-12 所示。

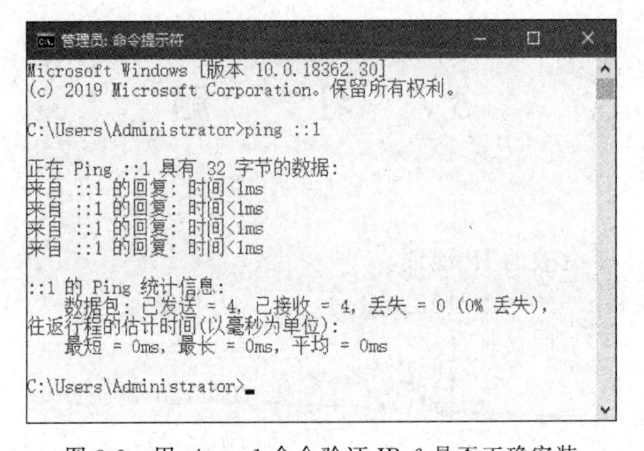

图 3-9　用 ping::1 命令验证 IPv6 是否正确安装

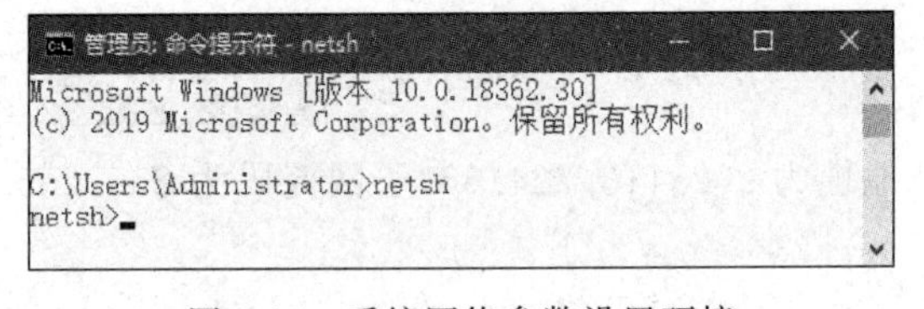

图 3-10　系统网络参数设置环境

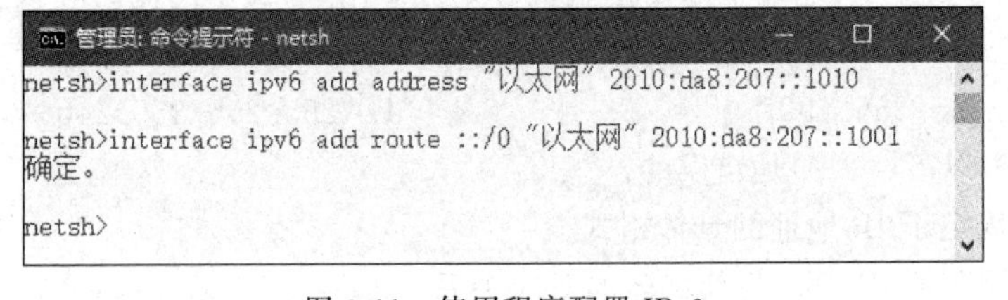

图 3-11　使用程序配置 IPv6

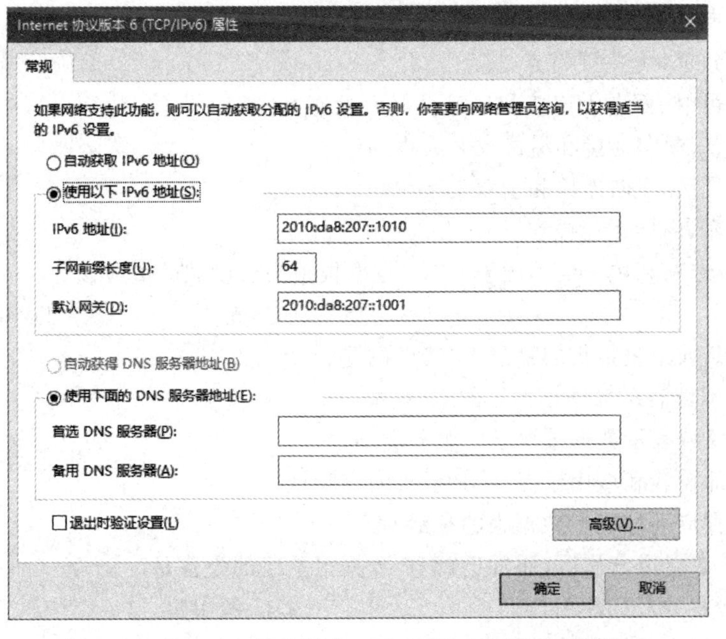

图 3-12　"Internet 协议版本 6(TCP/IPv6)属性"对话框(2)

3.7 习　题

一、选择题

1. 以下(　　)不是有效的 IP 地址。

A. 193.254.8.1　　B. 193.8.1.2　　C. 193.1.25.8　　D. 193.1.8.257

2. 以下(　　)地址为回送地址。

A. 128.0.0.1　　B. 127.0.0.1　　C. 126.0.0.1　　D. 125.0.0.1

3. 主机 IP 地址为 202.130.82.97,子网掩码为 255.255.192.0,它所处的网络为(　　)。

A. 202.64.0.0　　B. 202.130.0.0

C. 202.130.64.0　　D. 202.130.82.0

4. 一台主机的 IP 地址为 202.113.224.68,子网掩码为 255.255.255.240,那么这台主机的主机号为(　　)。

A. 4　　B. 6　　C. 8　　D. 68

5. 如果借用 C 类 IP 地址中的 4 位主机号划分子网,那么子网掩码应该为(　　)。

A. 255.255.255.0　　B. 255.255.255.128

C. 255.255.255.192　　D. 255.255.255.240

6. 关于 IP,以下(　　)是错误的。

A. IP 规定了 IP 地址的具体格式

B. IP 规定了 IP 地址与其域名的对应关系

C. IP 规定了 IP 数据报的具体格式

D. IP 规定了 IP 数据报分片和重组原则

7. IP 服务的 3 个主要特点是(　　)。

A. 不可靠、面向无连接和尽最大努力投递

B. 可靠、面向连接和尽最大努力投递

C. 不可靠、面向连接和全双工

D. 可靠、面向无连接和全双工

8. 在没有选项和填充的情况下,IPv4 数据报报头长度域的值应该为(　　)。

A. 3　　B. 4　　C. 5　　D. 6

9. 关于 IP 数据报报头的描述中,错误的是(　　)。

A. 版本域表示数据报使用的 IP 版本

B. 协议域表示数据报要求的服务类型

C. 头部校验和域用于保证 IP 报头的完整性

D. 生存周期域表示数据报的存活时间

10. 在 IP 数据报分片后,通常负责 IP 数据报重组的设备是(　　)。

A. 分片途经的路由器　　B. 源主机

C. 分片途经的交换机　　D. 目的主机

11. 一个 IPv6 地址为 21DA:0000:0000:0000:02AA:000F:FE08:9C5A,如果采用双冒号表示法,那么该 IPv6 地址可以简写为( )。

A. 0x21DA::0x2AA:0xF:0xFE08:0x9C5A

B. 21DA::2AA:F:FE08:9C5A

C. 0h21DA::0h2AA:0hF:0hFE08:0h9C5A

D. 21DA::2AA::F::FE08::9C5A

12. IPv6 数据报的基本报头(不包括扩展报头)长度为( )B。

A. 20　　B. 30　　C. 40　　D. 50

13. 下面( )不是多播地址。

A. 224.0.1.1　　B. 232.0.0.1

C. 233.255.255.1　　D. 240.255.255.1

二、填空题

1. IP 地址包括 3 个部分:________、________和________。

2. IP 地址主要分为 A、B、C、D、E 5 类。A 类 IP 地址的网络号范围为________;B 类 IP 地址的网络号范围为________;C 类 IP 地址的网络号范围为________;D 类 IP 地址用于________,其网络号范围为________;E 类 IP 地址保留用于________,其网络号范围为________。

3. IP 地址 127.0.0.1 称为________,用于________。

4. IP 地址 255.255.255.255 称为________,用于________。

5. 如果一个 IP 地址为 202.93.120.34 的主机需要向 202.93.120.0 网络进行直接广播,那么,它使用的直接广播地址为________。

6. 如果一个 IP 地址为 10.1.2.20,子网掩码为 255.255.255.0 的主机需要发送一个有限广播数据包,该有限广播数据包的目的地址为________。

7. Internet 的核心协议是________。

8. IP 数据报的源路由选项分为两类:一类为严格源路由,另一类为________源路由。

9. 如果借用 C 类 IP 地址中的 3 位主机号来划分子网,则子网掩码应该为________。

10. IPv6 的地址长度为________位。

11. 一个 IPv6 地址为 21DA:0000:0000:0000:12AA:2C5F:FE08:9C5A。如果采用双冒号表示法,那么该 IPv6 地址可以简写为________。

三、简答题

1. IP 地址可分为哪几类?各类的地址范围是多少?

2. 什么是广播地址?什么是私有地址?

3. IP 数据报选项由哪几部分组成?

4. IPv6 相对 IPv4 有哪些优点?

5. 在 172.16.0.0/16 网段中,要求划分 80 个以上的子网,那么每个子网可以容纳的主机数是多少?在 192.168.1.0/24 网段中,要求每个子网至少可以容纳的主机数为 16,那么可以划分多少个子网?

6. 某公司需要组建内部网络,该公司有工程技术部、市场部、财务部和办公室四大部门,每个部门有 20～30 台计算机。

(1) 要将这几个部门从网络上进行分开,如果分配该公司使用的IP地址为一个C类地址,网络地址为192.168.10.0,如何划分网络才能将这几个部门分开?

(2) 确定各部门的网络地址和子网掩码,并写出分配给每个部门网络中的主机IP地址范围。

7. 有A、B、C、D 4台主机都处在同一个物理网络中。其中,A主机的IP地址是193.168.3.190,B主机的IP地址是193.168.3.65,C主机的IP地址是193.168.3.78,D主机的IP地址是193.168.3.97,它们共同的子网掩码是255.255.255.224。

(1) A、B、C、D 4台主机之间哪些可以直接通信?为什么?

(2) 请写出各子网的地址。

(3) 若要加入第5台主机E,使它能与D主机直接通信,其IP地址的设定范围应是多少?

8. 对于C类网络192.168.1.0/27,用3位主机位表示子网号,请写出各子网的网络号及各子网的主机号范围。

第4章　虚拟局域网技术

学习目标

(1) 熟练掌握交换机的管理与基本配置的方法。

(2) 掌握 VLAN 的工作原理。

(3) 掌握 Trunk 技术，了解 VLAN 中继协议。

(4) 熟练掌握单交换机和多交换机上的 VLAN 划分。

4.1　交换机的管理与基本配置

4.1.1　交换机的硬件组成

如同 PC 一样，交换机或路由器也由硬件和软件两部分组成。硬件包括 CPU、存储介质、端口等。软件主要是 IOS(internetwork operating system，网间操作系统)。交换机的端口主要有以太网(Ethernet)端口、快速以太网(fast Ethernet)端口、吉比特以太网(gigabit Ethernet)端口和控制台(console)端口等。存储介质主要有 RAM、ROM、Flash 和 NVRAM。

(1) CPU：提供控制和管理交换机功能，包括所有网络通信的运行，通常由被称为 ASIC 的专用硬件来完成。

(2) RAM 和 ROM：RAM 主要用于辅助 CPU 工作，对 CPU 处理的数据进行暂时存储；ROM 主要用于保存交换机或路由器的启动引导程序。

(3) Flash：用来保存交换机或路由器的 IOS 程序。当交换机或路由器重新启动时并不擦除 Flash 中的内容。

(4) NVRAM：非易失性 RAM，用于保存交换机或路由器的配置文件。当交换机或路由器重新启动时，并不擦除 NVRAM 中的内容。

4.1.2　交换机的启动过程

Cisco 公司将自己的操作系统称为 Cisco IOS，它内置在所有 Cisco 交换机和路由器中。

当交换机启动时，将执行以下几个步骤来测试硬件并加载所需的软件。

(1) 交换机开机时，先进行开机自检(power on self test，POST)，检查硬件以验证设备的所有组件目前是可运行的，例如检查交换机的各种端口。POST 存储在 ROM 中并从 ROM 中运行。

(2) bootstrap 检查并加载 Cisco IOS 操作系统。bootstrap 程序也是存储在 ROM 中，

用于在初始化阶段启动交换机。在默认情况下，所有 Cisco 交换机或路由器都从 Flash 加载 IOS 软件。

(3) IOS 软件在 NVRAM 中查找 startup-config 配置文件，只有当管理员将 running-config 文件复制到 NVRAM 中时才产生该文件。如果 NVRAM 中有 startup-config 配置文件，交换机将加载并运行此文件；如果 NVRAM 中没有 startup-config 文件，交换机将启动 setup 程序以对话的方式来初始化配置过程，此过程也被称为 setup 模式。

4.1.3 交换机的配置模式

一般来说，可通过以下 4 种方式对交换机进行配置。

(1) 通过 console 端口访问交换机。新交换机在进行第一次配置时必须通过 console 端口访问交换机。利用 console 控制线(图 4-1)将交换机的 console 端口和计算机的 COM1 串口连接起来(图 4-2)，然后利用计算机上的超级终端等软件对交换机进行配置。

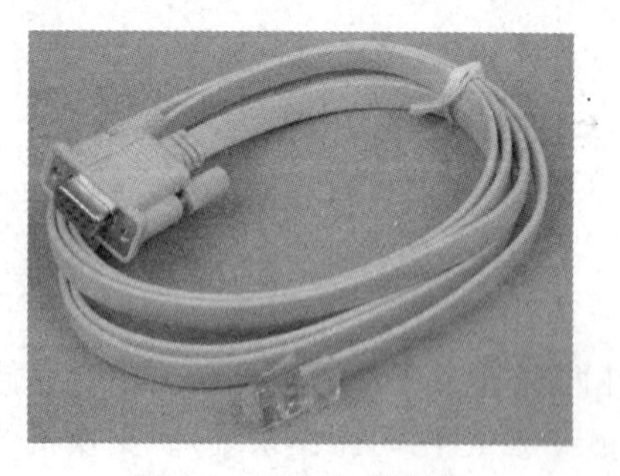

图 4-1 console 控制线

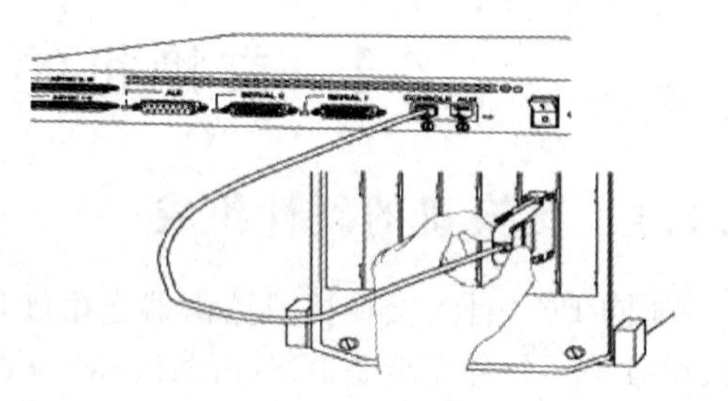

图 4-2 连接 console 端口和 COM1 串口

(2) 通过 Telnet 访问交换机。如果网络管理员离交换机较远，也可通过 Telnet 远程访问交换机，前提是预先在交换机上配置 IP 地址和访问密码，并且管理员的计算机与交换机之间是 IP 可达的。

(3) 通过 Web 访问交换机。

(4) 通过 SNMP 网络管理工作站访问交换机。

在以上 4 种管理交换机的方式中，后 3 种方式都要连接网络，都会占用网络带宽，又称带内管理。交换机首次使用时，必须采用第一种方式对交换机进行配置，这种方式并不占用网络带宽，通过 console 控制线连接交换机和计算机，又称为带外管理。

4.1.4 交换机的命令行操作模式

交换机的命令行操作模式主要包括用户模式、特权模式、全局配置模式、端口配置模式等。

(1) 用户模式：进入交换机后的第一个操作模式，在该模式下可以简单查看交换机的软、硬件版本信息，并进行简单的测试。用户模式提示符为“Switch>”。

(2) 特权模式：在用户模式下，输入 enable 命令可进入特权模式，在该模式下可以对交换机的配置文件进行管理，查看交换机的配置信息，进行网络的测试和调试等。特权模式提示符为“Switch #”。

(3) 全局配置模式：在特权模式下，输入 configure terminal 命令可进入全局配置模式，在该模式下可以配置交换机的全局性参数(如主机名、登录信息等)。在该模式下可以进入下一级的配置模式，对交换机具体的功能进行配置。全局配置模式提示符为"Switch(config)#"。

(4) 端口配置模式：在全局配置模式下，输入"interface 接口类型 接口号"命令，如 interface fastethernet0/1 可进入端口配置模式，在端口配置模式下可以对交换机的端口参数进行配置。端口配置模式提示符为"Switch(config-if)#"。

使用 exit 命令可退回到上一级操作模式。按 Ctrl+Z 组合键或用 end 命令可使用户从特权模式以下级别直接返回到特权模式。

交换机命令行支持获取帮助信息、命令的简写、命令的自动补齐、快捷键功能等。

4.1.5 交换机的密码基础

每台交换机都应该设置它所需要的密码(口令)，IOS 可以配置控制台密码(用户从控制台进入用户模式所需的密码)、AUX 密码(从辅助端口进入用户模式所需的密码)、Telnet 或 VTY 密码(用户远程登录的密码)。此外，还有 enable 密码(从用户模式进入特权模式所需的密码)。图 4-3 显示了各种登录过程及相应的密码。

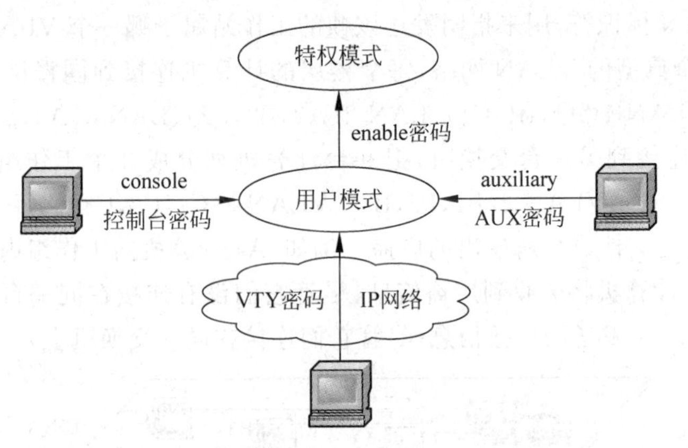

图 4-3 控制台、AUX、VTY、enable 密码

enable 密码设置命令有 enable password 和 enable secret 两个。用 enable password 设置的密码没有经过加密，在配置文件中以明文显示；而用 enable secret 设置的密码是经过加密的，在配置文件中以密文显示。另外，enable password 命令的优先级没有 enable secret 高，这意味着如果用 enable secret 设置过密码，则用 enable password 设置的密码就会无效。

4.2 虚拟局域网技术概述

4.2.1 VLAN 的工作原理

虚拟局域网(virtual local area network，VLAN)是一种将局域网设备从逻辑上划分成一个个网段，从而实现虚拟工作组的新兴数据交换技术。

VLAN可以不考虑用户的物理位置,而根据部门、功能、应用等因素将用户从逻辑上划分为一个个功能相对独立的工作组,每个用户主机都连接在一个支持VLAN的交换机端口上并属于某一个VLAN。同一个VLAN中的成员都共享广播,形成一个广播域,而不同VLAN之间广播信息是相互隔离的。这样,可将整个网络分割成多个不同的广播域。一般来说,如果某一个VLAN中的工作站发送了一个广播,那么属于这个VLAN的所有工作站都会接收到该广播,但是交换机不会将该广播发送至其他VLAN上的任何一个端口。如果要在VLAN之间传输信息,就要用到路由器。

1999年,IEEE 802委员会发布了IEEE 802.1q VLAN标准。目前,该标准得到了全世界重要网络设备厂商的支持。VLAN技术的出现,使网络管理员能够根据实际应用需求,把同一物理局域网内的不同用户逻辑地划分成不同的广播域,每一个VLAN都包含一组有着相同需求的工作站,与物理上形成的LAN有着相同的属性。由于它是从逻辑上划分,而不是从物理上划分,所以同一个VLAN内的各个工作站没有限制在同一个物理范围中,即这些工作站可以在不同物理LAN网段。由VLAN的特点可知,一个VLAN内部的广播和单播流量都不会转发到其他VLAN中,从而有助于控制流量、减少设备投资、简化网络管理、提高网络的安全性。

交换式以太网利用VLAN技术,在以太网帧的基础上增加了VLAN头部,该VLAN头部中含有VLAN标识符,用来指明发送该帧的工作站属于哪一个VLAN。

图4-4是一个典型的VLAN网络,每个楼层的计算机连接到同楼层的交换机,从而构成了3个局域网LAN 1(A1,B1,C1)、LAN 2(A2,B2,C2)、LAN 3(A3,B3,C3)。这3个楼层中的交换机又连接到另一台交换机,把9台计算机划分成3个工作组,即3个VLAN:VLAN 1(A1,A2,A3)、VLAN 2(B1,B2,B3)、VLAN 3(C1,C2,C3)。每一台计算机都可收到同一VLAN中的其他成员所发出的广播。例如,A1计算机向工作组内成员广播数据时,同组的A2和A3计算机将会收到广播信息(尽管它们没有连接在同一台交换机上),而B1和C1都不会收到A1发送的广播信息(尽管它们连接在同一交换机上)。

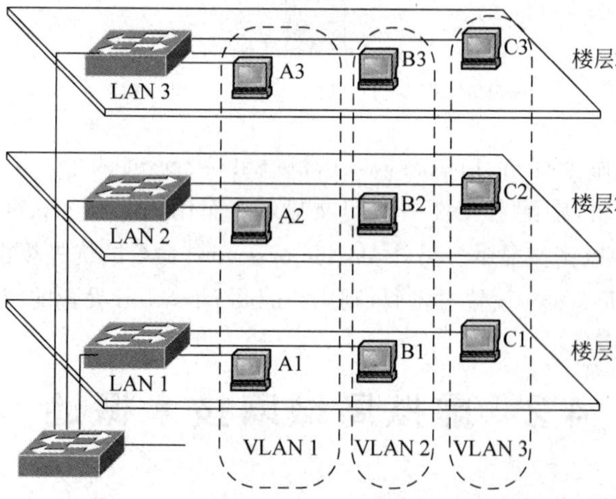

图4-4 VLAN示例

采用VLAN后,在不增加设备投资的前提下,可在许多方面提高网络的性能,并简化网络的管理。VLAN主要具有以下几个优点。

（1）控制网络中的广播风暴。采用VLAN技术后，可将某个交换端口划到某个VLAN中，而一个VLAN中的广播风暴不会传播到其他VLAN中，不会影响其他VLAN的通信效率和网络性能。一个VLAN就是一个逻辑广播域。通过对VLAN的创建，隔离了广播，缩小了广播范围，可以控制广播风暴的产生。

（2）确保网络安全。共享式局域网之所以很难保证网络的安全性，是因为只要用户接入任意一个活动端口，就能访问到整个网络。而VLAN能限制个别用户的访问，控制广播组的大小和位置，可以控制用户访问权限和逻辑网段大小。将不同用户群划分在不同VLAN，从而提高交换式网络的整体性能和安全性。

（3）简化网络管理，提高组网灵活性。对于交换式以太网，假如对某些用户重新进行网段分配，需要网络管理员对网络系统的物理结构重新进行调整，甚至需要追加网络设备，从而增加了网络管理的工作量。而对于采用VLAN技术的网络来说，一个VLAN可以根据部门职能、对象组或者应用来将不同地理位置的网络用户划分为一个逻辑网段。在不改动网络物理连接的情况下，可以任意地将工作站在工作组或子网之间进行移动。利用VLAN技术，大幅减轻了网络管理和维护工作的负担，降低了网络维护费用。在一个交换式网络中，VLAN提供了网段和机构的弹性组合机制。

4.2.2　VLAN的划分方法

VLAN技术是建立在交换技术基础之上的，将局域网中的结点按工作性质和需要划分成若干个逻辑工作组，一个逻辑工作组就是一个VLAN。

VLAN以软件方式实现逻辑工作组的划分和管理，工作组中的节点不受物理位置的限制（相同工作组的节点不一定在相同的物理网段上，只要能够通过交换机互联）。节点从一个工作组迁移到另一个工作组时，只要通过软件设定，无须改变节点在网络中的物理位置。

VLAN的划分方法主要有以下4种。

（1）根据交换机端口号。逻辑上将交换机端口划分为不同的VLAN，当某一端口属于某一个VLAN时，就不能属于另外一个VLAN。该方法的缺点是：当将节点从一个端口转移到另一个端口时，网络管理员需要重新配置VLAN成员。

（2）根据MAC地址。利用MAC地址定义VLAN。因为MAC地址是与物理位置相关的，因此也称为基于用户的VLAN。其缺点主要是：所有用户初始时必须配置到至少一个VLAN中，初始配置需人工完成，用户数量越多，工作量就越大。优点是随后可自动跟踪用户。

（3）根据IP地址。利用IP地址定义VLAN。用户可按IP地址组建VLAN，节点可随意移动而不需要重新配置。其缺点主要是：性能比较差，因为检查IP地址比检查MAC地址更费时。

（4）根据IP广播组。基于IP广播组动态建立VLAN。广播包发送时，动态建立VLAN，广播组中的所有成员属于同一个VLAN，它们只是特定时间内的特定广播组成员。其优点是：可根据服务灵活建立，可跨越路由器和广域网。

4.2.3　trunk技术

trunk是指主干中继链路（trunk link）。它是在不同交换机之间的一条链路，可以传递不同VLAN的信息。trunk的用途之一是实现VLAN跨越多个交换机进行定义。在图4-5中,要想使VLAN 1、VLAN 2可以跨越交换机定义,要求连接交换机的链路能够通过不同VLAN的信号,所以需要把连接两台交换机的线路设置成trunk。

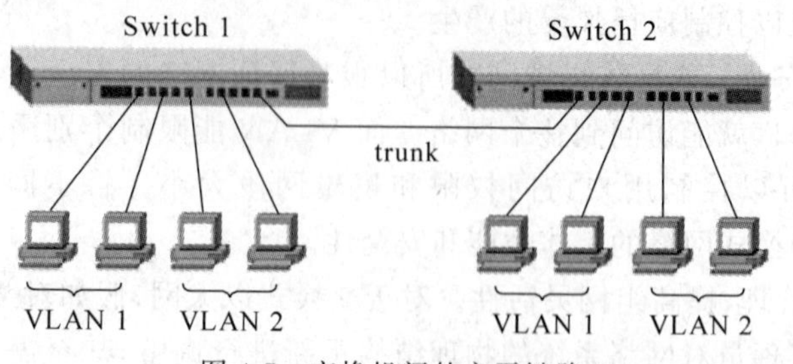

图4-5 交换机间的主干链路

trunk技术有多种不同的技术标准,其中比较常见的有以下两种标准。

(1) IEEE 802.1q标准。这种标准在每个数据帧中加入一个特定的标识,用于识别每个数据帧属于哪个VLAN。IEEE 802.1q属于通用标准,许多厂家的交换机都支持此标准。

(2) ISL标准。这是Cisco公司特有的标准,它只能用于Cisco公司生产的交换机产品,其他厂家的交换机不支持。Cisco交换机与其他厂商的交换机相连时,不能使用ISL标准,只能采用IEEE 802.1q标准。

4.2.4 VLAN中继协议

在通常情况下需要在整个园区网或者企业网中的一组交换机中保持VLAN数据库的同步,以保证所有交换机都能从数据帧中读取相关的VLAN信息并进行正确的数据转发。然而,对于大型网络来说,可能有成百上千台交换机,而一台交换机上都可能存在几十乃至几百个VLAN,如果仅凭网络管理员手工配置,工作量是非常大的,并且也不利于日后维护——每一次添加修改或删除VLAN都需要在所有的交换机上部署。

VLAN中继协议(VLAN trunking protocol,VTP)也称为VLAN干线协议,是Cisco公司的专用协议,可解决各Cisco交换机VLAN数据库的同步问题。使用VTP可以减少VLAN相关的管理任务,把一台交换机配置成VTP server,其余交换机配置成VTP client,这样它们可以自动学习到VTP server上的VLAN信息。

1. VTP域

VTP使用"域"来组织管理互连的交换机,并在域内的所有交换机上维护VLAN配置信息的一致性。VTP域是指一组有相同VTP域名并通过Trunk端口互连的交换机。每个域都有唯一的名称,一台交换机只能属于一个VTP域,同一域中的交换机共享VTP消息。VTP消息是指创建、删除VLAN和更改VLAN名称等信息,它通过Trunk链路进行传播。

2. VTP工作模式

VTP有VTP server、VTP client和VTP transparent 3种工作模式。

(1) 新交换机出厂时,所有端口均预配置为VLAN 1,VTP工作模式预配置为VTP server。在一般情况下,一个VTP域内只设一个VTP server。VTP server负责维护该

VTP域中所有VLAN的配置信息,VTP server可以建立、删除或修改VLAN。在一台VTP server上配置一个新的VLAN时,该VLAN的配置信息将自动传播到本域内的所有处于VTP server或VTP client模式的其他交换机,这些交换机会自动地接收这些配置信息,使其VLAN的配置信息与VTP server保持一致,从而减少在多台设备上配置同一个VLAN信息的工作量,而且保持了VLAN配置信息的一致性。

(2) VTP client虽然也可以维护所有VLAN信息列表,但其VLAN的配置信息是从VTP server学到的,VTP client不能建立、删除或修改VLAN。

(3) VTP transparent相当于是一台独立的交换机,它不参与VTP工作,不从VTP server学习VLAN的配置信息,而只拥有本设备上自己维护的VLAN信息。VTP transparent可以建立、删除和修改本机上的VLAN信息,可以转发从其他交换机传递来的任何VTP消息。

3. VTP修剪

VTP修剪(VTP pruning)功能使VTP智能地确定在Trunk链路另一端指定的VLAN上是否有设备与之相连。如果没有,则在Trunk链路上裁剪不必要的广播信息。通过修剪,只将广播信息发送到真正需要这个信息的Trunk链路上,从而增加可用的网络带宽。

4.3 实训

下面首先介绍对交换机进行配置的基本方法;然后根据交换机端口号,在单一交换机上划分2个VLAN,即VLAN 10(财务部)和VLAN 20(销售部);最后,在两个交换机之间采用Trunk链接和VTP管理,实现跨交换机的VLAN划分和管理。

4.3.1 实训1:交换机的基本配置

1. 实训目标

(1) 掌握通过console端口对交换机进行初始配置的方法。

(2) 掌握交换机常用配置命令的使用方法。

实训1:交换机的基本配置

2. 完成实训所需的设备和软件

(1) 安装有Windows 10操作系统的计算机1台,并安装有超级终端软件hypertrm.exe。

(2) Cisco 2950交换机1台、console控制线1根。

3. 网络拓扑结构

为了完成本次实训,搭建如图4-6所示的网络拓扑结构。

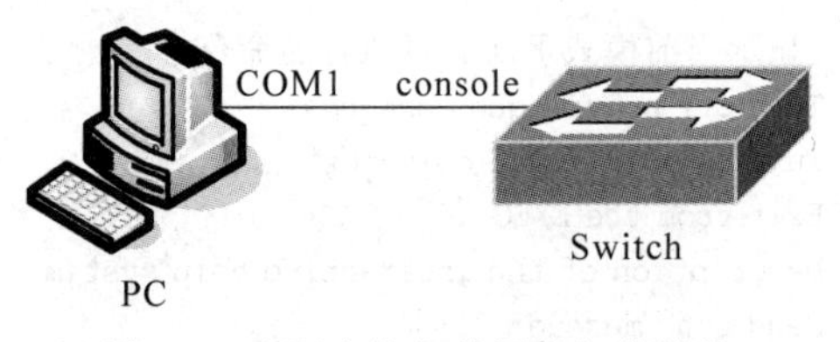

图4-6 配置交换机的网络拓扑结构

4. 实施步骤

1）硬件连接

如图 4-6 所示，将 console 控制线的一端插入计算机 COM1 串口，另一端插入交换机的 console 接口。开启交换机的电源。

2）通过超级终端连接交换机

步骤 1：运行超级终端软件 hypertrm. exe，打开“连接描述”对话框，如图 4-7 所示，输入新建连接的名称，如 cisco。

步骤 2：单击“确定”按钮后，打开“连接到”对话框，如图 4-8 所示。“连接时使用”列表的默认设置是连接在 COM1 串口上。

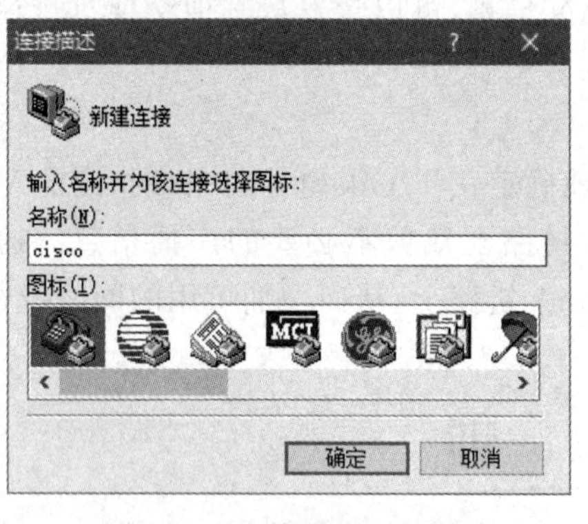

图 4-7 “连接描述”对话框

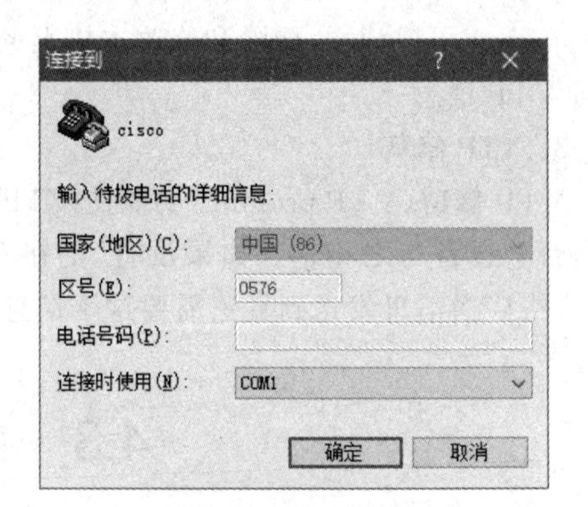

图 4-8 “连接到”对话框

步骤 3：单击“确定”按钮，打开“COM1 属性”对话框，如图 4-9 所示。单击对话框右下方的“还原为默认值”按钮，此时，比特率已改为 9600bps。

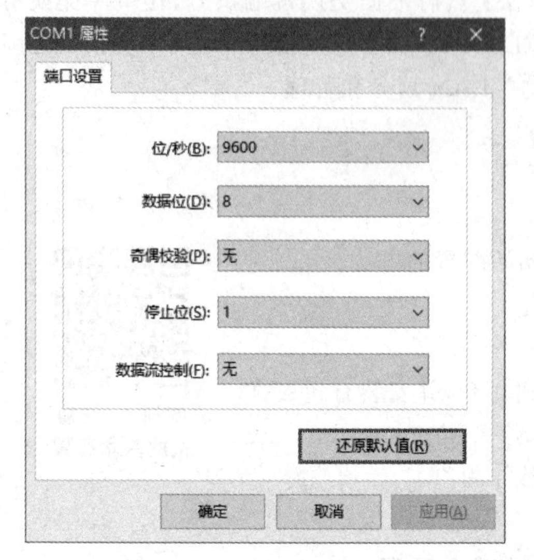

图 4-9 “COM1 属性”对话框

步骤 4：单击“确定”按钮，如果连接正常且交换机已启动，只要在超级终端中按下 Enter 键，超级终端窗口中会出现交换机提示符或其他字符，说明计算机已连接到交换机了，接下来即可开始配置交换机了。

3）交换机的基本配置

（1）交换机的命令行使用方法。

步骤 1：在任何模式下输入“?”都会显示相关帮助信息。

```
Switch>?              ;显示当前模式下所有可执行的命令
  disable             Turn off privileged commands
  enable              Turn on privileged commands
  exit                Exit from the EXEC
  help                Description of the interactive help system
  ping                Send echo message
  rcommand            Run command on remote switch
```

```
    show            Show running system information
    telnet          Open a telnet connection
    traceroute      Trace route to destination
```

在以上信息中,左列中显示的是当前模式下可用的命令,右列中显示的是相应命令的含义。

步骤2:在用户模式下,输入enable命令,进入特权模式。

```
Switch>enable         ;进入特权模式
Switch#
```

用户模式的提示符为>,特权模式的提示符为#,Switch是交换机的默认名称,可用hostname命令修改交换机的名称。输入disable命令可从特权模式返回用户模式。输入logout命令可从用户模式或特权模式退出控制台操作。

步骤3:如果忘记某命令的全部拼写,则输入该命令的部分字母后再输入"?",会显示相关匹配命令。

```
Switch#co?            ;显示当前模式下所有以co开头的命令
    configure         copy      connect
```

以上信息说明,特权模式下co开头的命令有configure、copy和connect。

步骤4:输入某命令后,如果忘记后面跟什么参数,可输入"?",显示该命令的相关参数。

```
Switch#copy ?         ;显示copy命令后可执行的参数
    flash             Copy from flash file system
    running-config    Copy from current system configuration
    startup-config    Copy from startup configuration
    tftp              Copy from tftp file system
    xmodem            Copy from xmodem file system
```

步骤5:输入某命令的部分字母后,按Tab键可自动补齐命令。

```
Switch#conf(按Tab键)      ;按Tab键自动补齐configure命令
Switch#configure
```

步骤6:如果要输入的命令的拼写字母较多,可使用简写形式,前提是该简写形式没有歧义。如config t是configure terminal的简写,输入该命令后,从特权模式进入全局配置模式。

```
Switch#config t       ;该命令代表configure terminal,进入全局配置模式
Switch(config)#
```

(2) 交换机的名称设置。在全局配置模式下,输入hostname命令可设置交换机的名称。

```
Switch(config)#hostname SwitchA                ;设置交换机的名称为SwitchA
SwitchA(config)#
```

设置后,该交换机的名称会在系统提示符中显示出来。如果未设置交换机的名称,则显示默认的名称Switch。

(3) 交换机的口令设置。特权模式是进入交换机后的第二个模式,比第一个模式(用户模式)有更大的操作权限,也是进入全局配置模式的必经之路。在特权模式下,可用 enable password 和 enable secret 命令设置口令。

步骤 1: 输入 enable password xxx 命令,可设置交换机的明文口令为 xxx,即该口令是没有加密的,在配置文件中以明文显示。

```
SwitchA(config) # enable password xxx          ;设置特权明文口令为 xxx
SwitchA(config) #
```

步骤 2: 输入 enable secret yyy 命令,可设置交换机的密文口令为 yyy,即该口令是加密的,在配置文件中以密文显示。

```
SwitchA(config) # enable secret yyy            ;设置特权密文口令为 yyy
SwitchA(config) #
```

enable password 命令的优先级没有 enable secret 高,这意味着,如果用 enable secret 设置过口令,则用 enable password 设置的口令就会无效。

根据需要,在全局配置模式下,还可设置 console 控制台口令和 Telnet 远程登录口令。

步骤 3: 设置 console 控制台口令的方法如下。

```
SwitchA(config) # line console 0               ;进入控制台接口
SwitchA(config - line) # login                 ;启用口令验证
SwitchA(config - line) # password cisco        ;设置控制台口令为 cisco
SwitchA(config - line) # exit                  ;返回上一层设置
SwitchA(config) #
```

由于只有一个控制台接口,所以只能选择线路控制台 0(line console 0)。config-line 是线路配置模式的提示符。exit 命令表示返回上一层设置。

步骤 4: 设置 Telnet 远程登录交换机的口令的方法如下。

```
SwitchA(config) # line vty 0 4                 ;进入虚拟终端
SwitchA(config - line) # login                 ;启用口令验证
SwitchA(config - line) # password zzz          ;设置 Telnet 登录口令为 zzz
SwitchA(config - line) # exec - timeout 15 0   ;设置超时时间是为 15 分钟 0 秒
SwitchA(config - line) # exit                  ;返回上一层设置
SwitchA(config) # exit
SwitchA#
```

只有配置了虚拟终端(VTY)线路的密码后,才能利用 Telnet 远程登录交换机。较早版本的 Cisco IOS 支持 VTY 线路 0~4,即同时允许 5 个 Telnet 远程连接。新版本的 Cisco IOS 可支持 VTY 线路 0~15,即同时允许 16 个 Telnet 远程连接。如果要绕过口令设置,使用 no login 命令允许建立无口令验证的 Telnet 远程连接。

对交换机配置 IP 地址后,就可以使用 Telnet 命令来远程配置和检查交换机,而不再需要使用控制台电缆。

(4) 交换机的端口设置。

步骤 1: 在全局配置模式下,输入 interface fa0/1 命令,进入端口设置模式(提示符为 config-if),可对交换机的 1 号端口进行设置。

```
SwitchA#config terminal                          ;进入全局配置模式
SwitchA(config)#interface fa0/1                  ;进入端口 1
SwitchA(config-if)#
```

端口选择命令的格式为 interface type slot/port。在命令 interface fa0/1 中，fa 是 fastethernet 的简写，0/1 是指 0 号模块的 1 号端口。

步骤 2：在端口设置模式下，通过 description、speed、duplex 等命令可设置端口的描述、速率、单双工模式等，如下所示。

```
SwitchA(config-if)#description "link to office" ;端口描述(连接至办公室)
SwitchA(config-if)#speed 100                     ;设置端口通信速率为 100Mbps
SwitchA(config-if)#duplex full                   ;设置端口为全双工模式
SwitchA(config-if)#shutdown                      ;禁用端口
SwitchA(config-if)#no shutdown                   ;启用端口
SwitchA(config-if)#end                           ;直接退回到特权模式
SwitchA#
```

端口速率参数有 100(100Mbps)、10(10Mbps)、auto(自适应)3 种，默认是 auto；单双工模式有 full(全双工)、half(半双工)、auto(自适应)3 种，默认是 auto；shutdown 为禁用端口，no shutdown 为启用端口(要去掉某条配置命令，在原配置命令前加一个 no 并空一个空格即可)；end 表示直接退回到特权模式。

(5) 交换机可管理 IP 地址的设置。交换机不设置任何 IP 配置信息，也照样能正常工作。在交换机上设置 IP 地址信息的原因主要有以下两个。

① 通过 Telnet 命令或其他软件对交换机进行管理。

② 将交换机配置到不同的 VLAN 中，或实现其他的网络功能。

与路由器的 IP 地址配置不同，交换机的 IP 地址配置实际上是在 VLAN 1 的端口进行配置的，在默认情况下交换机的每个端口都是 VLAN 1 的成员。

在端口配置模式下使用 ip address 命令可设置交换机的 IP 地址，在全局配置模式下使用 ip default-gateway 命令可设置默认网关。交换机可管理 IP 地址的设置方法如下。

```
SwitchA#config terminal                                      ;进入全局配置模式
SwitchA(config)#interface vlan 1                             ;进入 VLAN 1
SwitchA(config-if)#ip address 192.168.1.100 255.255.255.0    ;设置交换机可管理 IP 地址
SwitchA(config-if)#no shutdown                               ;启用端口
SwitchA(config-if)#exit                                      ;返回上一层设置
SwitchA(config)#ip default-gateway 192.168.1.1               ;设置默认网关
SwitchA(config)#exit
SwitchA#
```

(6) 显示交换机信息。交换机配置完成后，在特权配置模式下，可利用 show 命令显示各种交换机信息，方法如下。

```
SwitchA#show version                  ;查看交换机的版本信息
SwitchA#show int vlan 1               ;查看交换机可管理 IP 地址
SwitchA#show vtp status               ;查看 VTP 配置信息
SwitchA#show running-config           ;查看当前配置信息
SwitchA#show startup-config           ;查看保存在 NVRAM 中的启动配置信息
```

```
SwitchA# show vlan                                  ;查看 VLAN 配置信息
SwitchA# show interface                             ;查看端口信息
SwitchA# show int fa0/1                             ;查看指定端口信息
SwitchA# show mac - address - table                 ;查看交换机的 MAC 地址表
```

(7) 保存或删除交换机配置信息。交换机配置完成后,在特权配置模式下,可利用 copy running-config startup-config 命令(当然也可利用简写命令 copy run start)或 write 命令(可简写为 wr)将配置信息从 DRAM 内存中手工保存到非易失 RAM(NVRAM)中;利用 erase startup-config 命令可删除 NVRAM 中的内容,如下所示。

```
SwitchA# copy running - config startup - config    ;保存配置信息至 NVRAM 中
SwitchA# erase startup - config                     ;删除 NVRAM 中的配置信息
```

4.3.2 实训 2:单交换机上的 VLAN 划分

实训 2:单交换机上的 VLAN 划分

1. 实训目标

(1) 掌握在单交换机上进行 VLAN 划分的方法。

(2) 理解通过 VLAN 技术隔离网络的原理。

2. 完成实训所需的设备和软件

(1) 安装有 Windows 10 操作系统的计算机 4 台(PC11、PC12、PC21、PC22),并安装有超级终端软件 hypertrm.exe。

(2) Cisco 2950 交换机 1 台。

(3) console 控制线 1 根、直通线 4 根。

3. 网络拓扑结构

为了完成本次实训,搭建如图 4-10 所示的网络拓扑结构。

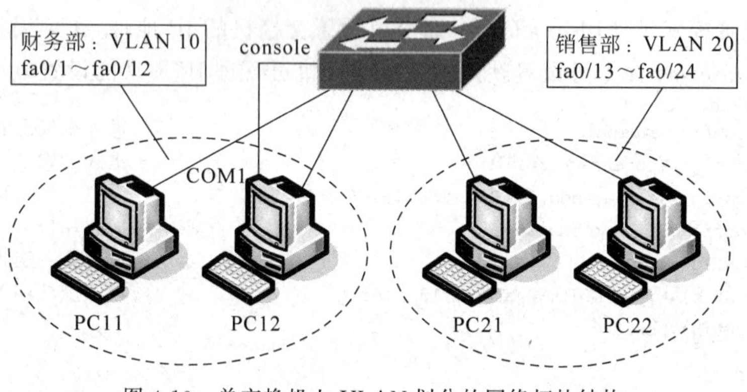

图 4-10 单交换机上 VLAN 划分的网络拓扑结构

4. 实施步骤

1) 硬件连接

如图 4-10 所示,将 console 控制线的一端插入 PC12 计算机的 COM1 串口,另一端插入交换机的 console 接口。用 4 根直通线把 PC11、PC12、PC21、PC22 计算机分别连接到交换机的 fa0/2、fa0/3、fa0/13、fa0/14 端口上。开启交换机的电源。

2）TCP/IP 配置

配置 PC11 计算机的 IP 地址为 192.168.1.11,子网掩码为 255.255.255.0；配置 PC12 计算机的 IP 地址为 192.168.1.12,子网掩码为 255.255.255.0；配置 PC21 计算机的 IP 地址为 192.168.1.21,子网掩码为 255.255.255.0；配置 PC22 计算机的 IP 地址为 192.168.1.22,子网掩码为 255.255.255.0。

3）网络连通性测试

用 ping 命令在 PC11、PC12、PC21、PC22 计算机之间测试连通性,结果填入表 4-1 中。

表 4-1　计算机之间的连通性(1)

计算机	PC11	PC12	PC21	PC22
PC11	—			
PC12		—		
PC21			—	
PC22				—

4）VLAN 划分

步骤 1：在 PC12 计算机上运行超级终端软件 hypertrm.exe,配置交换机的 VLAN,新建 VLAN 的方法如下。

```
Switch> enable
Switch# config t
Switch(config) # vlan 10                  ;创建 VLAN 10,并取名为 caiwubu(财务部)
Switch(config - vlan) # name caiwubu
Switch(config - vlan) # exit
Switch(config) # vlan 20                  ;创建 VLAN 20,并取名为 xiaoshoubu(销售部)
Switch(config - vlan) # name xiaoshoubu
Switch(config - vlan) # exit
Switch(config) # exit
Switch#
```

步骤 2：在特权模式下输入 show vlan 命令,查看新建的 VLAN。

```
Switch# show vlan
VLAN name                          status    ports
---------------------------------- -------- ------------------------------------
1    default                       active    fa0/1, fa0/2, fa0/3, fa0/4
                                             fa0/5, fa0/6, fa0/7, fa0/8
                                             fa0/9, fa0/10, fa0/11, fa0/12
                                             fa0/13, fa0/14, fa0/15, fa0/16
                                             fa0/17, fa0/18, fa0/19, fa0/20
                                             fa0/21, fa0/22, fa0/23, fa0/24
10   caiwubu                       active
20   xiaoshoubu                    active
```

由以上信息可知,默认所有端口(fa0/1～fa0/24)都是 VLAN 1 的成员。新建的 VLAN 10 和 VLAN 20 还没有成员。

步骤 3：可利用 interface range 命令指定端口范围,利用 switchport access 把端口分配

到 VLAN 中。把端口 fa0/1～fa0/12 分配给 VLAN 10，把端口 fa0/13～fa0/24 分配给 VLAN 20 的方法如下。

```
Switch# conf t
Switch(config) # interface range fa0/1 - 12
Switch(config - if - range) # switchport access vlan 10
Switch(config - if - range) # exit
Switch(config) # int range fa0/13 - 24
Switch(config - if - range) # switchport access vlan 20
Switch(config - if - range) # end
Switch#
```

步骤 4：在特权模式下，输入 show vlan 命令，再次查看新建的 VLAN。

```
Switch# show vlan
VLAN name                               status    ports
------------------------------------    -------   ---------------------------------------------
1     default                           active
10    caiwubu                           active    fa0/1, fa0/2, fa0/3, fa0/4
                                                  fa0/5, fa0/6, fa0/7, fa0/8
                                                  fa0/9, fa0/10, fa0/11, fa0/12
20    xiaoshoubu                        active    fa0/13, fa0/14, fa0/15, fa0/16
                                                  fa0/17, fa0/18, fa0/19, fa0/20
                                                  fa0/21, fa0/22, fa0/23, fa0/24
```

由以上信息可知，端口 fa0/1～fa0/12 已分配给 VLAN 10，端口 fa0/13～fa0/24 已分配给 VLAN 20。

步骤 5：用 ping 命令在 PC11、PC12、PC21、PC22 计算机之间再次测试连通性，结果填入表 4-2 中。

表 4-2　计算机之间的连通性(2)

计算机	PC11	PC12	PC21	PC22
PC11	—			
PC12		—		
PC21			—	
PC22				—

步骤 6：输入 show running-config 命令，查看交换机的运行配置。

```
Switch# show running - config
```

4.3.3　实训 3：多交换机上的 VLAN 划分

实训 3：多交换机上的 VLAN 划分

1. 实训目标

(1) 掌握多交换机上的 VLAN 划分方法。

(2) 理解 VLAN 干线(trunk)技术。

(3) 理解 VTP 管理。

2. 完成实训所需的设备和软件

(1) 安装有 Windows 10 操作系统的计算机 4 台(PC11、PC12、PC21、PC22),并安装有超级终端软件 hypertrm. exe。

(2) Cisco 2950 交换机 2 台(SW1、SW2)。

(3) console 控制线 2 根、直通线 4 根、交叉线 1 根。

3. 网络拓扑结构

为了完成本次实训,搭建如图 4-11 所示的网络拓扑结构。

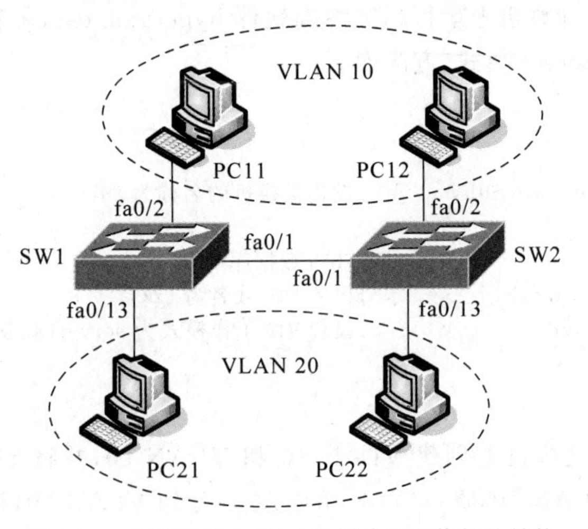

图 4-11 多交换机上 VLAN 划分的网络拓扑结构

4. 实施步骤

1) 硬件连接

如图 4-11 所示,用 2 根直通线把 PC11、PC21 连接到交换机 SW1 的 fa0/2、fa0/13 端口上,再用两根直通线把 PC12、PC22 连接到交换机 SW2 的 fa0/2、fa0/13 端口上,用一根交叉线把 SW1 交换机的 fa0/1 端口和 SW2 交换机的 fa0/1 端口连接起来。

将 console 控制线的一端插入 PC11 计算机 COM1 串口,另一端插入 SW1 交换机的 console 接口。将另一根 console 控制线的一端插入 PC12 计算机 COM1 串口,另一端插入 SW2 交换机的 console 接口。

开启 SW1、SW2 交换机的电源。

2) TCP/IP 配置

配置 PC11 计算机的 IP 地址为 192.168.1.11,子网掩码为 255.255.255.0;配置 PC12 计算机的 IP 地址为 192.168.1.12,子网掩码为 255.255.255.0;配置 PC21 计算机的 IP 地址为 192.168.1.21,子网掩码为 255.255.255.0;配置 PC22 计算机的 IP 地址为 192.168.1.22,子网掩码为 255.255.255.0。

3) 网络连通性测试

用 ping 命令在 PC11、PC12、PC21、PC22 计算机之间测试连通性,结果填入表 4-3 中。

表 4-3 计算机之间的连通性(1)

计算机	PC11	PC12	PC21	PC22
PC11	—			
PC12		—		
PC21			—	
PC22				—

4）配置 SW1 交换机

步骤 1：在 PC11 计算机上运行超级终端软件 hypertrm.exe，配置 SW1 交换机。设置 SW1 交换机为 VTP server 模式，方法如下。

```
Switch>enable
Switch#config t
Switch(config)#hostname SW1              ;设置交换机的名称为 SW1
SW1(config)#exit
SW1#vlan database                        ;VLAN 数据库
SW1(VLAN)#vtp domain tzkj                ;设置 VTP 域名为 tzkj
SW1(VLAN)#vtp server                     ;设置 VTP 工作模式为 server(服务器)
SW1(VLAN)#exit
SW1#
```

步骤 2：在 SW1 交换机上创建 VLAN 10 和 VLAN 20，并将 SW1 交换机的 fa0/2～fa0/12 端口划分到 VLAN 10，将 fa0/13～fa0/24 划分到 VLAN 20，具体方法参见实训 2。

fa0/1 端口默认位于 VLAN 1 中。

步骤 3：将 SW1 交换机的 fa0/1 端口设置为干线 trunk，方法如下。

```
SW1#config t
SW1(config)#interface fa0/1
SW1(config-if)#switchport mode trunk                ;设置该端口为干线 trunk 端口
SW1(config-if)#switchport trunk allowed vlan all    ;允许所有 VLAN 通过 trunk 端口
SW1(config-if)#no shutdown
SW1(config-if)#end
SW1#
```

交换机创建 trunk 时，默认允许所有的 VLAN 通过，所以，上面的 switchport trunk allowed vlan all 命令可省略。如果不允许某 VLAN(如 VLAN 20)通过 trunk，可以使用 switchport trunk allowed vlan remove 20 命令。

5）配置 SW2 交换机

步骤 1：在 PC12 计算机上运行超级终端软件 hypertrm.exe，设置 SW2 交换机为 VTP client 模式，方法如下。

```
Switch>enable
Switch#config t
Switch(config)#hostname SW2              ;设置交换机的名称为 SW2
SW2(config)#exit
SW2#vlan database                        ;VLAN 数据库
SW2(VLAN)#vtp domain tzkj                ;加入 tzkj 域
```

```
SW2(VLAN)#vtp client                  ;设置 VTP 工作模式为 client(客户端)
SW2(VLAN)#exit
SW2#
```

SW2 交换机工作在 VTP client 模式，它可从 VTP 服务器(SW1)那里获取 VLAN 信息(如 VLAN 10、VLAN 20 等)，因此，在 SW2 交换机上不必也不能新建 VLAN 10 和 VLAN 20。

步骤 2：将 SW2 交换机的 fa0/2～fa0/12 端口划分到 VLAN 10，将 fa0/13～fa0/24 划分到 VLAN 20，具体方法参见实训 2。

步骤 3：参照上面的“4)配置 SW1 交换机”中的步骤 3，将 SW2 交换机的 fa0/1 端口设置为干线 trunk。

步骤 4：用 ping 命令在 PC11、PC12、PC21、PC22 计算机之间测试连通性，结果填入表 4-4 中。

表 4-4　计算机之间的连通性(2)

计算机	PC11	PC12	PC21	PC22
PC11	—			
PC12		—		
PC21			—	
PC22				—

4.4　习　　题

一、选择题

1. VLAN 在现代组网技术中占有重要地位。在由多个 VLAN 组成的一个局域网中，以下(　　)是不正确的。

   A. 当站点从一个 VLAN 转移到另一个 VLAN 时，一般不需要改变物理连接
   B. VLAN 中的一个站点可以和另一个 VLAN 中的站点直接通信
   C. 当站点在一个 VLAN 中广播时，其他 VLAN 中的站点不能收到
   D. VLAN 可以通过 MAC 地址、交换机端口等进行定义

2. VLAN 在现代组网技术中占有重要地位，同一个 VLAN 中的两台主机(　　)。

   A. 必须连接在同一交换机上　　B. 可以跨越多台交换机
   C. 必须连接在同一集线器上　　D. 可以跨越多台路由器

3. 动态 VLAN 的划分中，不能按照以下(　　)方法定义其成员。

   A. 交换机端口　　B. MAC 地址　　C. 操作系统类型　　D. IP 地址

4. 关于 VLAN 特点的描述中，错误的是(　　)。

   A. VLAN 建立在局域网交换技术的基础之上
   B. VLAN 以软件方式实现逻辑工作组的划分与管理
   C. 同一逻辑工作组的成员需要连接在同一个物理网段上
   D. 通过软件设定可以将一个结点从一个工作组转移到另一个工作组

5. 虚拟局域网以软件方式来实现逻辑工作组的划分与管理。如果同一逻辑工作组的成员之间希望进行通信,那么它们(　　)。

A. 可以处于不同的物理网段,而且可以使用不同的操作系统

B. 可以处于不同的物理网段,但必须使用相同的操作系统

C. 必须处于相同的物理网段,但可以使用不同的操作系统

D. 必须处于相同的物理网段,而且必须使用相同的操作系统

6. 以下(　　)说法是错误的。

A. 以太网交换机可以对通过的信息进行过滤

B. 在交换式以太网中可以划分 VLAN

C. 以太网交换机中端口的速率可能不同

D. 利用多个以太网交换机组成的局域网不能出现环路

二、填空题

1. 虚拟局域网是建立在交换技术的基础上,以软件方式实现________工作组的划分与管理。

2. VLAN 的划分方法主要________、________、________和________ 4 种。

3. 某种虚拟局域网的建立是动态的,它代表了一组 IP 地址。虚拟局域网中由叫作代理的设备对虚拟局域网中的成员进行管理。这个代理和多个 IP 节点组成 IP ________虚拟局域网。

4. ________是在不同的交换机之间的一条链路,可以传递不同 VLAN 的信息。

5. Cisco 交换机的默认 VTP 模式是________。

6. 根据交换机的工作模式填写表 4-5。

表 4-5　交换机的工作模式

工 作 模 式	提 示 符	启 动 方 式
用户模式		
特权模式		
全局配置模式		
端口配置模式		
VLAN 模式		
线路模式		

三、简答题

1. 简述 VLAN 的工作原理。

2. 配置管理交换机时,有哪些方法可以帮助简化操作?

3. 使用 VLAN 主要具有哪些优点?

4. VLAN 中继协议有何作用?

四、实践操作题

按图 4-12 所示配置 VLAN。

(1) 配置交换机名为 Switch3550,管理地址为 192.168.1.100。

(2) 将交换机的 1～12 号端口划分到 VLAN 2,13～24 号端口划分到 VLAN 3。

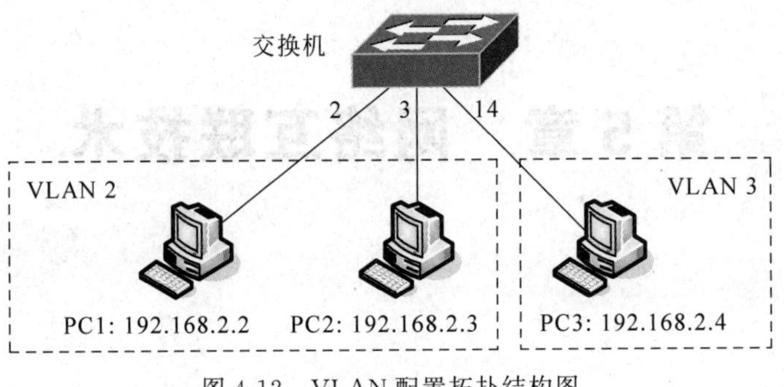

图 4-12　VLAN 配置拓扑结构图

（3）设置 PC1、PC2、PC3 的 IP 地址分别为 192.168.2.2、192.168.2.3、192.168.2.4，子网掩码均为 255.255.255.0。

（4）用 ping 命令测试 PC1、PC2、PC3 相互之间的连通性。

第5章 网络互联技术

(1) 掌握路由器的工作原理和路由选择算法。

(2) 掌握常用的路由选择协议 RIP 和 OSPF。

(3) 掌握路由器的配置方法。

5.1 路由器概述

路由器是互联网的主要结点设备。路由器通过路由决定数据的转发。转发策略称为路由选择(routing),这也是路由器(router,转发者)名称的由来。作为不同网络之间互相连接的枢纽,路由器系统构成了基于 TCP/IP 的国际互联网络 Internet 的主体脉络,也可以说,路由器构成了 Internet 的骨架。路由器的处理速度是网络通信的主要瓶颈之一,它的可靠性则直接影响着网络互联的质量。

路由器的一个作用是连通不同的网络,另一个作用是选择信息传送的线路。选择通畅快捷的近路,能大幅提高通信速度,减轻网络系统通信负荷,节约网络系统资源,提高网络系统畅通率,从而让网络系统发挥出更大的作用。

从过滤网络流量的角度来看,路由器的作用与交换机和网桥非常相似,但是与工作在数据链路层、从物理上划分网段的交换机不同,路由器使用专门的软件协议从逻辑上对整个网络进行划分。例如,一台支持 IP 的路由器可以把网络划分成多个子网段,只有指向特殊 IP 地址的网络流量才可以通过路由器。对于每一个接收到的数据包,路由器都会重新计算其校验值,并写入新的 MAC 地址。因此,使用路由器转发和过滤数据的速度往往要比只查看数据包 MAC 地址的交换机慢。但是,对于那些结构复杂的网络,使用路由器可以提高网络的整体效率。路由器的另外一个明显优势就是可以自动过滤网络广播。从总体上说,在网络中添加路由器的整个安装过程要比即插即用的交换机复杂很多。

一般来说,异种网络互联或多个子网互联都应采用路由器来完成。

1. 路由器端口

路由器具有非常强大的网络连接和路由功能,它可以与各种各样的不同网络进行物理连接,这就决定了路由器的接口技术非常复杂,越是高档的路由器其接口种类也就越多,因为它所能连接的网络类型越多。常见的路由器端口主要有以下几种。

(1) console 端口。console 端口使用配置专用连线直接连接至计算机的串口,利用终端仿真程序(如 Windows 中的“超级终端”)进行路由器本地配置。路由器的 console 端口大多为 RJ-45 端口，如图 5-1 所示。

（2）AUX 端口。AUX 端口为辅助端口，主要用于远程配置，也可用于拨号连接，还可通过收发器与调制解调器进行连接。AUX 端口与 console 端口通常同时提供，因为它们各自的用途不一样。路由器的 AUX 端口大多为 RJ-45 端口，如图 5-1 所示。

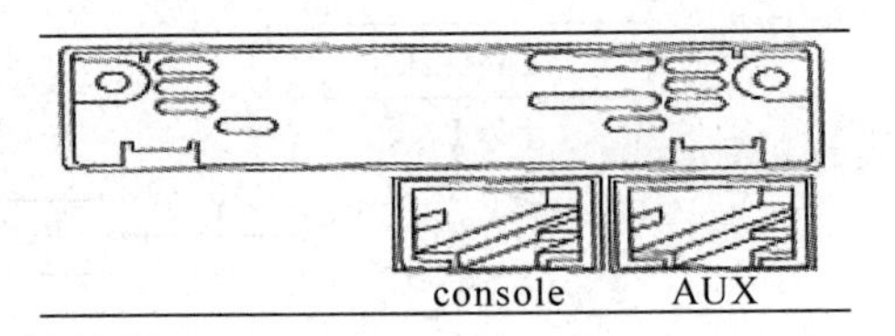

图 5-1　路由器的 console 端口和 AUX 端口

（3）RJ-45 端口。RJ-45 端口是常见的双绞线以太网端口。RJ-45 端口大多为 10/100Mbps 自适应的。

（4）SC 端口。SC 端口即光纤端口，用于连接光纤，如图 5-2 所示。光纤端口通常是不直接用光纤连接至工作站，而是通过光纤连接到快速以太网或千兆以太网等具有光纤端口的交换机，这种端口一般在中高档路由器中才具有。

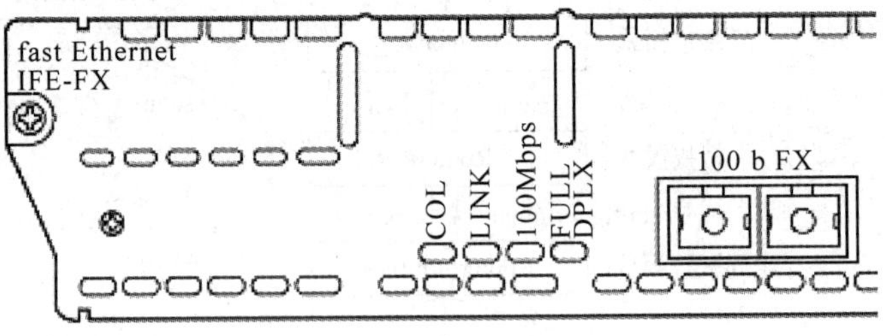

图 5-2　路由器的 SC 端口

（5）串行端口。串行(serial)端口如图 5-3 所示，常用于广域网接入，如帧中继、DDN 专线等，也可通过 V. 35 线缆进行路由器之间的连接。

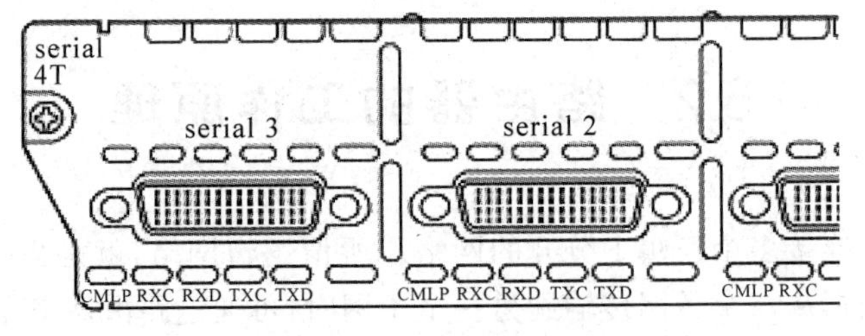

图 5-3　路由器的串行端口

（6）BRI 端口。BRI 端口是 ISDN 的基本速率端口，用于 ISDN 广域网接入，采用 RJ-45 标准。

2. 路由器软件

如同计算机一样，路由器也需要操作系统才能运行。在 Cisco 路由器中，有一个称为 IOS 的操作系统，它提供路由器所有的核心功能。

要访问 Cisco IOS，可以通过路由器的 console 控制端口，或者通过调制解调器从 AUX

辅助端口,或者通过 Telnet。

3. 路由器的启动过程和操作模式

Cisco 路由器和交换机中都安装有 IOS 操作系统,它们的启动过程和操作模式很相似,如图 5-4 所示。

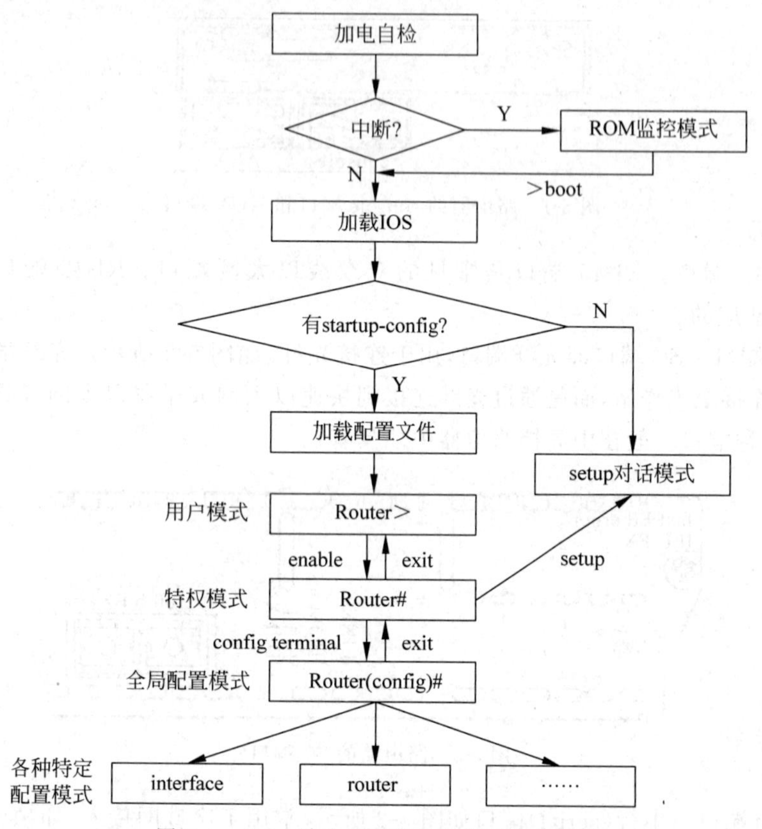

图 5-4　Cisco 路由器的启动过程和操作模式

5.2　路由器的工作原理

路由器是用于连接多个逻辑上分开的网络。所谓逻辑网络,就是指一个单独的网络或者一个子网。当数据从一个子网传输到另一个子网时,可通过路由器来完成。因此,路由器具有判断网络地址和选择路径的功能,它能在多网络互联环境中建立灵活的连接,可用完全不同的数据分组和介质访问方法连接各种子网。路由器只接受源站点或其他路由器的信息,属于网络层的一种互联设备,它不关心各子网使用的硬件设备,但要求运行与网络层协议相一致的软件。

如图 5-5 所示,路由器的工作原理如下。

(1) 工作站 A 将工作站 B 的 IP 地址 12.0.0.5 连同数据信息以数据帧的形式发送给路由器 R1。

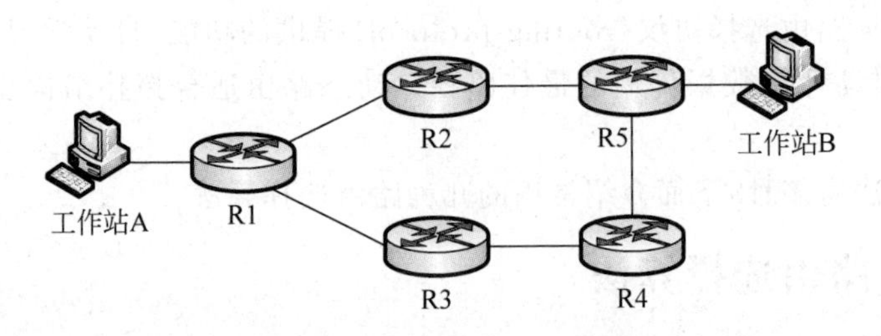

图 5-5　路由器的工作原理

(2) 路由器 R1 收到工作站 A 的数据帧后,先从数据包头中取出目的 IP 地址 12.0.0.5,并根据路由表计算出发往工作站 B 的最佳路径,即 R1→R2→R5→工作站 B,并将数据帧发往路由器 R2。

(3) 路由器 R2 重复路由器 R1 的工作,并将数据帧转发给路由器 R5。

(4) 路由器 R5 同样取出目的 IP 地址 12.0.0.5,发现其直接连接在该路由器所连接的网段上,于是将该数据帧直接发送给工作站 B。

(5) 工作站 B 收到工作站 A 的数据帧,一次通信过程宣告结束。

事实上,路由器除了上述的路由选择这一主要功能外,还具有网络流量控制功能。有的路由器仅支持单一协议,但大部分路由器可以支持多种协议的传输,即多协议路由器。由于每一种协议都有自己的规则,要在一个路由器中完成多种协议的算法,势必会降低路由器的性能。因此,支持多协议的路由器性能相对较低。用户购买路由器时,需要根据自己的实际情况,选择自己需要的网络协议的路由器。

5.3　路由选择算法

所谓路由,就是指通过相互连接的网络把信息从源站点传送到目的站点的过程。一般来说,在路由过程中,信息至少会经过一个或多个中间节点。路由器的主要工作就是为经过路由器的每个数据帧寻找一条最佳传输路径,并将该数据有效地传送到目的站点。由此可见,选择最佳路径的策略即路由算法是路由器的关键所在。为了完成这项工作,在路由器中保存着各种传输路径的数据——路由表(routing table),供路由选择时使用。路由可分为静态路由、默认路由和动态路由 3 种。

(1) 静态路由。由网络管理员事先设置好的固定路由称为静态(static)路由,一般是在系统安装时就根据网络的配置情况预先设定的,它明确地指定了数据包到达目的地必须要经过的路径,除非网络管理员的干预,否则静态路由不会发生变化。静态路由不能对网络的改变做出反应,适用于网络规模不大且拓扑结构相对固定的网络。

(2) 默认路由。默认路由是一种特殊的静态路由。当路由表中没有指定到达目的网络的路由信息时,就可以把数据包转发到默认路由指定的路由器。默认路由会大幅简化路由器的配置,减轻网络管理员的工作负担,提高网络性能。主机中的默认路由通常被称作默认网关。

(3) 动态路由。动态(dynamic)路由是路由器根据网络系统的运行情况而自动调整的路由。路由器根据路由选择协议(routing protocol)提供的功能,自动学习和记忆网络运行情况,在需要时自动计算数据传输的最佳路径。动态路由适合拓扑结构复杂、规模庞大的网络。

路由选择算法有多种,下面介绍常用的几种路由选择算法。

5.3.1 标准路由选择算法

在互联网中,需要进行路由选择的设备一般采用表驱动的路由选择算法。每台路由设备保存一张 IP 路由表,该表存储着有关可能的目的地址和怎样到达目的地址的信息。在需要传送数据包时,路由设备就查询该路由表,决定把数据包发往何处。

由于 IP 地址可分为网络号和主机号两部分,而连接到同一网络的所有主机有相同的网络号,因此,可以把有关特定主机的信息与它所在的网络环境隔离开,IP 路由表中仅保存相关的网络信息,这样既可减少路由表的长度,还可提高路由算法的效率。

一个标准的路由表通常包含许多(N,R)对序偶,其中 N 表示目的网络,R 表示到目的网络路径上的"下一站"路由器的 IP 地址。路由器 R 中的路由表仅指定了从 R 到目的网络路径上的一步,而路由器并不知道到达目的网络的完整路径。

图 5-6 给出了一个简单的网络互联结构,表 5-1 为路由器 R 的路由表。

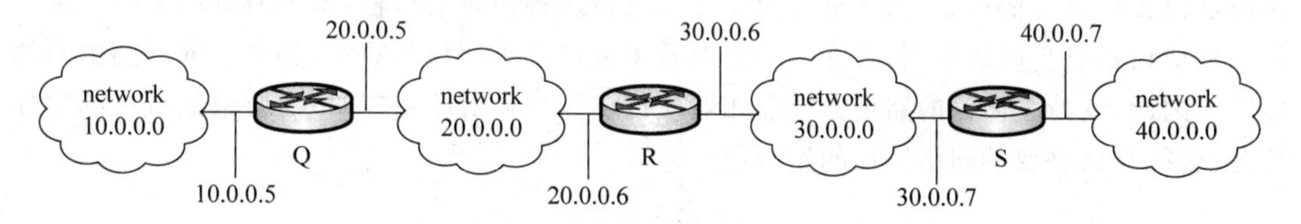

图 5-6 一个简单的网络互联结构

表 5-1 路由器 R 的路由表

要到达的网络	下一路由器	要到达的网络	下一路由器
20.0.0.0	直接投递	10.0.0.0	20.0.0.5
30.0.0.0	直接投递	40.0.0.0	30.0.0.7

在图 5-6 中,网络 20.0.0.0 和网络 30.0.0.0 都与路由器 R 直接相连,路由器 R 如果收到目的 IP 地址的网络号为 20.0.0.0 或 30.0.0.0 的数据包,那么,路由器 R 就可以将该数据包直接传送给目的主机。如果收到目的 IP 地址的网络号为 10.0.0.0 的数据包,那么,路由器 R 就需要将该数据包传送给与其直接相连的另一路由器 Q,由路由器 Q 再次投递该数据包。同理,如果收到目的 IP 地址的网络号为 40.0.0.0 的数据包,那么,路由器 R 就需要将该数据包传送给路由器 S。

5.3.2 距离矢量路由选择算法与 RIP

RIP(routing information protocol)是应用较早、使用较普遍的动态路由选择协议,适用于小型同类网络,它采用距离矢量(distance vector,DV)路由选择算法。

1. 距离矢量路由选择算法

距离矢量路由选择算法的基本思想是:路由器周期性地向其相邻路由器广播自己知道

的路由信息，用于通知相邻路由器自己可以到达的网络及到达该网络的距离（通常用“跳数”表示），相邻路由器可以根据收到的路由信息修改和刷新自己的路由表。

如图5-7所示，路由器R向相邻的路由器（如路由器S）广播自己的路由信息，通知路由器S自己可以到达网络20.0.0.0、30.0.0.0和10.0.0.0。由于路由器R传送来的路由信息中包含了两条路由器S不知道的路由信息（到达20.0.0.0和10.0.0.0的路由），于是路由器S将到达20.0.0.0和10.0.0.0的路由信息加入自己的路由表中，并将“下一站”指定为路由器R。也就是说，如果路由器S收到目的IP地址的网络号为20.0.0.0或10.0.0.0的数据包，它将转发给路由器R，由路由器R进行再次投递。由于路由器R到达20.0.0.0和10.0.0.0的距离分别为0和1，因此，路由器S通过路由器R到达这两个网络的距离分别为1和2。

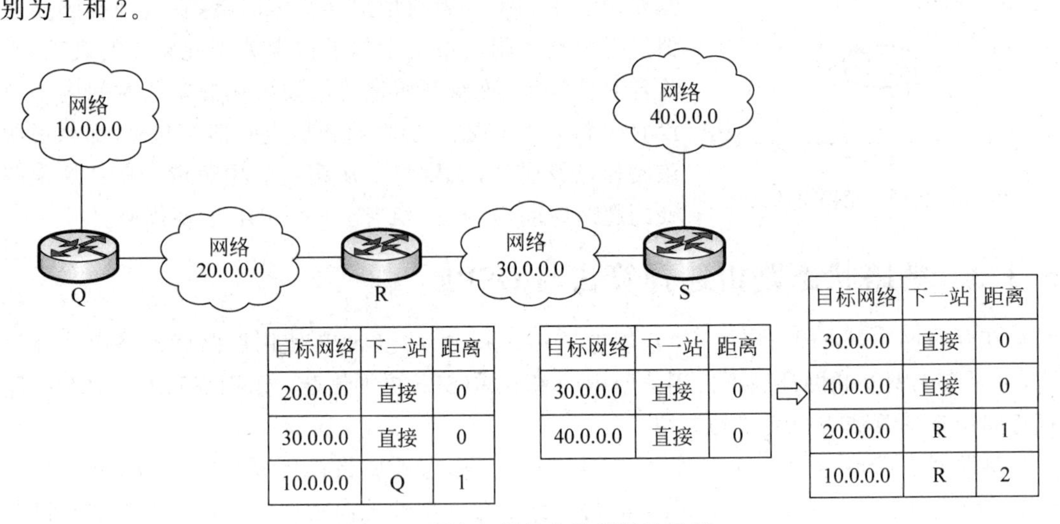

目标网络	下一站	距离
20.0.0.0	直接	0
30.0.0.0	直接	0
10.0.0.0	Q	1

目标网络	下一站	距离
30.0.0.0	直接	0
40.0.0.0	直接	0

目标网络	下一站	距离
30.0.0.0	直接	0
40.0.0.0	直接	0
20.0.0.0	R	1
10.0.0.0	R	2

图5-7　距离矢量路由选择算法示例

距离矢量路由选择算法的最大优点是算法简单、易于实现。但是，由于路由器的路径变化需要像波浪一样从相邻路由器传播出去，过程非常缓慢，有可能造成慢收敛等问题，因此，它不适合应用于路由经常变化的或大型的互联网网络环境。另外，距离矢量路由选择算法要求互联网中的每个路由器都参与路由信息的交换和计算，而且交换的路由信息需要与自己的路由表的大小几乎一样，因此，需要交换的信息量较大。

2. RIP

RIP是距离矢量路由选择算法在局域网中的直接实现，它规定了路由器之间交换路由信息的时间、格式及错误如何处理等内容。

RIP通过广播UDP报文交换路由信息，每30s发送一次路由更新信息。RIP用跳数作为尺度来衡量路由距离，跳数是一个数据包到达目的网络必须经过的路由器的数目。如果到相同目的网络有两个不等速或不同带宽的路由器，但跳数相同，那么RIP认为这两个路由是等距离的。RIP支持的跳数最多为15，即在源和目的网络之间所要经过的最多路由器的数目为15，跳数16表示不可到达。

RIP除严格遵守距离矢量路由选择算法进行路由广播与刷新外，在具体实现过程中还做了某些改进，主要包括以下两个方面。

（1）对相同开销路由的处理。在具体应用中，可能会出现有若干距离相同的路径可以到达同一网络的情况。对于这种情况,通常按照先入为主的原则解决。在图 5-8 中,由于路由器 R1 和 R2 都与网络 net1 直接相连,所以它们都向相邻路由器 R3 发送到达 net1 距离为 0 的路由信息。路由器 R3 按照先入为主的原则,先收到哪个路由器的路由信息,就将去往 net1 的路径设定为哪个路由器,直到该路径失效或被新的更短的路径所代替。

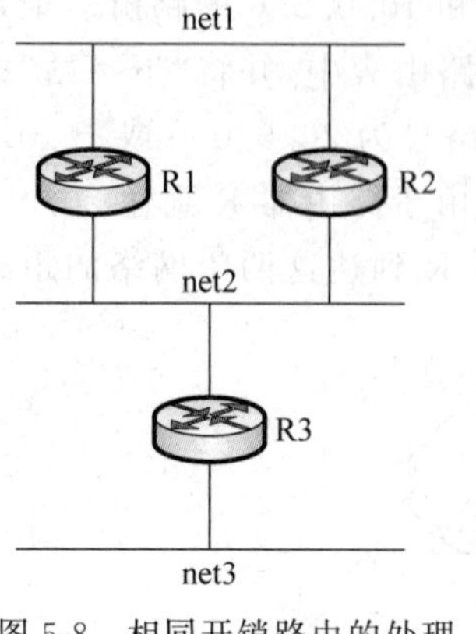

图 5-8　相同开销路由的处理

(2) 过时路由的处理。在图 5-8 中,假如路由器 R3 到达 net1 要经过路由器 R1,如果 R1 发生故障后不能向 R3 发送路由刷新报文,那么 R3 关于到达 net1 需要经过 R1 的路由信息将长期保持下去,尽管这是一条坏路由。为了解决这个问题,RIP 规定,参与 RIP 路由选择的所有设备要为其路由表中的每个表项增加一个定时器,在收到相邻路由器发送的路由刷新报文中如果包含关于此路径的表项,则将定时器清零,重新开始计时。如果在规定的时间内一直没有收到关于该路径的刷新信息,定时器会超时,那么说明该路径已经崩溃,需要将它从路由表中删除。RIP 规定路径的超时时间为 180s,相当于 6 个 RIP 刷新周期。

5.3.3　链路状态路由选择算法与 OSPF

在互联网中,OSPF 是另一种常用的路由选择协议。OSPF 使用链路状态路由选择算法,可以在大型互联网环境下使用。与 RIP 相比,OSPF 更加复杂。下面仅对 OSPF 和链路状态路由选择算法进行简单的介绍。

链路状态(link status,LS)路由选择算法,也称为最短路径优先(shortest path first,SPF)算法,其基本思想是:互联网上的每个路由器周期性地向其他所有路由器广播自己与相邻路由器的连接关系,以使各个路由器都可以“画”出一张互联网络拓扑结构图,利用这张图和链路状态路由选择算法,路由器就可以计算出自己到达各个网络的最短路径。

如图 5-9 所示,路由器 R1、R2 和 R3 首先向其他路由器(即路由器 R1 向路由器 R2 和路由器 R3,路由器 R2 向路由器 R1 和路由器 R3,路由器 R3 向 R1 和 R2)广播报文,通知其他路由器自己与相邻路由器的关系(例如,路由器 R2 向路由器 R1 和 R3 广播自己与 e4 相连,并通过 e2 与路由器 R1 相连)。每台路由器利用其他路由器广播的信息,都可以形成一个由点和线相互连接而成的抽象拓扑结构图(图 5-10 给出了路由器 R1 形成的抽象拓扑结构图)。一旦得到这张拓扑结构图,路由器就可以按照链路状态路由选择算法计算出以本路由器为根的 SPF 树(图 5-10 显示了以路由器 R1 为根的 SPF 树)。这棵树描述了该路由器(R1)到达每个网络(e1、e2、e3 和 e4)的路径和距离。通过 SPF 树,路由器就可以生成自己的路由表(图 5-10 显示了路由器 R1 按照 SPF 树生成的路由表)。

由此可知,链路状态路由选择算法不同于距离矢量路由选择算法。距离矢量路由选择算法并不需要路由器了解整个互联网的拓扑结构,而是通过相邻路由器了解到达每个网络的可能路径;链路状态路由选择算法则依赖整个互联网的拓扑结构,先利用该拓扑结构得到 SPF 树,再由 SPF 树生成路由表。

以链路状态路由选择算法为基础的 OSPF 具有速度快、支持基于服务类型的选路、提供负载均衡和身份认证等特点,十分适合于规模庞大、环境复杂的互联网中使用。

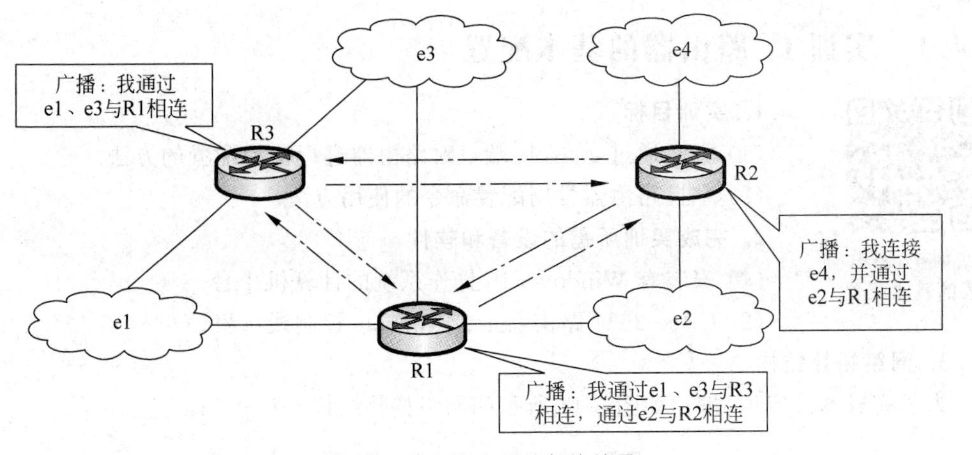

图 5-9　建立路由器的邻接关系

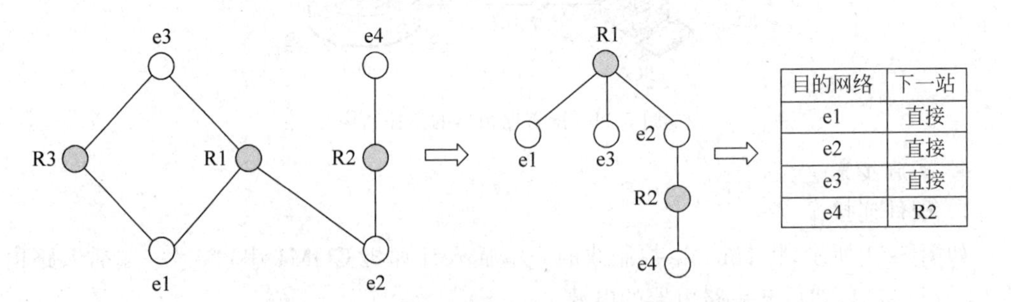

目的网络	下一站
e1	直接
e2	直接
e3	直接
e4	R2

图 5-10　路由器 R1 利用网络拓扑结构图计算路由

但是，OSPF 也存在一些不足，主要包括以下两个方面。

(1) 要求有较高的路由处理能力。在一般情况下，运行 OSPF 要求路由器具有更大的存储器和更快的 CPU 处理能力。与 RIP 不同，OSPF 要求路由器保存整个互联网的拓扑结构、相邻路由器的状态等众多的路由信息，并且利用比较复杂的算法生成路由表。互联网的规模越大，对内存和 CPU 的要求就越高。

(2) 要求有一定的带宽。为了得到与相邻路由器的连接关系，互联网上的每个路由器都需要不断地发送和应答查询信息，与此同时，每个路由器还需要将这些信息广播到整个互联网中。因此，OSPF 对互联网的带宽有一定的要求。

为了适应更大规模的互联网环境，OSPF 通过一系列的办法来解决这些问题，其中包括分层和指派路由器。所谓分层，就是将一个大型的互联网分成几个不同的区域，一个区域中的路由器只需要保存和处理本区域的网络拓扑结构，区域之间的路由信息交换由几个特定的路由器来完成。而指派路由器则是指在互联网中，路由器将自己与相邻路由器的关系发送给一个或多个指派的路由器(而不是广播给互联网上的所有路由器)，指派路由器生成整个互联网的拓扑结构，以供其他路由器查询。

5.4　实　　训

下面先介绍对路由器进行配置的基本方法，然后在两个路由器中设定静态路由，把两个局域网连接起来。

5.4.1 实训1：路由器的基本配置

实训1：路由器的基本配置

1. 实训目标

(1) 掌握通过console端口对路由器进行初始配置的方法。

(2) 掌握路由器常用配置命令的使用方法。

2. 完成实训所需的设备和软件

(1) 安装有Windows 10操作系统的计算机1台。

(2) Cisco 2621路由器1台、console控制线1根。

3. 网络拓扑结构

为了完成本次实训,搭建如图5-11所示的网络拓扑结构。

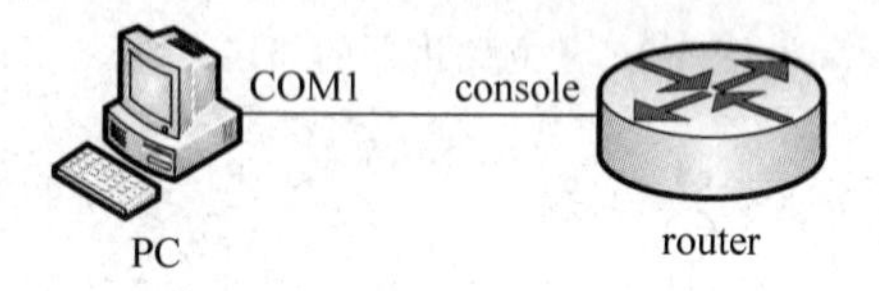

图5-11 配置路由器的拓扑结构

4. 实施步骤

1) 硬件连接

如图5-11所示,将console控制线的一端插入计算机COM1串口,另一端插入路由器的console接口,然后开启路由器的电源。

2) 通过超级终端连接路由器

参考第4章的实训1中的操作方法,打开超级终端并设置通信参数。

3) 路由器的基本配置

(1) 路由器的开机过程。

步骤1：关闭路由器电源,稍后重新打开电源,观察路由器的开机过程及相关显示内容,部分屏幕显示信息如下所示。

```
System Bootstrap,Version 12.4(1r)RELEASE SOFTWARE (fc1)    ;显示 BOOT ROM 的版本
Copyright C. 2005 by CISCO Systems,InC.
Initializing memory for ECC
c2821 processor with 262144 Kbytes of main memory           ;显示内存大小
Main memory is configured to 64 bit mode with ECC enabled
Readonly ROMMON initialized
program load complete,entry point:0x8000f000,size:0x274bf4c
Self decompressing the image:
##########################################[OK]    ;IOS 解压过程
```

IOS被解压到RAM中后,IOS便被装载并开始控制路由器的操作。此后,NVRAM中的路由器配置文件被装载。如果NVRAM中没有配置文件存在,路由器将进入setup设置模式,一步步地引导用户配置路由器。也可以在命令行中输入setup命令来进入setup设置模式。在setup设置模式中,可以随时按Ctrl+C组合键退出setup设置模式。

步骤2：在以下的初始化配置对话框中输入n(no)和Enter,再按Enter键进入用户模式,方括号中的内容是默认选项。

```
Would you like to enter the initial configuration dialog?
  [yes]:n
Would you like to terminate autoinstall? [yes]:[Enter]
Press RETURN to get started!
Router >
```

(2) 路由器的命令行配置。路由器的命令行配置方法与交换机基本相同，下面是路由器的一些基本配置。

```
Router > enable
Router # configure terminal
Router(config) # hostname routerA
routerA(config) # banner motd $                    ;配置终端登录到路由器时的提示信息
you are welcome!
$
routerA(config) # int f0/1                                  ;进入端口 1
routerA(config - if) # ip address 192.168.1.1 255.255.255.0;设置端口 1 的 IP 地址和子网掩码
routerA(config - if) # description connecting the company's intranet!   ;端口描述
routerA(config - if) # no shutdown                          ;激活端口
routerA(config - if) # exit
routerA(config) # interface serial0/0                       ;进入串行端口 0
routerA(config_if) # clock rate 64000                       ;设置时钟速率为 64000bps
routerA(config_if) # bandwidth 64                           ;设置提供带宽为 64kbps
routerA(config_if) # ip address 192.168.10.1 255.255.255.0;设置 IP 地址
routerA(config - if) # no shutdown                          ;激活端口
routerA(config - if) # exit
routerA(config) # exit
routerA #
```

(3) 路由器的显示命令。通过 show 命令，可查看路由器的 IOS 版本、运行状态、端口配置等信息，如下所示。

```
routerA # show version                                      ;显示 IOS 的版本信息
routerA # show running - config                             ;显示 RAM 中正在运行的配置文件
routerA # show startup - config                             ;显示 NVRAM 中的配置文件
routerA # show interface s0/0                               ;显示 s0/0 接口信息
routerA # show flash                                        ;显示 flash 信息
routerA # show ip arp                                       ;显示路由器缓存中的 ARP 表
```

5.4.2 实训 2：局域网间路由的配置

1. 实训目标

实训 2：局域网间路由的配置

(1) 掌握使用路由器静态路由实现网络连通的方法。

(2) 能够正确使用路由器默认路由。

2. 完成实训所需的设备和软件

(1) 安装有 Windows 10 操作系统的计算机 4 台。

(2) Cisco 2950 交换机 2 台、Cisco 2621 路由器 2 台。

(3) V.35 线缆 1 根、console 控制线 2 根、直通线 4 根。

3. 网络拓扑结构

为了完成本次实训,搭建如图 5-12 所示的网络拓扑结构。

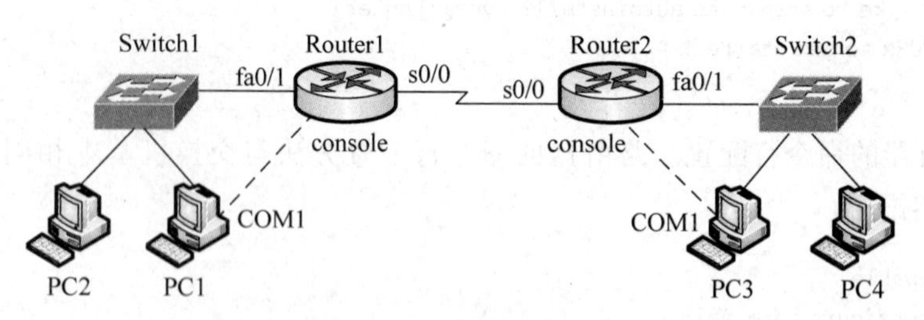

图 5-12 局域网互联的网络拓扑结构

4. 实施步骤

1) 硬件连接

如图 5-10 所示,连接硬件,步骤如下。

步骤 1:用 V.35 线缆将 Router1 的 s0/0 接口与 Router2 的 s0/0 接口连接起来。

步骤 2:用直通线将 Switch1 的 fa0/1 接口与 Router1 的 fa0/1 接口连接起来。

步骤 3:用直通线将 Switch2 的 fa0/1 接口与 Router2 的 fa0/1 接口连接起来。

步骤 4:用直通线将 PC1、PC2 连接到 Switch1 的 fa0/2、fa0/3 接口上。

步骤 5:用直通线将 PC3、PC4 连接到 Switch2 的 fa0/2、fa0/3 接口上。

步骤 6:用 console 控制线将 PC1 的 COM1 串口连接到 Router1 的 console 接口上。

步骤 7:用 console 控制线将 PC3 的 COM1 串口连接到 Router2 的 console 接口上。

2) IP 地址规划

在本实训中,各 PC 和路由器接口的 IP 地址、子网掩码、默认网关的设置如表 5-2 所示。

表 5-2 各 PC 和路由器接口的 IP 地址、子网掩码、默认网关的设置

设备/接口		IP 地址	子网掩码	默认网关
PC1		192.168.1.10	255.255.255.0	192.168.1.1
PC2		192.168.1.20	255.255.255.0	192.168.1.1
PC3		192.168.2.10	255.255.255.0	192.168.2.1
PC4		192.168.2.20	255.255.255.0	192.168.2.1
Router1	s0/0	192.168.10.1	255.255.255.0	
	fa0/1	192.168.1.1	255.255.255.0	
Router2	s0/0	192.168.10.2	255.255.255.0	
	fa0/1	192.168.2.1	255.255.255.0	

3) TCP/IP 配置

按表 5-2 所示设置各计算机的 IP 地址、子网掩码、默认网关。

4) Router1 的设置

在 PC1 上通过超级终端登录到 Router1 上,进行以下设置。

步骤 1:设置 Router1 的名称,如下所示。

```
Router > enable
Router # config terminal
```

```
Router(config)#hostname Router1
Router1(config)#exit
Router1#
```

步骤 2：设置 Router1 的控制台登录口令，如下所示。

```
Router1#config terminal
Router1(config)#line console 0
Router1(config-line)#password cisco1
Router1(config-line)#login
Router1(config-line)#end
Router1#
```

步骤 3：设置 Router1 的特权模式口令，如下所示。

```
Router1#config terminal
Router1(config)#enable password cisco2
Router1(config)#enable secret cisco3
Router1(config)#exit
Router1#
```

步骤 4：设置 Router1 的 Telnet 登录口令，如下所示。

```
Router1#config terminal
Router1(config)#line vty 0 4
Router1(config-line)#password cisco4
Router1(config-line)#login
Router1(config-line)#end
Router1#
```

步骤 5：设置 Router1 的 s0/0、fa0/1 接口的 IP 地址，如下所示。

```
Router1#config terminal
Router1(config)#interface s0/0
Router1(config-if)#ip address 192.168.10.1 255.255.255.0
Router1(config-if)#clock rate 64000
Router1(config-if)#no shutdown
Router1(config-if)#exit
Router1(config)#interface fa0/1
Router1(config-if)#ip address 192.168.1.1 255.255.255.0
Router1(config-if)#no shutdown
Router1(config-if)#end
Router1#
```

步骤 6：设置 Router1 的静态路由，如下所示。

```
Router1#config terminal
Router1(config)#ip route 192.168.2.0 255.255.255.0 192.168.10.2
Router1(config)#exit
Router1#copy run start                                  ;或 write
Router1#
```

步骤 7：查看 Router1 的运行配置和路由表，如下所示。

```
Router1 # show running - config
Router1 # show startup - config
Router1 # show ip route
```

在特权模式下，可用 erase startup-config 命令删除启动配置文件，可用 reload 命令重启路由器。

5）Router2 的设置

在 PC3 上通过超级终端登录到 Router2 上，参考表 5-2 中的有关数据设置 Router2，具体设置方法参考上面的 Router1 的设置。

6）网络连通性测试

用 ping 命令在 PC1、PC2、PC3、PC4 之间测试连通性，测试结果填入表 5-3 中。

表 5-3 计算机之间的连通性

计算机	PC1	PC2	PC3	PC4
PC1	—			
PC2		—		
PC3			—	
PC4				—

5.5 习 题

一、选择题

1. 在计算机网络中，能将异种网络互联起来，实现不同网络协议相互转换的网络互联设备是（ ）。

A. 集线器 B. 路由器 C. 网关 D. 网桥

2. 路由器转发分组是根据报文分组的（ ）。

A. 端口号 B. MAC 地址 C. IP 地址 D. 域名

3. 图 5-13 所示为一个简单的互联网络示意图，其中，路由器 R 的路由表中到达网络 40.0.0.0 的下一跳步 IP 地址应为（ ）。

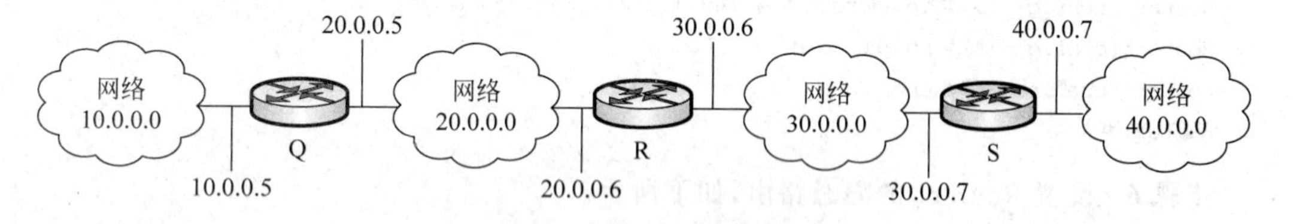

图 5-13 简单的互联网络

A. 10.0.0.5 B. 20.0.0.5 C. 30.0.0.7 D. 40.0.0.7

4. 在图 5-14 显示的互联网中，如果主机 A 发送了一个目的地址为 255.255.255.255 的 IP 数据包，那么有可能接收到该数据包的设备为（ ）。

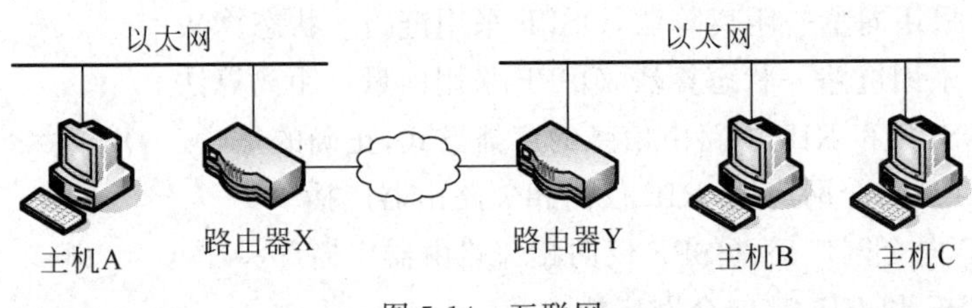

图5-14　互联网

A. 路由器X　　B. 路由器Y　　C. 主机B　　D. 主机C

5. 某路由器的路由表如表5-4所示。如果它收到一个目的地址为192.168.10.23的IP数据包，那么它为该数据包选择的下一路由器地址为(　　)。

表5-4　路由表(1)

要到达的网络	下一路由器
192.168.1.0	直接投递
192.168.2.0	直接投递
192.168.3.0	192.168.1.35
0.0.0.0	192.168.2.66

A. 192.168.10.1　　B. 192.168.2.66
C. 192.168.1.35　　D. 直接投递

6. 一台路由器的路由表如表5-5所示。

表5-5　路由表(2)

要到达的网络	下一路由器
10.0.0.0	20.5.3.25
11.0.0.0	26.8.3.7
193.168.1.0	22.3.8.58
194.168.1.0	25.26.3.21

当路由器接收到源IP地址为10.0.1.25，目的IP地址为192.168.1.36的数据包时，它对该数据包的处理方式为(　　)。

A. 投递到20.5.3.25　　B. 投递到22.3.8.58
C. 投递到192.168.1.0　　D. 丢弃

7. 在目前使用的RIP中，通常使用以下(　　)参数表示距离。

A. 带宽　　B. 延迟　　C. 跳数　　D. 负载

8. 关于RIP的描述中，正确的是(　　)。

A. 采用链路—状态算法　　B. 距离通常用带宽表示
C. 向相邻路由器广播路由信息　　D. 适合于特大型互联网使用

9. 关于RIP与OSPF的描述中，正确的是(　　)。

A. RIP和OSPF都采用向量—距离算法
B. RIP和OSPF都采用链路—状态算法

C. RIP采用向量—距离算法,OSPF采用链路—状态算法

D. RIP采用链路—状态算法,OSPF采用向量—距离算法

10. 关于OSPF和RIP中路由信息的广播方式,正确的是(　　)。

A. OSPF向全网广播,RIP仅向相邻路由器广播

B. RIP向全网广播,OSPF仅向相邻路由器广播

C. OSPF和RIP都向全网广播

D. OSPF和RIP都仅向相邻路由器广播

二、填空题

1. 路由器是构成Internet的关键设备。按照OSI参考模型,它工作于________层。

2. 在广域网中,数据分组传输过程需要进行________选择与分组转发。

3. 路由器可以包含一个特殊的路由。如果没有发现到达某一特定网络或特定主机的路由,那么它在转发数据包时使用的路由称为________路由。

4. 在Internet路由器中,有些路由表项是由网络管理员手工建立的,这些路由表项被称为________路由表项。

5. 在路由器中,有一些路由表项是路由器相互发送路由信息自动形成的,这些路由表项被称为________路由表项。

6. RIP采用________路由选择算法,OSPF采用________路由选择算法。

三、简答题

1. 常见的路由器端口主要有哪些?

2. 简述路由器的工作原理。

3. 简述路由器与交换机的区别。

4. 静态路由和默认路由有何区别?二者中哪一个执行速度更快?

5. 常用的路由选择算法有哪些?

第6章　常用网络命令

学习目标

(1) 熟练掌握 TCP/IP 传输层协议 TCP 和 UDP。

(2) 掌握常用的 TCP/UDP 端口号。

(3) 掌握常用网络命令的使用方法。

(4) 了解 ICMP、ARP、RARP。

(5) 了解三次握手机制、滑动窗口协议、确认与重传机制。

6.1 TCP/UDP

TCP(transmission control protocol,传输控制协议)和 UDP(user datagram protocol,用户数据报协议)是传输层中最重要的两个协议。TCP 提供 IP 环境下的数据可靠传输,它提供的服务包括数据流传送、可靠性、流量控制、全双工操作和多路复用,是一种面向连接的、端到端的、可靠的数据包传送协议,可将一台主机的字节流无差错地传送到目的主机。通俗地说,它是事先为所发送的数据开辟出连接好的通道,然后再进行数据发送。而 UDP 则不为 IP 提供可靠性、流量控制或差错恢复功能。它是不可靠的无连接协议,不要求分组顺序到达目的地。一般来说,TCP 对应的是可靠性要求高的应用,而 UDP 对应的则是可靠性要求低、传输经济的应用。TCP 支持的应用层协议主要有 Telnet、FTP、SMTP 等;UDP 支持的应用层协议主要有 NFS、DNS、SNMP(simple network management protocol,简单网络管理协议)、TFTP(trivial file transfer protocol,通用文件传输协议)等。

在 TCP/IP 体系中,由于 IP 是无连接的,数据要经过若干个点到点连接,不知会在什么地方存储延迟一段时间,也不知是否会突然出现。TCP 要解决的关键问题就在于此,TCP 采用的三次握手机制、滑动窗口协议、确认与重传机制都与此有关。

6.1.1 TCP 格式

TCP 的数据单元被称为报文段(segment),TCP 报文段的格式如图 6-1 所示。

各字段的含义如下。

(1) 源端口号和目的端口号。各占 16 位,标识发送端和接收端的应用进程。这两个值加上 IP 首部中的源 IP 地址和目的 IP 地址,唯一确定的一个连接。1024 以下的端口号被称为知名端口(well-known port),它们被保留用于一些标准的服务。

(2) 序号。占 32 位,所发送消息的第一字节的序号,用以标识从 TCP 发送端和 TCP

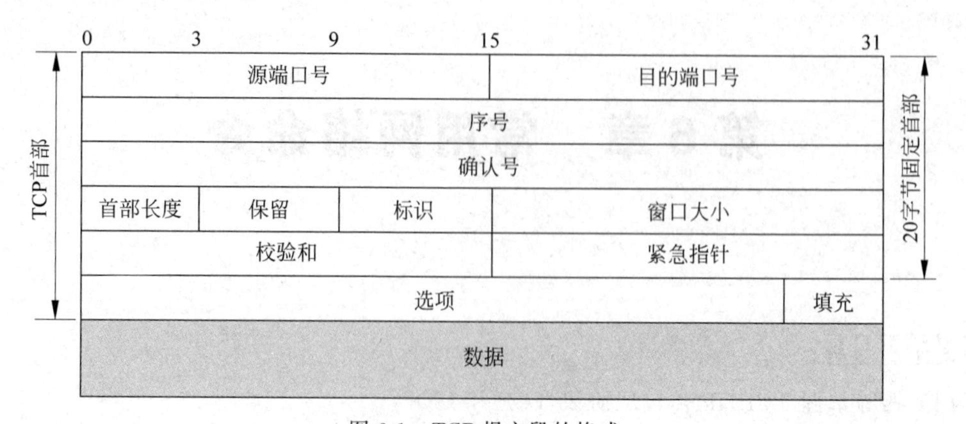

图 6-1 TCP 报文段的格式

接收端发送的数据字节流。

(3) 确认号。占 32 位,期望收到对方的下一个消息的第一字节的序号,是确认的一端所期望接收的下一个序号。只有在"标识"字段中的 ACK 位设置为 1 时,此序号才有效。

(4) 首部长度。占 4 位,以 32 位为计量单位的 TCP 报文段首部的长度。

(5) 保留。占 6 位,为将来的应用而保留,目前置为 0。

(6) 标识。占 6 位,有 6 个标识位(以下是设置为 1 时的意义,为 0 时相反)。

① 紧急位(URG):紧急指针有效。

② 确认位(ACK):确认号有效。

③ 急迫位(PSH):接收方收到数据后,立即送往应用程序。

④ 复位位(RST):复位由于主机崩溃或其他原因而出现的错误的连接。

⑤ 同步位(SYN):SYN=1,ACK=0 表示连接请求的消息(第一次握手);SYN=1,ACK=1 表示同意建立连接的消息(第二次握手);SYN=0,ACK=1 表示收到同意建立连接的消息(第三次握手)。

⑥ 终止位(FIN):表示数据已发送完毕,要求释放连接。

(7) 窗口大小。占 16 位,滑动窗口协议中的窗口大小。

(8) 校验和。占 16 位,对 TCP 报文段首部和 TCP 数据部分的校验。

(9) 紧急指针。占 16 位,当前序号到紧急数据位置的偏移量。

(10) 选项。用于提供一种增加额外设置的方法,如连接建立时,双方说明最大的负载能力。

(11) 填充。当"选项"字段长度不足 32 位时,需要加以填充。

(12) 数据。来自高层(即应用层)的协议数据。

6.1.2 三次握手机制

TCP/IP 在实现端到端的连接时使用了三次握手机制。按一般的想法,连接的建立只需要经过"客户端请求""服务器端指示""服务器端响应""客户端确认"两次握手 4 个步骤就可以了,如图 6-2 所示。

然而,问题并非如此简单。因为通信子网并不总是那么理想,不能保证分组及时地传到目的地。假如分组丢失,通常使用超时重传机制解决此问题。客户端发出一个连接请求时,同时启动一个定时器，一旦定时器超时，客户端再次发起连接请求并再启动定时器，直到成功建立连接，或重传次数达到一定值时，则认为连接不可建立而放弃。

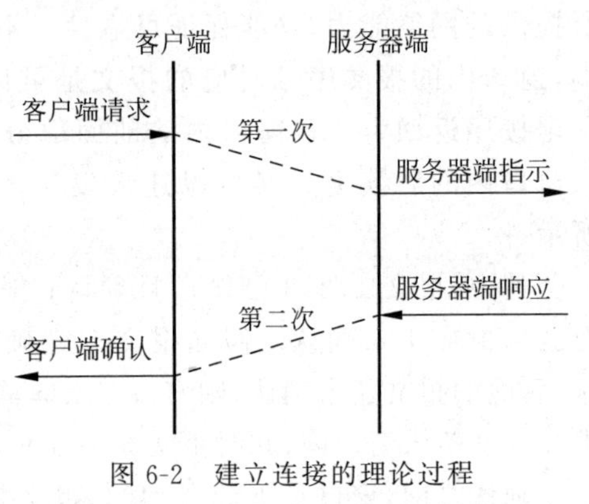

图 6-2　建立连接的理论过程

最难解决的问题是请求根本没有丢失，而是在子网中存储起来，过一段时间后又突然出现在服务器端，即所谓的延迟重复问题。延迟重复会导致重复连接和重复处理，这在很多应用系统（如订票、银行系统）中是绝对不能出现的。

三次握手机制就是为了消除重复连接的问题而提出的。三次握手机制首先要求对本次连接的所有报文进行编号，取一个随机值作为初始序号。由于序号域足够长，可以保证序号循环一周时使用同一序号的旧报文早已传输完毕，网络上也就不会出现关于同一连接、同一序号的两个不同报文。在三次握手机制的第一次中，A 机向 B 机发出连接请求（CR），其中包含 A 机端的初始报文序号（如 X）；第二次中，B 机收到 CR 后，发回连接确认（CC）消息，其中，包含 B 机端的初始报文序号（如 Y），以及 B 机对 A 机初始序号 X 的确认；第三次中，A 机向 B 机发送 X 序号数据，其中包含对 B 机初始序号 Y 的确认。三次握手过程如图 6-3 所示。

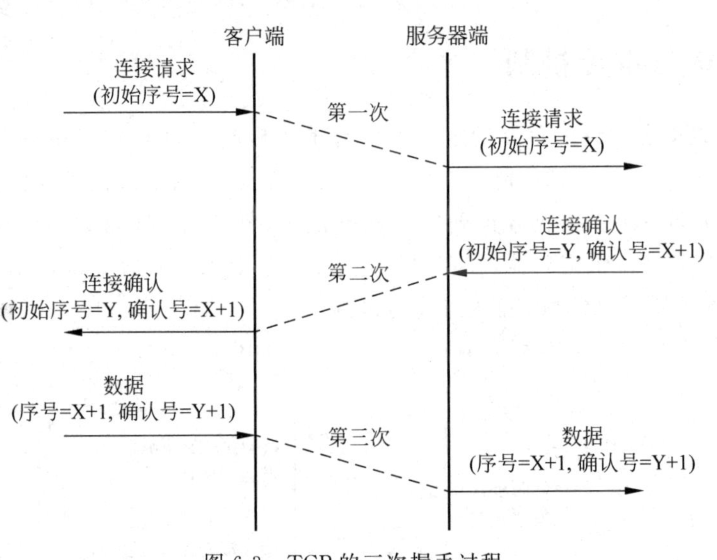

图 6-3　TCP 的三次握手过程

6.1.3　滑动窗口机制

在面向连接的传输过程中，发送方每发出一个数据包都需要得到接收方的确认。那么关于面向连接数据传输的最简单协议是：每发出一个数据包，等待确认；收到确认后再发送下一个数据包，这就是最简单的停止等待协议。其最大的缺点就是效率太低。

与上述最简单的停止等待协议相对的另一个极端是无确认数据包传输。发送方可以一直向网络注入数据而不管网络是否拥塞，对方是否收到。当然，这种方式的可靠性很难保证。

TCP 采用的滑动窗口机制是一种介于上述两者之间的折中方案,既能充分利用连接所提供的网络能力,又能保证可靠性。滑动窗口内含一组顺序排列的报文序号。在发送端,窗口内的报文序号对应的报文是可以连续发送的。各报文按序发送出去,但确认不一定按序返回。一旦窗口内的前面部分的报文得到确认,则窗口向前滑动相应位置,落入窗口内的后续报文又可以连续发送。一个窗口大小为 4 的发送端滑动窗口如图 6-4 所示。

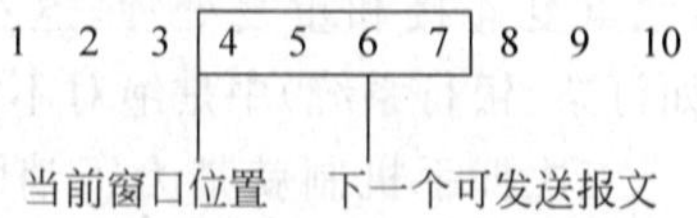

1 2 3 | 4 5 6 7 | 8 9 10

当前窗口位置　下一个可发送报文

图 6-4　发送端滑动窗口示意图

其中,报文 1、2、3 已发送且确认;报文 4、5 已发送,但至少报文 4 未确认。假如报文 5 先确认,报文 4 后确认,后面的报文还未确认,则窗口一次向前滑动两个位置,报文 8、9 落入窗口内,此时报文 6、7、8、9 可连续发送。报文 4 确认之前,窗口是不能滑动的,报文 4 确认后窗口立即滑动。

在接收端,窗口内的序号对应于允许接收的报文。窗口前面的报文是已收到且已发回确认的报文,是不允许再次接收的,窗口后面的报文要等待窗口滑动后才能接收。

滑动窗口机制的一个重要用途是流量控制,网关和接收端可以通过某种方式(如 ICMP)通知发送方改变其窗口大小,以限制发送方报文注入网络的速度,达到流量控制的目的。

6.1.4　确认与重传机制

TCP 保证数据有效性的重要措施是确认与重传机制。TCP 建立在一个不可靠的虚拟通信系统上,数据丢失的问题可能经常发生,一般发送方利用重传技术补偿数据包的丢失,需要通信双方协同解决。接收方正确接收数据包时,要回复一个确认信息给发送方;而发送方发送数据时启动一个定时器,在定时器超时之前,如果没有收到确认信息,则重新传送该数据。图 6-5 说明了 TCP 的确认与重传机制。

主机A上的事件　主机B上的事件

发送报文1
接收报文1(正确)
发送确认1
接收确认1
发送报文2
接收报文2(出错丢弃)
丢失
定时器超时，重传报文2
接收报文2(正确)
发送确认2
t
(后略)

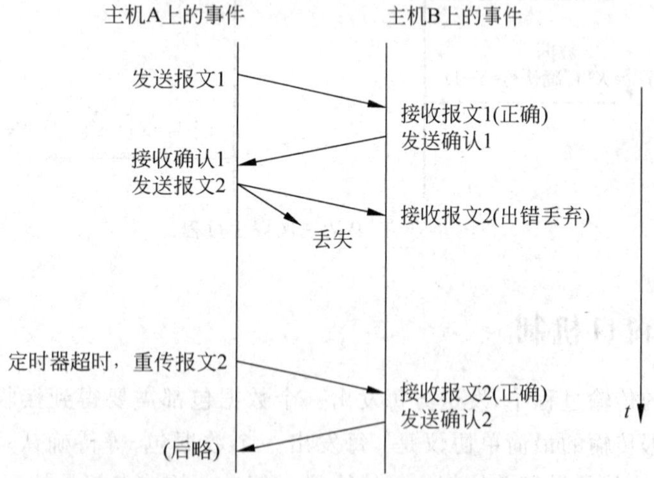

图 6-5　TCP 的确认与重传机制

说明：——▶表示两种可能的异常情况。

TCP 数据流的特点是无结构的字节流,流中的数据是由一个个字节构成的序列,而无任何可供解释的结构,这一特点在 TCP 的基本传输单元(段)中体现为段不定长。可变长 TCP 段给确认与超时重传机制带来的结果是所谓的“累计确认”。TCP 确认针对流中的字节,而不是段。接收方确认已正确收到的、最长的、连续的流前部,每个确认指出下一个希望接收的字节(比流前部字节数大 1 的位置)。

在确认与超时重传机制中,定时器初值的设定显得尤为重要。在互联网中,要确定合适的定时器初值是一件相当困难的事情。从发出数据到收到确认所需的往返时间是动态变化的,很难把握。为适应上述情况,TCP 采用一种自适应重传算法,其基本思想是:TCP 监视每一条连接的性能,由此推算出合适的定时器初值,当连接性能发生变化时,TCP 随即改变定时器初值。

6.1.5　UDP 格式

UDP 的格式如图 6-6 所示。

0 ～ 15	16 ～ 31
源端口号	目的端口号
报文长度	校验和
数据	

图 6-6　UDP 的格式

(1) 源端口号和目的端口号。标识发送端和接收端的应用进程。

(2) 报文长度。包括 UDP 报头和数据在内的报文长度值,以字节为单位,最小为 8。

(3) 校验和。计算对象包括伪协议头、UDP 报头和数据。校验和为可选字段,如果该字段设置为 0,则表示发送者没有为该 UDP 报文提供校验和。伪协议头主要包括源 IP 地址、目的 IP 地址、协议号和 UDP 报文长度等来自 IP 报头的字段,对其进行校验主要为了检验 UDP 报文是否正确传送到目的地。

用户数据报协议 UDP 建立在 IP 之上,同 IP 一样,提供无连接的数据传输服务。相对于 IP,UDP 唯一增加的功能是提供协议端口,以保证进程通信。

许多基于 UDP 的应用程序在高可靠性、低延迟的局域网上运行很好,而一旦到了通信子网 QoS(服务质量)很低的互联网中,可能不能运行,原因就在于 UDP 不可靠,而这些程序本身又没有做可靠性处理。因此,基于 UDP 的应用程序在不可靠子网上必须自己解决可靠性(诸如报文丢失、重复、失序和流量控制等)问题。

既然 UDP 如此不可靠,为何 TCP/IP 还要采纳它,最主要的原因是 UDP 的效率高。在实际应用中,UDP 往往面向只需少量报文交互的应用,假如为此而建立连接和撤除连接,开销是相当大的。在这种情况下,使用 UDP 就很有效了,即使因报文损失而重传一次,其开销也比面向连接的传输要小。

6.1.6　TCP/UDP 端口

TCP 和 UDP 都是传输层协议,是 IP 与应用层协议之间的处理接口。TCP 和 UDP 的端口号被设计用来区分运行在单个设备上的多个应用程序。

由于在同一台机器上可能会运行多个网络应用程序,所以计算机需要确保目的计算机上接收源主机数据包的软件应用程序的正确性,以及响应能被发送到源主机的正确应用程序上。该过程正是通过使用 TCP 或 UDP 端口号来实现的。在 TCP 和 UDP 报文的头部中,有"源端口号"和"目的端口号"字段,主要用于显示发送和接收过程中的身份识别信息。IP 地址和端口号合在一起被称为"套接字"。

IETF IANA 定义了 3 种端口组:知名端口(well-known ports)、注册端口(registered ports)及动态和/或私有端口(dynamic and/or private ports)。

(1) 知名端口的范围为 0~1023。

(2) 注册端口的范围为 1024~49151。

(3) 动态和/或私有端口的范围为 49152~65535。

常用的 TCP/UDP 端口号见表 6-1。

表 6-1 常用的 TCP/UDP 端口号

TCP 端口号		UDP 端口号	
端口号	服　务	端口号	服　务
0	保留	0	保留
20	FTP-data	49	Login
21	FTP-command	53	DNS
23	Telnet	69	TFTP
25	SMTP	80	HTTP
53	DNS	88	Kerberos
79	Finger	110	POP3
80	HTTP	161	SNMP
88	Kerberos	213	IPX
139	NetBIOS	2049	NFS
443	HTTPS	443	HTTPS

管理好端口号对于保证网络安全有着非常重要的意义,因为黑客往往通过探测目的主机开启的端口号进行攻击,所以,对那些没有用到的端口号,最好将它们关闭。

6.2 ARP 和 RARP

利用 ARP(address resolution protocol,地址解析协议)就可以由 IP 地址得知其 MAC 地址。以太网协议规定,同一局域网中的一台主机要和另一台主机进行直接通信,必须要知道目的主机的 MAC 地址。而在 TCP/IP 中,网络层和传输层只关心目的主机的 IP 地址,这就导致在以太网中使用 IP 时,数据链路层协议接收到的上层 IP 提供的数据中,只包含目的主机的 IP 地址。于是需要一种方法,根据目的主机的 IP 地址,获得其 MAC 地址,这就是 ARP 要做的事情。所谓地址解析(address resolution),就是主机在发送数据帧前需要将目的主机 IP 地址解析成目的主机 MAC 地址的过程。

另外，当发送主机和目的主机不在同一个局域网中时，即便知道目的主机的 MAC 地址，两者也不能直接通信，必须经过路由转发才可以。所以此时，发送主机通过 ARP 获得的将不是目的主机的真实 MAC 地址，而是一台可以通往局域网外的路由器的某个端口的 MAC 地址。于是，此后发送主机发往目的主机的所有帧都将发往该路由器，通过它向外发送，这种情况称为 ARP 代理(ARP proxy)。

6.2.1　ARP 的工作原理

在每台安装有 TCP/IP 的计算机中都有一个 ARP 缓存表，表中的 IP 地址与 MAC 地址是一一对应的。

下面以主机 A(192.168.1.5)向主机 B(192.168.1.1)发送数据为例来说明 ARP 的工作原理。

(1) 当发送数据前，主机 A 会在自己的 ARP 缓存表中寻找是否有目的主机 B 的 IP 地址。

(2) 如果找到了，也就知道了目的主机 B 的 MAC 地址，直接把目的主机 B 的 MAC 地址写入帧里面，就可以发送了。

(3) 如果在 ARP 缓存表中没有找到目的主机 B 的 IP 地址，主机 A 就会在网络上发送一个广播："我是 192.168.1.5，我的 MAC 地址是 00-aa-00-66-d8-13，请问 IP 地址为 192.168.1.1 的 MAC 地址是什么?"

(4) 网络上的其他主机并不响应 ARP 询问，只有主机 B 接收到这个帧时，才向主机 A 做出这样的回应："192.168.1.1 的 MAC 地址是 00-aa-00-62-c6-09。"

(5) 这样，主机 A 知道了主机 B 的 MAC 地址，它就可以向主机 B 发送信息了。

(6) 主机 A 和 B 同时更新自己的 ARP 缓存表(因为 A 在询问的时候把自己的 IP 和 MAC 地址一起告诉了 B)，下次 A 再向 B 或者 B 向 A 发送信息时，直接从各自的 ARP 缓存表里查找就可以了。

(7) ARP 缓存表采用了老化机制(即设置了生存时间 TTL)，在一段时间内(一般为 15～20 分钟)如果表中的某一行内容(IP 地址与 MAC 地址的映射关系)没有被使用过，该行内容就会被删除，这样可以大幅减少 ARP 缓存表的长度，加快查询速度。

6.2.2　RARP 的工作原理

RARP(reverse address resolution protocol，反向地址解析协议)用于一种特殊情况中。如果某站点被初始化后，只有自己的 MAC 地址而没有 IP 地址，则它可以通过 RARP 发出广播请求，询问自己的 IP 地址，RARP 服务器负责回答。这样，无 IP 地址的站点可以通过 RARP 取得自己的 IP 地址，该 IP 地址在下一次系统重启以前一直有效。RARP 广泛用于无盘工作站获取 IP 地址。

RARP 的工作原理如下。

(1) 源主机发送一个本地的 RARP 广播，在此广播包中，声明自己的 MAC 地址并且请求任何收到此请求的 RARP 服务器分配一个 IP 地址。

(2) 本地网段上的 RARP 服务器收到此请求后，检查其 RARP 列表，查找该 MAC 地址对应的 IP 地址。

(3) 如果存在,RARP 服务器就向源主机发送一个响应数据包,并将此 IP 地址提供给源主机使用。

(4) 如果不存在,RARP 服务器对此不做任何的响应。

(5) 源主机收到 RARP 服务器的响应信息后,就利用得到的 IP 地址进行通信;如果一直没有收到 RARP 服务器的响应信息,表示初始化失败。

6.3 ICMP

在任何网络体系结构中,控制功能是必不可少的。网络层使用的控制协议是网际控制报文协议(Internet control message protocol,ICMP)。ICMP 不仅用于传输控制报文,而且用于传输差错报文。

实际上,ICMP 报文是作为 IP 数据包的数据部分传输的,如图 6-7 所示。

ICMP报文	
IP头部	ICMP报文

图 6-7 ICMP 报文封装在 IP 数据包传输

6.3.1 ICMP 差错报文

ICMP 作为网络层的差错报文传输机制,最基本的功能是提供差错报告。但 ICMP 并不严格规定对出现的差错采取什么处理方式。事实上,源主机接收到 ICMP 差错报告后,常常需将差错报告与应用程序联系起来,才能进行相应的差错处理。

ICMP 差错报告都是采用路由器到源主机的模式,即所有的差错都需要向源主机报告。

ICMP 差错报告有以下 3 个特点。

(1) 差错报告不享受特别优先权和可靠性,作为一般数据传输。在传输过程中,它完全有可能丢失、损坏或被丢弃。

(2) ICMP 差错报告数据中,除包含故障 IP 数据包包头外,还包含故障 IP 数据包数据区的前 64 位数据。通常,利用这 64 位数据可以了解高层协议(如 TCP)的重要信息。

(3) ICMP 差错报告是随着丢弃出错 IP 数据包而产生的。IP 软件一旦发现传输错误,它首先把出错的数据包丢弃,然后调用 ICMP 向源主机报告差错信息。

ICMP 差错报告包括目的地不可达报告、超时报告、参数出错报告等。

(1) 目的地不可达报告。路由器的主要功能是进行 IP 数据包的路由选择和转发,但是路由器的路由选择和转发并不是总能成功的。在路由选择和转发出现错误的情况下,路由器便发出目的地不可达报告。目的地不可达可以分为网络不可达、主机不可达、协议不可达和端口不可达等多种情况。根据每一种不可达的具体原因,路由器发出相应的 ICMP 目的地不可达的差错报告。

(2) 超时报告。如果路由器发现当前数据包的生存时间(time to live,TTL)已减为0,将丢弃该数据包,并且向源主机发送一个ICMP超时差错报告,通知源主机该数据包已被丢弃。

(3) 参数出错报告。路由器或目的主机在处理收到的数据包时,如果发现包头参数中存在无法继续完成处理任务的错误,则将该丢弃该数据包,并向源主机发送参数出错报告,指出可能出现错误的参数位置。

6.3.2　ICMP控制报文

ICMP控制报文包括拥塞控制和路由控制两部分。

1. 拥塞控制与源抑制报文

所谓拥塞,就是路由器被大量涌入的IP数据包“淹没”的现象,其产生的原因主要有以下两方面。

(1) 路由器处理速度慢,不能完成IP数据包排队等日常工作。

(2) 路由器传入数据速率大于传出速率。

为了控制拥塞,IP软件采用“源站抑制”技术。路由器对每个接口进行监视,一旦发现拥塞,立即向相应源主机发送ICMP源抑制报文,请求源主机降低发送IP数据包的速率。

发送抑制报文的方式有3种。

(1) 如果路由器的某输出队列已满,在缓冲区空出之前,该队列将抛弃新来的IP数据包。每抛弃一个数据包,路由器就向该数据包的源主机发送一个ICMP源抑制报文。

(2) 为路由器的输出队列设定一个阈值,当队列中的数据包积累到一定数量,超过阈值后,如果再有新的数据包到来,路由器就向数据包的源主机发送ICMP源抑制报文。

(3) 更为复杂的源站抑制技术是有选择地抑制IP数据包发送速率较高的源主机。

关于什么时候解除拥塞,路由器不通知源主机,源主机根据当前一段时间内是否收到ICMP源抑制报文自主决定。

2. 路由控制与重定向报文

在IP互联网中,主机可以在传输数据的过程中不断从相邻的路由器获得新的路由信息。通常,主机在启动时都具有一定的路由信息,但路径不一定是最优的。路由器一旦检测到某IP数据包经非优路径传输,它一方面继续将该数据包转发出去,另一方面将向源主机发送一个重定向ICMP报文,通知源主机到达相应目的主机的最优路径。

ICMP重定向报文的优点是保证主机拥有一个动态的、既小又优的路由表。

6.3.3　ICMP回应请求与应答报文

为便于进行故障诊断和网络控制,可利用ICMP回应请求与应答报文来获取某些有用的信息。

(1) 回应请求与应答报文。用于测试目的主机或路由器的可达性。请求者向特定目的IP地址发送一个包含任选数据区的回应请求,当目的主机或路由器收到该请求后,返回相应的应答。如果请求者收到一个成功的应答,说明传输路径及数据传输正常。

(2) 时间戳请求与应答报文。利用时间戳请求与应答报文,可以从其他机器获得其时钟的当前时间,经估算后再同步时钟。

(3) 掩码请求与应答报文。当主机不知道自己所在网络的子网掩码时,可向路由器发送掩码请求报文,路由器收到请求后发回掩码应答报文,告知主机所在网络的子网掩码。

6.4 实　训

实训:常用网络命令的使用

本章的实训内容为常用网络命令的使用。

1. ipconfig 命令的使用

利用 ipconfig 命令可以查看主机当前的 TCP/IP 配置信息(如 IP 地址、网关、子网掩码等)、刷新动态主机配置协议(dynamic host configuration protocol,DHCP)和域名系统(domain name system,DNS)设置。

ipconfig 命令的语法格式如下。

```
ipconfig [/all] [/renew[Adapter]] [/release [Adapter]] [/flushdns] [/displaydns] [/registerdns]
[/showclassid Adapter] [/setclassid Adapter [ClassID]]
```

表 6-2 给出了 ipconfig 命令各选项及其含义。

表 6-2　ipconfig 命令各选项及其含义

选　项	含　义
/all	显示所有适配器的完整 TCP/IP 配置信息
/renew [Adapter]	更新所有适配器或特定适配器的 DHCP 配置
/release [Adapter]	发送 DHCP release 消息到 DHCP 服务器,以释放所有适配器或特定适配器的当前 DHCP 配置并丢弃 IP 地址配置
/flushdns	刷新并重设 DNS 客户解析缓存的内容
/displaydns	显示 DNS 客户解析缓存的内容,包括从 local hosts 文件预装载的记录,以及最近获得的针对由计算机解析的名称查询的资源记录
/registerdns	初始化计算机上配置的 DNS 名称和 IP 地址的手工动态注册
/showclassid Adapter	显示指定适配器的 DHCP 类别 ID
/setclassid Adapter [ClassID]	配置特定适配器的 DHCP 类别 ID
/?	在命令提示符下显示帮助

该命令最适用于配置为自动获取 IP 地址的计算机。它使用户可以确定哪些 TCP/IP 配置值是由 DHCP、自动专用 IP 寻址(APIPA)和其他配置所配置的。

如果 Adapter 名称包含空格,要在该适配器名称两边使用引号(即"Adapter 名称")。

对于适配器名称,ipconfig 可以使用星号(*)通配符字符指定名称为指定字符串开头的适配器,或名称包含有指定字符串的适配器。例如,"Local *"可以匹配所有以字符串 Local 开头的适配器,而"*Con*"可以匹配所有包含字符串 Con 的适配器。

(1) 要显示基本 TCP/IP 配置信息,可执行 ipconfig 命令。

使用不带参数的 ipconfig 可以显示所有适配器的 IP 地址、子网掩码和默认网关。

(2) 要显示完整的 TCP/IP 配置信息(主机名、MAC 地址、IP 地址、子网掩码、默认网关、DNS 服务器等)，可执行 ipconfig/all 命令，并把显示结果填入表 6-3 中。

表 6-3　TCP/IP 配置信息

选　　项	具　体　值
主机名(host name)	
网卡的 MAC 地址(physical address)	
主机的 IP 地址(IP address)	
子网掩码(subnet mask)	
默认网关地址(default gateway)	
DNS 服务器(DNS server)	

(3) 仅更新“本地连接”适配器由 DHCP 分配的 IP 地址配置，可执行 ipconfig/renew 命令。

(4) 要在排除 DNS 的名称解析故障期间刷新 DNS 解析器缓存，可执行 ipconfig/flushdns 命令。

2. ping 命令的使用

在网络维护的过程中，ping 是最常用的一个命令。大部分操作系统中都集成了 ping 命令。在前面已经使用过 ping 命令来测试网络的连通性和可达性。

ping 命令是利用回应请求与应答 ICMP 报文来测试目的主机或路由器的可达性的，不同操作系统对 ping 命令的实现稍有不同。通过执行 ping 命令可获得以下信息。

(1) 监测网络的连通性，检验与远程计算机或本地计算机的连接。

(2) 确定是否有数据包被丢失、复制或重传。ping 命令在所发送的数据包中设置唯一的序列号(sequence number)，以此来检查其接收到应答报文的序列号。

(3) ping 命令在其所发送的数据包中设置时间戳(timestamp)，根据返回的时间戳信息可以计算数据包交换的时间，即 RTT(round trip time)。

(4) ping 命令校验每一个收到的数据包，据此可以确定数据包是否损坏。

除了可以使用简单的“ping 目的 IP 地址”形式外，还可以使用 ping 命令的选项。完整的 ping 命令形式如下。

```
ping [ - t][ - a][ - n count][ - l size][ - f][ - i TTL][ - v TOS][ - r count][ - s count] [[ - j host -
list]|[ - k host - list]][ - w timeout] 目的 IP 地址
```

表 6-4 给出了 ping 命令各选项的具体含义。从该表中可以看出，ping 命令的很多选项实际上是指定互联网如何处理和对待携带回应请求与应答 ICMP 报文的 IP 数据包的。例如，选项-f 通过指定 IP 包头的标志字段告诉互联网上的路由器不要对携带回应请求与应答 ICMP 报文的 IP 数据包进行分片。

下面通过一些实例来介绍 ping 命令的具体用法。

(1) 测试本机 TCP/IP 是否正确安装。执行 ping 127.0.0.1 命令，如果能 ping 成功，说明 TCP/IP 已安装正确。127.0.0.1 是回送地址，它永远回送到本机。

(2) 测试本机 IP 地址是否正确配置或者网卡是否正常工作。执行“ping 本机 IP 地址”命令，如果能 ping 成功，说明本机 IP 地址配置正确，并且网卡工作正常。

表 6-4　ping 命令各选项及其含义

选　项	含　义
-t	连续地 ping 目的主机,直到手动停止(按 Ctrl+C 组合键)
-a	将 IP 地址解析为主机名
-n count	发送回送请求 ICMP 报文的次数(默认值为 4)
-l size	定义 echo 数据包的大小(默认值为 32B)
-f	不允许分片(默认为允许分片)
-i TTL	指定生存周期
-v TOS	指定要求的服务类型
-r count	记录路由
-s count	使用时间戳选项
-j host-list	使用松散源路由选项
-k host-list	使用严格源路由选项
-w timeout	指定等待每个回送应答的超时时间(以 ms 为单位,默认值为 1000,即 1s)

(3) 测试与网关之间的连通性。执行"ping 网关 IP 地址"命令,如果能 ping 成功,说明本机到网关之间的物理线路是连通的。

(4) 测试能否访问 Internet。执行 ping 221.12.33.227 命令,如果能 ping 成功,说明本机能访问 Internet。其中,221.12.33.227 是 Internet 上某服务器的 IP 地址。

(5) 测试 DNS 服务器是否正常工作。执行 ping www.baidu.com 命令,如果能 ping 成功,如图 6-8 所示,说明 DNS 服务器工作正常,能把网址(www.baidu.com)正确解析为 IP 地址(115.239.211.112);否则,说明主机的 DNS 未设置或设置有误等。张飞的计算机打不开任何网页,可通过上述的 5 个步骤来诊断故障的位置,并采取相应的解决措施。

```
管理员: 命令提示符
Microsoft Windows [版本 10.0.18362.30]
(c) 2019 Microsoft Corporation。保留所有权利。

C:\Users\Administrator>ping www.baidu.com

正在 Ping www.a.shifen.com [180.101.49.12] 具有 32 字节的数据:
来自 180.101.49.12 的回复: 字节=32 时间=18ms TTL=52
来自 180.101.49.12 的回复: 字节=32 时间=22ms TTL=52
来自 180.101.49.12 的回复: 字节=32 时间=20ms TTL=52
来自 180.101.49.12 的回复: 字节=32 时间=21ms TTL=52

180.101.49.12 的 Ping 统计信息:
    数据包: 已发送 = 4, 已接收 = 4, 丢失 = 0 (0% 丢失),
往返行程的估计时间(以毫秒为单位):
    最短 = 18ms, 最长 = 22ms, 平均 = 20ms

C:\Users\Administrator>
```

图 6-8　测试 DNS 服务器是否正常工作

(6) 连续发送 ping 探测报文。有时候,需要连续发送 ping 探测报文。例如,在路由器的调试过程中,可以让测试主机连续发送 ping 探测报文,一旦配置正确,测试主机可以立即报告目的地可达信息。

连续发送 ping 探测报文可以使用-t 选项。如在 PC1 主机上执行 ping 192.168.1.1 -t 命令,连续向 IP 地址为 192.168.1.1 的 PC2 主机发送 ping 探测报文,可以按 Ctrl+Break

组合键显示发送和接收回送请求/应答 ICMP 报文的统计信息，如图 6-9 所示；也可按 Ctrl+C 组合键结束 ping 命令。

```
管理员: 命令提示符
Microsoft Windows [版本 10.0.18362.30]
(c) 2019 Microsoft Corporation。保留所有权利。

C:\Users\Administrator>ping 192.168.1.1 -t

正在 Ping 192.168.1.1 具有 32 字节的数据:
来自 192.168.1.1 的回复: 字节=32 时间<1ms TTL=64
来自 192.168.1.1 的回复: 字节=32 时间<1ms TTL=64
来自 192.168.1.1 的回复: 字节=32 时间<1ms TTL=64
来自 192.168.1.1 的回复: 字节=32 时间<1ms TTL=64
来自 192.168.1.1 的回复: 字节=32 时间<1ms TTL=64
来自 192.168.1.1 的回复: 字节=32 时间<1ms TTL=64
来自 192.168.1.1 的回复: 字节=32 时间<1ms TTL=64
来自 192.168.1.1 的回复: 字节=32 时间<1ms TTL=64

192.168.1.1 的 Ping 统计信息:
    数据包: 已发送 = 8, 已接收 = 8, 丢失 = 0 (0% 丢失),
往返行程的估计时间(以毫秒为单位):
    最短 = 0ms, 最长 = 0ms, 平均 = 0ms
Control-C
^C
C:\Users\Administrator>
```

图 6-9　利用-t 选项连续发送 ping 探测报文

（7）自选数据长度的 ping 探测报文。在默认情况下，ping 命令使用的探测报文数据长度为 32B。如果希望使用更大的探测数据报文，可以使用-l size 选项。例如，执行 ping 192.168.1.1 -l 1200 命令，向 IP 地址为 192.168.1.1 的 PC2 主机发送数据长度为 1200B 的探测数据报文，如图 6-10 所示。

```
管理员: 命令提示符
C:\Users\Administrator>ping 192.168.1.1 -l 1200

正在 Ping 192.168.1.1 具有 1200 字节的数据:
来自 192.168.1.1 的回复: 字节=1200 时间<1ms TTL=64
来自 192.168.1.1 的回复: 字节=1200 时间<1ms TTL=64
来自 192.168.1.1 的回复: 字节=1200 时间<1ms TTL=64
来自 192.168.1.1 的回复: 字节=1200 时间<1ms TTL=64

192.168.1.1 的 Ping 统计信息:
    数据包: 已发送 = 4, 已接收 = 4, 丢失 = 0 (0% 丢失),
往返行程的估计时间(以毫秒为单位):
    最短 = 0ms, 最长 = 0ms, 平均 = 0ms

C:\Users\Administrator>
```

图 6-10　利用-l size 选项指定 ping 探测数据报文长度

（8）修改 ping 命令的请求超时时间。在默认情况下，系统等待 1000ms(1s)的时间，以便让每个响应返回。如果超过 1000ms，系统将显示“无法访问目的主机”信息。在 ping 探测数据报文经过延迟较长的链路时(如卫星链路)，响应可能会花更长的时间才能返回，这时可以使用-w timeout 选项指定更长的超时时间。例如，命令 ping 192.168.1.1 -w 5000 指定超时时间为 5000ms，如图 6-11 所示。

（9）不允许路由器对 ping 探测报文分片。主机发送的 ping 探测报文通常允许中途的路由器分片，以便使探测报文通过 MTU(最大传输单元)较小的网络。如果不允许 ping 探

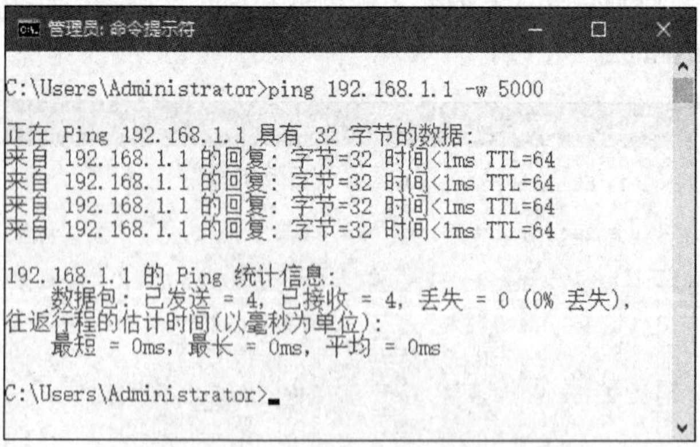

```
管理员: 命令提示符
C:\Users\Administrator>ping 192.168.1.1 -w 5000

正在 Ping 192.168.1.1 具有 32 字节的数据:
来自 192.168.1.1 的回复: 字节=32 时间<1ms TTL=64
来自 192.168.1.1 的回复: 字节=32 时间<1ms TTL=64
来自 192.168.1.1 的回复: 字节=32 时间<1ms TTL=64
来自 192.168.1.1 的回复: 字节=32 时间<1ms TTL=64

192.168.1.1 的 Ping 统计信息:
    数据包: 已发送 = 4, 已接收 = 4, 丢失 = 0 (0% 丢失),
往返行程的估计时间(以毫秒为单位):
    最短 = 0ms, 最长 = 0ms, 平均 = 0ms

C:\Users\Administrator>
```

图 6-11　利用-w timeout 选项指定超时时间

测报文在传输过程中被分片，可以使用-f 选项。如果指定的探测报文的长度太长，同时又不允许分片，探测报文就不可能到达目的地并返回应答。例如，在以太网中，如果指定不允许分片的探测报文长度为 2500B，执行 ping 192.168.1.1 -f -l 2500 命令，系统将给出"需要拆分数据包但是设置 DF"信息，如图 6-12 所示。同时使用-f 和-l 选项，可以对探测报文经过路径上的最小 MTU 进行估计。

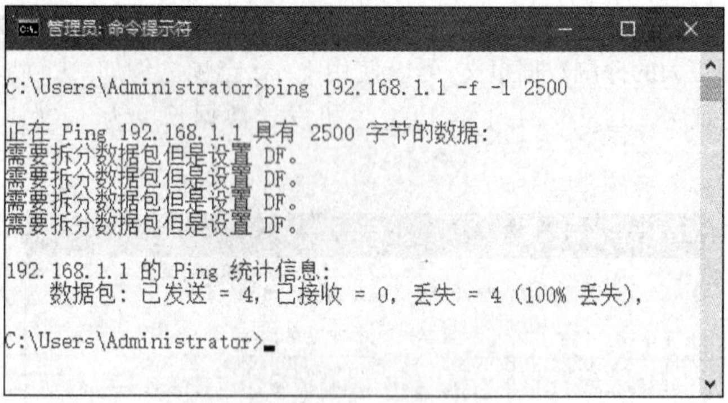

```
管理员: 命令提示符
C:\Users\Administrator>ping 192.168.1.1 -f -l 2500

正在 Ping 192.168.1.1 具有 2500 字节的数据:
需要拆分数据包但是设置 DF。
需要拆分数据包但是设置 DF。
需要拆分数据包但是设置 DF。
需要拆分数据包但是设置 DF。

192.168.1.1 的 Ping 统计信息:
    数据包: 已发送 = 4, 已接收 = 0, 丢失 = 4 (100% 丢失),

C:\Users\Administrator>
```

图 6-12　在禁止分片的情况下探测报文过长造成目的地不可达

3. tracert 命令的使用

跟踪路由命令是路由跟踪实用程序，用于获得 IP 数据包访问目的主机时从本地计算机到目的主机的路径信息。在 Windows 操作系统中该命令为 tracert，而在 UNIX/Linux 及 Cisco IOS 中则为 traceroute。tracert 命令通过发送数据包到目的主机并获得应答来得到路径和时延信息。一条路径上的每个设备 tracert 命令要测 3 次，输出结果中包括每次测试的时间(ms)和设备的名称或 IP 地址。

tracert 命令用 IP 生存时间(TTL)字段和 ICMP 差错报文来确定从一个主机到网络上其他主机的路由。

tracert 命令通过向目的主机发送具有不同 IP 生存时间(TTL)值的 ICMP 回送请求报文，以确定到目的主机的路由。要求路径上的每个路由器在转发数据包之前至少将数据包上的 TTL 值减少 1。当数据包上的 TTL 值减至 0 时，路由器应该将"ICMP 已超时"的消息发回源主机。

tracert 命令先发送 TTL 值为 1 的回应数据包，并在随后的每次发送过程中将 TTL 值递增 1，直到目的主机响应或 TTL 值达到最大值，从而确定路由路径。通过检查中间路由器发回的“ICMP 已超时”的消息确定路由路径。某些路由器不经询问直接丢弃 TTL 值为 0 的数据包，这在 tracert 实用程序中是看不到的。

tracert 命令按顺序打印出返回“ICMP 已超时”消息的路径中的近端路由器接口列表。如果使用-d 选项，则 tracert 实用程序不在每个 IP 地址上查询 DNS。

tracert 命令的语法格式如下。

```
tracert [ - d] [ - h MaximumHops] [ - j HostList] [ - w Timeout] [ - R] [ - S SrcAddr] [ - 4][ - 6]
TargetName
```

表 6-5 给出了 tracert 命令各选项的具体含义。

表 6-5 tracert 命令各选项及其含义

选　项	含　义
-d	防止 tracert 试图将中间路由器的 IP 地址解析为它们的名称
-h MaximumHops	指定搜索目标(目的)的路径中“跳数”的最大值。默认“跳数”值为 30
-j HostList	指定“回显请求”消息将 IP 报头中的松散源路由选项与 HostList 中指定的中间目标集一起使用
-w Timeout	指定等待“ICMP 已超时”或“回显答复”消息(对应于要接收的给定“回显请求”消息)的时间(ms)
-R	指定 IPv6 路由扩展报头应用来将“回显请求”消息发送到本地主机，使用指定目标作为中间目标并测试反向路由
-S SrcAddr	指定在“回显请求”消息中使用的源地址。仅当跟踪 IPv6 地址时才使用该参数
-4	指定 tracert 只能将 IPv4 用于本跟踪
-6	指定 tracert 只能将 IPv6 用于本跟踪
TargetName	指定目标，可以是 IP 地址或主机名
-?	在命令提示符下显示帮助

(1) 要跟踪名为 www. baidu. com 的主机的路径，执行 tracert www. baidu. com 命令，结果如图 6-13 所示。

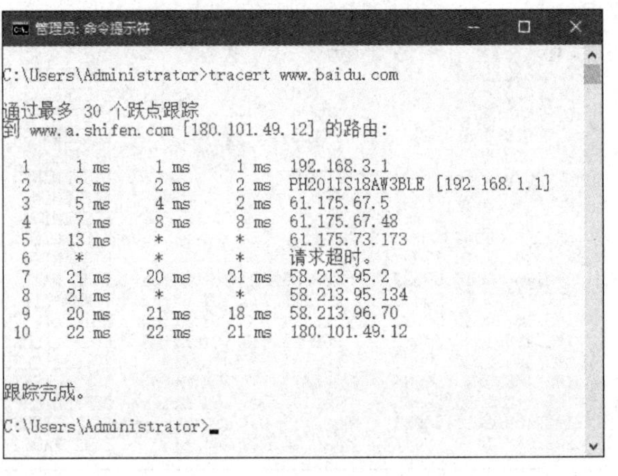

图 6-13 tracert www. baidu. com 命令的执行结果

(2) 要跟踪名为 www. baidu. com 的主机的路径,并防止将每个 IP 地址解析为它的名称,执行 tracert -d www. baidu. com 命令。

4. netstat 命令的使用

使用 netstat 命令可以显示当前活动的 TCP 连接、计算机侦听的端口、以太网统计信息、IP 路由表、IPv4 统计信息(对于 IP、ICMP、TCP 和 UDP)及 IPv6 统计信息(对于 IPv6、ICMPv6、通过 IPv6 的 TCP 及通过 IPv6 的 UDP)等。

netstat 命令的语法格式如下。

```
netstat [ - a] [ - e] [ - n] [ - o] [ - p Protocol] [ - r] [ - s] [Interval]
```

表 6-6 给出了 netstat 命令各选项的具体含义。

表 6-6 netstat 命令各选项及其含义

选　项	含　义
-a	显示所有活动的 TCP 连接及计算机侦听的 TCP 和 UDP 端口
-e	显示以太网统计信息,如发送和接收的字节数、数据包数等
-n	显示活动的 TCP 连接,不过,只以数字形式表示地址和端口号
-o	显示活动的 TCP 连接并包括每个连接的进程 ID(PID)。该选项可以与 -a、-n 和 -p 选项结合使用
-p Protocol	显示 Protocol 所指定的协议的连接
-r	显示 IP 路由表的内容。该选项与 route print 命令等价
-s	按协议显示统计信息
Interval	每隔 Interval 秒重新显示一次选定的信息。按 Ctrl+C 组合键停止重新显示统计信息。如果省略该选项,netstat 命令将只显示一次选定的信息
-?	在命令提示符下显示帮助

(1) 要显示所有活动的 TCP 连接及计算机侦听的 TCP 和 UDP 端口,应执行 netstat -a 命令,结果如图 6-14 所示。

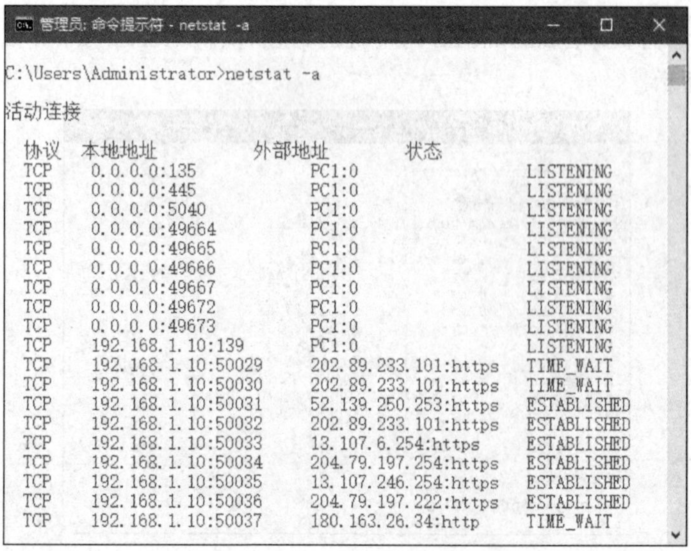

```
管理员: 命令提示符 - netstat -a

C:\Users\Administrator>netstat -a

活动连接

  协议  本地地址              外部地址               状态
  TCP    0.0.0.0:135            PC1:0                  LISTENING
  TCP    0.0.0.0:445            PC1:0                  LISTENING
  TCP    0.0.0.0:5040           PC1:0                  LISTENING
  TCP    0.0.0.0:49664          PC1:0                  LISTENING
  TCP    0.0.0.0:49665          PC1:0                  LISTENING
  TCP    0.0.0.0:49666          PC1:0                  LISTENING
  TCP    0.0.0.0:49667          PC1:0                  LISTENING
  TCP    0.0.0.0:49672          PC1:0                  LISTENING
  TCP    0.0.0.0:49673          PC1:0                  LISTENING
  TCP    192.168.1.10:139       PC1:0                  LISTENING
  TCP    192.168.1.10:50029     202.89.233.101:https   TIME_WAIT
  TCP    192.168.1.10:50030     202.89.233.101:https   TIME_WAIT
  TCP    192.168.1.10:50031     52.139.250.253:https   ESTABLISHED
  TCP    192.168.1.10:50032     202.89.233.101:https   ESTABLISHED
  TCP    192.168.1.10:50033     13.107.6.254:https     ESTABLISHED
  TCP    192.168.1.10:50034     204.79.197.254:https   ESTABLISHED
  TCP    192.168.1.10:50035     13.107.246.254:https   ESTABLISHED
  TCP    192.168.1.10:50036     204.79.197.222:https   ESTABLISHED
  TCP    192.168.1.10:50037     180.163.26.34:http     TIME_WAIT
```

图 6-14 netstat -a 命令的执行结果

(2) 要显示以太网统计信息,如发送和接收的字节数、数据包数等,应执行 netstat -e -s 命令,结果如图 6-15 所示。

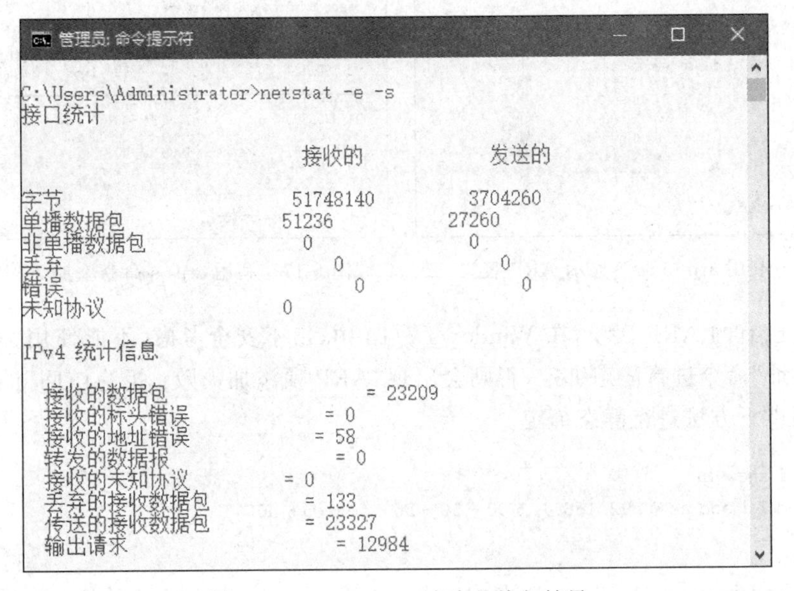

图 6-15 netstat -e -s 命令的执行结果

5. arp 命令的使用

大多数的网络操作系统中都内置了 arp 命令,用于查看、添加和删除高速缓存中的 ARP 表项。在 Windows 10 中,高速缓存中的 ARP 表可以包含动态(dynamic)和静态(static)表项,用于存储 IP 地址与 MAC 地址的映射关系。动态表项随时间推移自动添加和删除;而静态表项则一直保留在高速缓存中,直到人为删除或重新启动计算机为止。

在 ARP 表中,每个动态表项的潜在生命周期是 10min,新表项加入时定时器开始计时。如果某个表项添加后 2min 内没有被再次使用,则此表项过期并从 ARP 表中删除;如果某个表项始终在使用,则它的最长生命周期为 10min。

(1) 显示高速缓存中的 ARP 表。使用 arp -a 命令显示高速缓存中的 ARP 表。因为 ARP 表在没有进行手工配置之前,通常为动态 ARP 表项,因此,表项的变动较大,arp -a 命令输出的结果也可能大不相同。如果高速缓存中的 ARP 表项为空,则 arp -a 命令的输出结果为"未找到 ARP 项";如果 ARP 表中存在 IP 地址与 MAC 地址的映射关系,则 arp -a 命令显示该映射关系,如图 6-16 所示。

(2) 添加 ARP 静态表项。针对 ARP 的欺骗攻击,比较有效的防范方法就是将 IP 地址与 MAC 地址进行静态绑定。对于新的 ARP 表项,可用"arp -s IP 地址 MAC 地址"命令将 IP 地址与 MAC 地址的映射关系手工加入 ARP 表中。通过 arp -s 命令加入的表项是静态表项,所以,系统不会自动将它从 ARP 表中删除,直到人为删除或关机。使用 arp -s 192.168.1.110 00-23-cd-e4-5a-68 命令在 ARP 表中添加一个表项,如图 6-17 所示。通过 arp -a 命令可以看到,该表项是静态的而不是动态的。

在手工添加 ARP 静态表项时,一定要确保 IP 地址与 MAC 地址的对应关系是正确的,否则将无法正常通信。

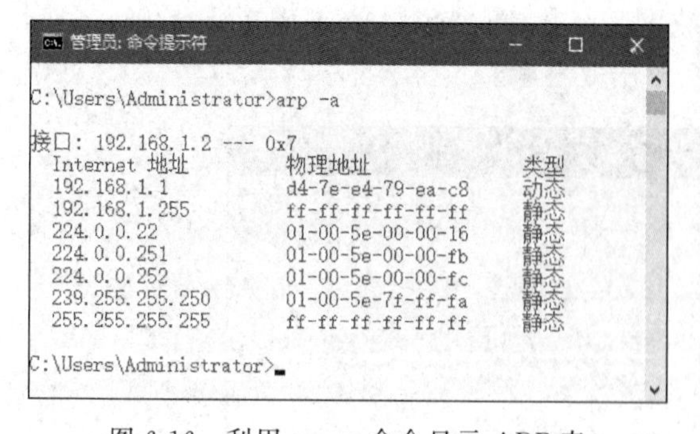

图 6-16　利用 arp -a 命令显示 ARP 表

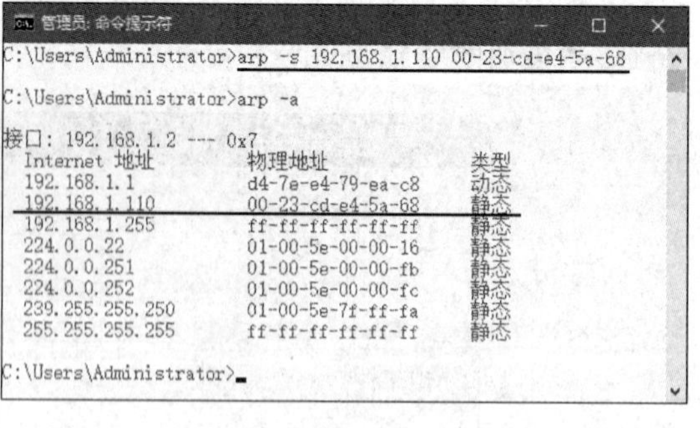

图 6-17　利用 arp -s 命令添加 ARP 静态表项

但对于已有的 ARP 表项，在 Windows 7/10 中，出于安全考虑，不能使用“arp -s IP 地址 MAC 地址”命令进行静态绑定，否则会出现“ARP 项添加失败：拒绝访问”的错误信息，此时可使用以下方法进行静态绑定。

```
netsh i i show in
netsh -c i i add ne 7 192.168.1.1 00-50-56-fc-c5-a0
arp -a
```

其中，第一条命令 netsh i i show in 是 netsh interface ipv4 show interfaces 的缩写，用来查看以太网对应的 Idx 值(7)，此值在第二条命令中会用到；第二条命令中的 netsh -c i i add ne 是 netsh -c interface ipv4 add neighbors 的缩写，7 为以太网的 Idx 值，本命令实现 IP 地址与 MAC 地址的静态绑定；第三条命令 arp -a 用来查看静态绑定后的 ARP 缓存表，结果如图 6-18 所示。

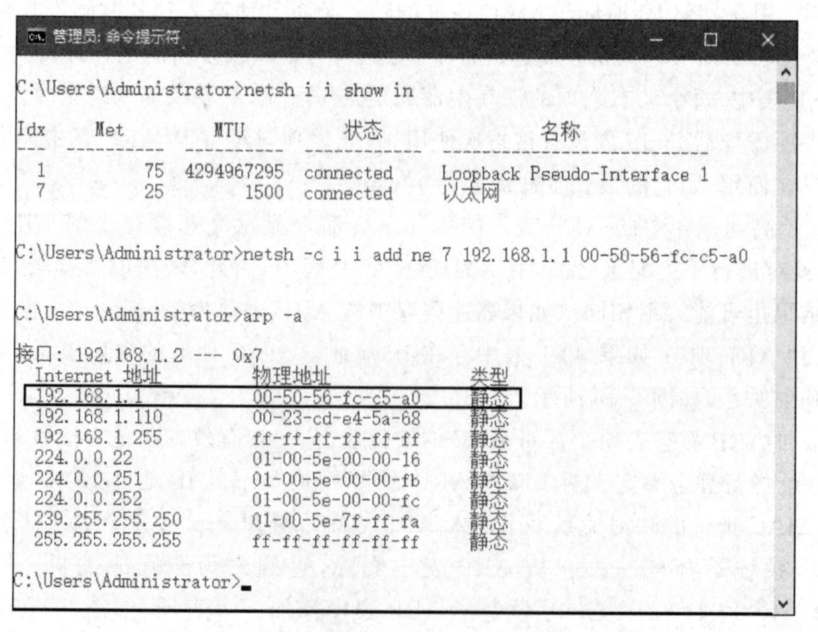

图 6-18　将 IP 地址与 MAC 地址进行静态绑定

【说明】 删除以上静态绑定的命令为 netsh -c i i delete neighbors 7。

(3) 删除 ARP 表项。无论是动态表项还是静态表项，都可以通过“arp -d IP 地址”命令删除。如果要删除所有表项，可以使用 * 代替具体的 IP 地址。图 6-19 给出了执行 arp -d 192.168.1.110 命令后 ARP 表项的变化情况。

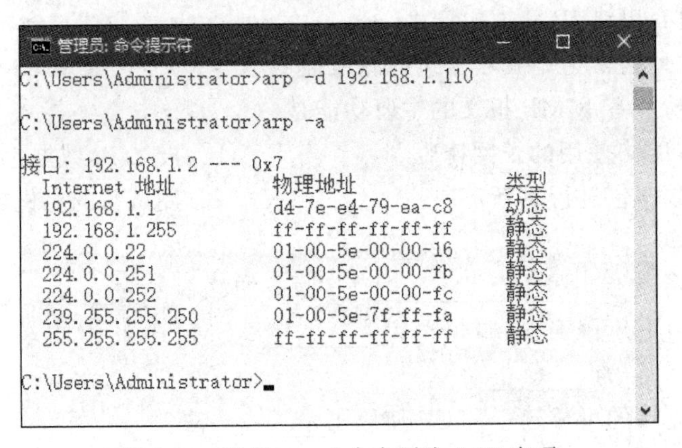

图 6-19　利用 arp -d 命令删除 ARP 表项

6.5　习　题

一、选择题

1. TCP 使用(　　)进行流量控制。

A. 三次握手法　　B. 窗口控制机制

C. 自动重发机制　　D. 端口机制

2. 如果用户应用程序使用 UDP 进行数据传输，那么下面(　　)必须承担可靠性方面的全部工作。

A. 数据链路层程序　　B. 互联层程序

C. 传输层程序　　D. 用户应用程序

3. 关于 TCP 和 UDP，以下(　　)是正确的。

A. TCP 和 UDP 都是端到端的传输协议

B. TCP 和 UDP 都不是端到端的传输协议

C. TCP 是端到端的传输协议，UDP 不是端到端的传输协议

D. UDP 是端到端的传输协议，TCP 不是端到端的传输协议

4. 关于 Internet 中的主机和路由器，以下(　　)是错误的。

A. 主机通常需要实现 TCP/IP　　B. 主机通常需要实现 IP

C. 路由器必须实现 TCP　　D. 路由器必须实现 IP

5. 关于 ARP 的描述中，正确的是(　　)。

A. 请求采用单播方式，应答采用广播方式

B. 请求采用广播方式，应答采用单播方式

C. 请求和应答都采用广播方式

D. 请求和应答都采用单播方式

6. 以下关于ICMP差错报文特点的描述中,错误的是(　　)。

A. 享受特别优先权和可靠性

B. 数据包含故障IP数据包数据区的前64比特

C. 伴随抛弃出错IP数据包产生

D. 目的地址通常为抛弃数据包的源地址

7. 回应请求与应答ICMP报文的主要功能是(　　)。

A. 获取本网络使用的子网掩码　　B. 报告IP数据包中的出错参数

C. 将IP数据包进行重新定向　　D. 测试目的主机或路由器的可达性

二、填空题

1. HTTP服务的端口号为________,FTP服务的端口号为________,Telnet服务的端口号为________,DNS服务的端口号为________,SMTP服务的端口号为________,HTTPS服务的端口号为________。

2. 为了保证连接的可靠建立,TCP使用了________法。

3. 通过测量一系列的________值,TCP可以估算数据包重发前需要等待的时间。

4. UDP可以为其用户提供不可靠的、面向________的传输服务。

5. 以太网利用________协议获得目的主机IP地址与MAC地址的映射关系。

6. ICMP报文是作为________的数据部分传输的,________命令是利用ICMP的回应请求与应答报文来测试目的主机或路由器的可达性的。

7. ICMP差错报告包括________报告、________报告、________报告等。

三、简答题

1. 通过ipconfig命令可以查看哪些信息?

2. ping命令提供了哪些功能?

3. RARP主要用于什么地方?

4. ICMP报文有哪几种类型?

5. 简述ARP和RARP的工作原理。

四、实践操作题

1. 利用ping命令对你所在的局域网进行测试,并给出该局域网MTU的估算值。

2. 利用tracert命令列出从你所在的局域网到www.baidu.com所经过的网关地址。

第7章　无线局域网技术

(1) 熟练掌握无线网络的基本概念、标准、组网模式。

(2) 掌握如何组建 Ad-Hoc 模式无线对等网络。

(3) 掌握如何组建 Infrastructure 模式无线局域网。

(4) 了解无线加密标准。

7.1　无线局域网基础

无线局域网(wireless local area networks,WLAN)利用电磁波在空气中发送和接收数据,而无须线缆介质。作为传统有线网络的一种补充和延伸,无线局域网把个人从办公桌边解放了出来,使他们可以随时随地获取信息,提高了员工的办公效率。此外,WLAN 还有其他一些优点。它能够方便地实施联网技术,因为 WLAN 可以便捷、迅速地接纳新加入的员工,而不必对网络的用户管理配置进行过多的变动。WLAN 还可以在有线网络布线困难的地方比较容易实施,使用 WLAN 方案后,不必再实施打孔、敷线等作业,因而不会对建筑设施造成任何损害。

通过笔记本电脑中的无线网卡,无论是在酒店、咖啡馆的走廊里,还是出差在外地,都可以摆脱线缆,从而实现无线宽带上网,甚至可以在遥远的外地进入自己公司的内部局域网进行办公,这在目前都已经普及了。

WLAN 的数据传输速率现在已经超过 1Gbps,传输距离可远至 20km 以上。无线局域网是对有线联网方式的一种补充和扩展,使网上的计算机具有可移动性,能快速方便地解决使用有线方式不易实现的网络联通问题。无线局域网具有以下 4 个特点。

(1) 安装便捷。一般而言,在网络建设中,施工周期最长、对周边环境影响最大的就是网络布线施工。在施工过程中,往往需要破墙掘地、穿线架管。而无线局域网最大的优势就是免去或减少了网络布线的工作量,一般只要安装一个或多个无线访问接入点设备,就可组建覆盖整个建筑或地区的无线局域网络。

(2) 使用灵活。在有线网络中,网络设备的安放位置受到网络信息点位置的限制。而一旦无线局域网建成后,在无线局域网的信号覆盖区域内的任何一个位置都可以接入网络。

(3) 经济节约。由于有线网络缺少灵活性,这就要求网络规划者尽可能地考虑未来发展的需要,这就往往导致预设大量利用率较低的信息点。而一旦网络的发展超出了设计规划,又要花费较多费用进行网络改造,而无线局域网可以避免或减少以上情况的发生。

(4) 易于扩展。无线局域网有多种配置方式,能够根据需要灵活选择。这样,无线局域网就能设计成从只有几个用户的小型局域网到成千上万用户的大型网络,并且能够提供像“漫游”(roaming)等有线网络无法提供的特性。

由于无线局域网具有多方面的优点,所以发展十分迅速。在最近几年里,无线局域网已经在医院、商店、工厂和学校等不适合网络布线的场合得到了广泛应用。

无线局域网的出现就是为了解决有线网络无法克服的困难。虽然无线局域网有诸多优势,但与有线网络相比,无线局域网也有很多不足。无线局域网速率较低、价格较高,因而它主要面向有特定需求的用户。目前无线局域网还不能完全脱离有线网络,无线局域网与有线网络是互补的关系,而不是竞争,更不是代替。近年来,无线局域网产品的价格逐渐下降,相应软件也逐渐成熟。此外,无线局域网已能够通过与广域网相结合的形式提供移动互联网的多媒体业务。相信在未来,无线局域网将以它的高速传输能力和灵活性发挥更加重要的作用。

7.2 无线局域网标准

目前支持无线局域网的技术标准主要有 IEEE 802.11x 系列标准、家庭无线网络技术、蓝牙技术等。

7.2.1 IEEE 802.11x 系列标准

1. IEEE 802.11 标准

自第二次世界大战以来,无线通信因在军事上应用的成果越来越受到重视,但却缺乏广泛的通信标准。于是,IEEE 于 1997 年 6 月推出了第一代无线局域网标准——IEEE 802.11。该标准定义了物理层和介质访问控制子层(MAC)的协议规范,物理层定义了工作在 2.4GHz 的 ISM(industrial scientific medical)频段,数据传输速率为 2Mbps。

此后这一标准不断得到补充和完善,形成 IEEE 802.11x 系列标准。

2. IEEE 802.11b

IEEE 802.11b 即 Wi-Fi(wireless fidelity,无线相容性认证),它工作在 2.4GHz 的频段。2.4GHz 的 ISM 频段为世界上绝大多数国家通用,因此 IEEE 802.11b 得到了最为广泛的应用。它的最大数据传输速率为 11Mbps。在动态速率转换时,如果无线信号变差,可将数据传输速率降低为 5.5Mbps、2Mbps 和 1Mbps。支持的范围在室外为 300m,在办公环境中最长为 100m。IEEE 802.11b 是所有 WLAN 标准演进的基石,未来许多的系统大都需要与 IEEE 802.11b 向后兼容。

3. IEEE 802.11a

IEEE 802.11a 标准是得到广泛应用的 IEEE 802.11b 标准的后续标准。它工作在 5GHz 频段,传输速率可达 54Mbps。由于 IEEE 802.11a 工作在 5GHz 频段,因此它与 IEEE 802.11、IEEE 802.11b 标准不兼容。

4. IEEE 802.11g

IEEE 802.11g 是为了提高传输速率而制定的标准，它采用 2.4GHz 频段，使用 CCK（complementary code keying，补码键控）技术与 IEEE 802.11b 向后兼容，同时它又通过采用 OFDM（orthogonal frequency division multiplexing，正交频分多路复用）技术支持高达 54Mbps 的数据流。

5. IEEE 802.11n

IEEE 802.11n 可以将 WLAN 的传输速率由 IEEE 802.11a 及 IEEE 802.11g 提供的 54Mbps，提高到 300Mbps 甚至高达 600Mbps。通过应用将 MIMO（multiple-input multiple-output，多进多出）与 OFDM 技术相结合的 MIMO OFDM 技术，提高了无线传输质量，也使传输速率得到极大提升。和以往的 IEEE 802.11 标准不同，IEEE 802.11n 标准为双频工作模式（包含 2.4GHz 和 5GHz 两个工作频段），这样 IEEE 802.11n 保障了与以往的 IEEE 802.11b、IEEE 802.11a、IEEE 802.11g 标准兼容。

6. IEEE 802.11ac

IEEE 802.11ac 是在 IEEE 802.11a 的标准之上建立起来的，仍然使用 IEEE 802.11a 的 5GHz 频段。不过在通道的设置上，IEEE 802.11ac 将沿用 IEEE 802.11n 的 MIMO 技术。IEEE 802.11ac 每个通道的工作频率将由 IEEE 802.11n 的 40MHz，提升到 80MHz 甚至是 160MHz，再加上大约 10%的实际频率调制效率提升，最终理论传输速度将由 IEEE 802.11n 最高的 600Mbps 跃升至 6.9Gbps，足以在一条信道上同时传输多路压缩视频流。

7. IEEE 802.11ax

美国电气与电子工程师学会于 2019 年发布了 IEEE 802.11ax 无线传输规范。IEEE 802.11ax 又称为高效率无线标准（high-efficiency wireless，HEW），可以提供 4 倍 IEEE 802.11ac 标准的设备终端接入数量，在密集接入场合可以提供更好的性能，传输速率可达 9.6Gbps。

【注意】 Wi-Fi 联盟成立于 1999 年，是一个非营利性且独立于厂商之外的组织，拥有 Wi-Fi 的商标，它负责 Wi-Fi 认证与商标授权的工作。一台基于 IEEE 802.11 协议标准的设备，需要经历严格的测试才能获得 Wi-Fi 认证，所有获得 Wi-Fi 认证的设备之间可进行交互，不管其是否为同一厂商生产。

IEEE 802.11x 系列标准的工作频段和最大传输速率如表 7-1 所示。

表 7-1 IEEE 802.11x 系列标准的工作频段和最大传输速率

无线标准	工作频段/GHz	最大传输速率
IEEE 802.11	2.4	2Mbps
IEEE 802.11b(Wi-Fi 1)	2.4	11Mbps
IEEE 802.11a(Wi-Fi 2)	5	54Mbps
IEEE 802.11g(Wi-Fi 3)	2.4	54Mbps
IEEE 802.11n(Wi-Fi 4)	2.4、5	600Mbps
IEEE 802.11ac(Wi-Fi 5)	5	6.9Gbps
IEEE 802.11ax(Wi-Fi 6)	2.4、5	9.6Gbps

7.2.2 家庭无线网络技术

家庭无线网络(home radio frequency,Home RF)是一种专门为家庭用户设计的小型无线局域网技术。它是 IEEE 802.11 与 dect(数字无绳电话)标准的结合,旨在降低语音数据通信成本。Home RF 在进行数据通信时,采用 IEEE 802.11 标准中的 TCP/IP 传输协议;进行语音通信时,则采用数字增强型无绳通信标准。

Home RF 的工作频率为 2.4GHz。原来最大数据传输速率为 2Mbps,2000 年 8 月,美国联邦通信委员会(FCC)批准了 Home RF 的传输速率可以提高到 8～11Mbps。Home RF 可以实现最多 5 个设备之间的互联。

7.2.3 蓝牙技术

蓝牙(bluetooth)技术实际上是一种短距离无线数字通信的技术标准,工作在 2.4GHz 频段,2021 年 7 月 13 日发布的蓝牙 5.3 版本的最大数据传输速率达到了 48Mbps,传输距离通常为 10cm～10m。增加发射功率后,传输距离可以达到 300m。

蓝牙技术主要应用于手机、笔记本电脑等数字终端设备之间的通信和这些设备与 Internet 的连接。

7.3 无线局域网接入设备

组建无线局域网的设备主要包括无线网卡、无线访问接入点、无线路由器和天线等,几乎所有的无线局域网产品中都自含无线发射/接收功能。

7.3.1 无线网卡

无线网卡是无线连接网络的终端设备,其作用相当于有线网卡在有线网络中的作用。无线网卡按照接口类型可分为以下 4 种。

(1) 台式机专用的 PCI 接口无线网卡,如图 7-1 所示。

(2) 笔记本电脑专用的 PCMCIA 接口无线网卡,如图 7-2 所示。

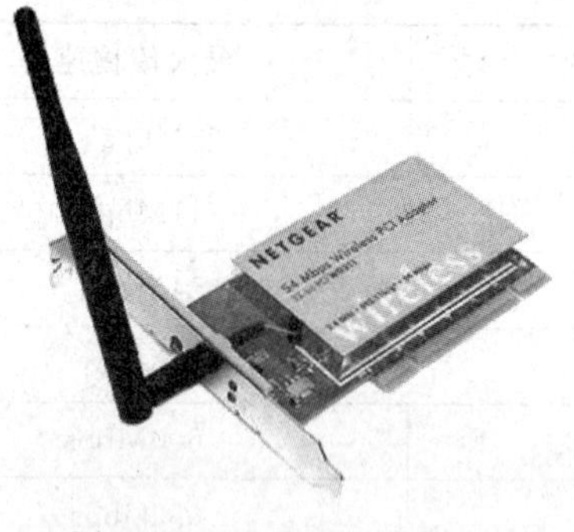

图 7-1 PCI 接口无线网卡

图 7-2 PCMCIA 接口无线网卡

(3) 台式机和笔记本电脑均可用的 USB 接口无线网卡,如图 7-3 所示。

(4) 笔记本电脑内置的 MINI-PCI 接口无线网卡,如图 7-4 所示。

图 7-3　USB 接口无线网卡

图 7-4　MINI-PCI 接口无线网卡

7.3.2　无线访问接入点

无线访问接入点(access point,AP)的作用相当于局域网中的集线器,它在无线局域网和有线局域网之间接收、缓冲存储和传输数据,以支持一组无线用户设备。无线 AP 通常是通过标准以太网线连接到有线网络上,并通过天线与无线设备进行通信。在有多个无线 AP 时,用户可以在无线 AP 之间漫游切换。

无线 AP 是移动计算机用户进入有线网络的接入点,主要用于宽带家庭、大楼内部及园区内部,典型传输距离为 20～500m,目前主要技术为 IEEE 802.11x 系列。根据技术、配置和使用情况,一个无线 AP 可以支持 15～250 个用户,通过添加更多的无线 AP,可以比较轻松地扩充无线局域网,从而减少网络拥塞并扩大网络的覆盖范围。

室内无线 AP 如图 7-5 所示。此外,还有用于大楼之间的联网通信的室外无线 AP,如图 7-6 所示,其典型传输距离为几千米至几十千米,用于为难以布线的场所提供可靠、便捷的网络连接。

图 7-5　室内无线 AP

图 7-6　室外无线 AP

7.3.3　无线路由器

无线路由器(wireless router)集成了无线 AP 和宽带路由器的功能,它不仅具备 AP 的无线接入功能,通常还支持 DHCP、防火墙、WPA 加密等功能,而且包括了网络地址转换(NAT)功能,可支持局域网用户的网络连接共享,可实现家庭无线局域网中的 Internet 连接共享,实现家庭或小区宽带的无线共享接入。

无线路由器内置有简单的虚拟拨号软件,可以存储用户名和密码,可以为拨号接入 Internet 提供自动拨号功能,而无须手动拨号。此外,无线路由器一般还具备相对更完善的安全防护功能。

绝大多数无线宽带路由器都拥有 4 个 LAN 端口和 1 个 WAN 端口,可作为有线宽带路由器使用,如图 7-7 所示。

图 7-7　无线路由器

7.3.4　天线

在无线局域网中,天线可以起到增强无线信号的目的,可以把它理解为无线信号的放大器。天线对空间不同方向具有不同的辐射或接收能力,而根据方向性的不同,可将天线分为全向天线和定向天线两种。

1. 全向天线

在水平面上,辐射与接收无最大方向的天线称为全向天线。全向天线由于无方向性,所以多用在点对多点通信的中心点。比如想要在相邻的两幢楼之间建立无线连接,就可以选择这类天线,如图 7-8 所示。

2. 定向天线

有一个或多个辐射与接收能力最大方向的天线称为定向天线。定向天线能量集中,增益相对全向天线要高,适合于远距离点对点通信,同时由于具有方向性,抗干扰能力比较强。比如在一个小区里,需要横跨几幢楼建立无线连接时,就可以选择这类天线,如图 7-9 所示。

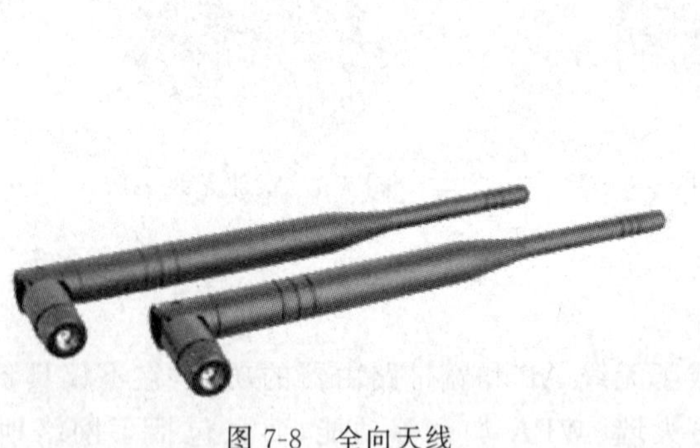

图 7-8　全向天线

图 7-9　定向天线

7.4　无线局域网的组网模式

根据无线局域网的应用环境与需求的不同,无线局域网可采取不同的组网模式来实现互联。无线局域网组网模式主要有两种：一种是无基站的 Ad-Hoc(无线对等)模式；另一种是有固定基站的 infrastructure(基础结构)模式。

7.4.1　Ad-Hoc 模式

Ad-Hoc 是一种无线对等网络,是最简单的无线局域网结构,是一种无中心拓扑结构,网络连接的计算机具有平等的通信关系,适用于少量计算机(通常小于 5 台)的无线连接,如图 7-10 所示。任何时候,只要两个或多个的无线网络接口互相都在彼此的无线覆盖范围之内,就可建立一个无线对等网,实现点对点或点对多点连接。Ad-Hoc 模式不需要固定设施,只需在每台计算机上安装无线网卡就可以实现,因此非常适合组建临时性的网络,如野外作业、军事领域等。

Ad-Hoc 结构是一种省去了无线 AP 而搭建起来的对等网络结构,由于省去了无线 AP,Ad-Hoc 无线局域网的网络架设过程十分简单。不过,一般的无线网卡在室内环境下的有效传输距离通常为 40m 左右,当超过此有效传输距离时,就不能实现彼此之间的通信。因此,该模式非常适合一些简单甚至是临时性的无线互联需求。

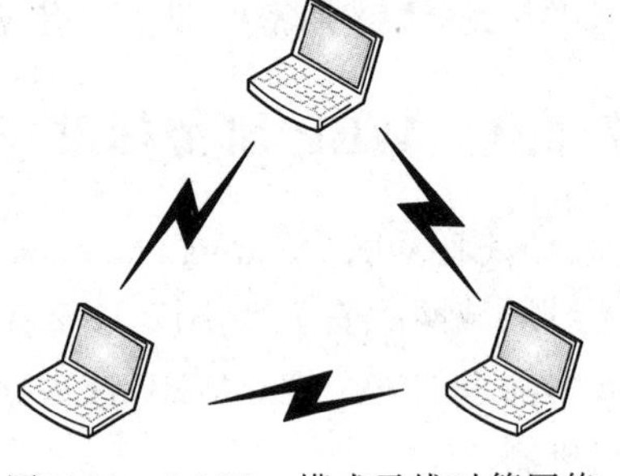

图 7-10　Ad-Hoc 模式无线对等网络

7.4.2　infrastructure 模式

infrastructure 模式有一个中心无线 AP,作为固定基站,所有站点均与无线 AP 连接,所有站点对资源的访问由无线 AP 统一控制。基础结构模式是无线局域网最为普遍的组网模式,网络性能稳定、可靠,并且可以连接一定数量的用户。通过中心无线 AP,还可以把无线局域网与有线网络连接起来,如图 7-11 所示。

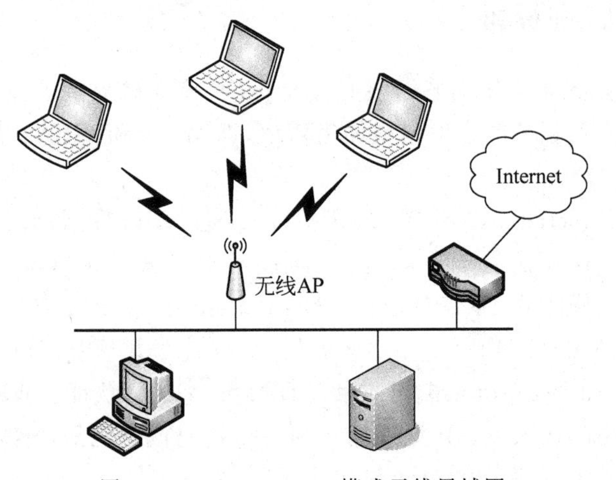

图 7-11　infrastructure 模式无线局域网

7.5 服务集标识

服务集标识(service set identifier,SSID)用来区分不同的无线局域网,最多可以有32个字符,无线网卡设置了不同的SSID就可以进入不同的无线局域网。SSID通常由AP广播出来,通过操作系统自带的扫描功能可以查看当前区域内的SSID。出于安全考虑,可以不广播SSID,此时用户就要手工设置SSID才能进入相应的网络。简单地说,SSID就是一个无线局域网的名称,只有设置为相同SSID值的计算机才能互相通信。

7.6 无线加密标准

目前,无线加密标准主要有WEP、WPA、WPA2和WPA3这4种。

7.6.1 WEP加密标准

WEP(wired equivalent privacy,有线等效保密)是IEEE 802.11b标准定义的一个用于无线局域网的安全性协议,主要用于无线局域网业务流的加密和节点的认证,提供和有线局域网同级的安全性。WEP在数据链路层采用RC4算法,提供了长度为64位和128位的密钥机制。

WEP定义了两种身份验证的方法:开放系统和共享密钥。在默认的开放系统方法中,用户即使没有提供正确的WEP密钥也能接入访问接入点AP,共享密钥方法需要用户提供正确的WEP密钥才能通过身份验证,使用了该技术的无线局域网,所有无线客户端与AP之间的数据都会以一个共享的密钥进行加密。WEP的问题在于加密密钥是静态的,加密方式存在缺陷,而且需要为每台无线设备分别设置密钥,部署起来比较麻烦,因此,不适合用于安全等级要求较高的无线网络。

7.6.2 WPA加密标准

IEEE 802.11i定义了无线局域网核心安全标准,该标准提供了强大的加密、认证和密钥管理措施。该标准包括了两个增强型加密协议,即WPA和WPA2,用于对WEP中的已知问题进行弥补。

WPA(Wi-Fi protected access,Wi-Fi保护接入)是Wi-Fi联盟制定的安全解决方案,能够解决已知的WEP存在的脆弱性问题,并且能够对已知的无线局域网攻击提供防护。WPA使用基于RC4算法的TKIP(temporal key integrity protocol,临时密钥完整性协议)进行加密,使用WPA-PSK(WPA pre-shared key,WPA预共享密钥)和IEEE 802.1x/EAP(extensible authentication protocol,可扩展认证协议)来进行认证。WPA-PSK认证是通过检查无线客户端和访问接入点AP是否拥有同一个密码或密码短语来实现的,如果客户端的密码和AP的密码相同,客户端就会得到认证。

7.6.3 WPA2 加密标准

WPA2 是 WPA 的升级版，支持 AES(advanced encryption standard，高级加密标准)和 CCMP(counter CBC-MAC protocol，计数器模式密码块链消息完整码协议)，安全性更高，也支持 WPA2-PSK 和 IEEE 802.1x/EAP 的认证方式，但不支持 TKIP 加密方式。

WPA 和 WPA2 有两种工作模式，以满足不同类型的市场需求。

(1) 个人模式：可以通过 PSK 认证无线产品；需要手动将预共享密钥配置在 AP 和无线客户端上，无须使用认证服务器；适用于 SOHO 环境。

(2) 企业模式：可以通过 PSK 和 IEEE 802.1x/EAP 认证无线产品；在使用 IEEE 802.1x 进行认证、密钥管理和集中管理用户证书时，需要添加使用 RADIUS 协议的 AAA 服务器；适用于企业环境。

7.6.4 WPA3 加密标准

Wi-Fi 联盟在 2018 年发布了 WPA3 安全协议，为取代 WPA2 和旧的安全协议提供了更安全可靠的方法。WPA2 的基本缺点是，不完美的四方握手和使用 PSK(预共享密钥)使 Wi-Fi 连接存在风险。WPA3 进一步提高了安全性，使通过猜测密码进入网络变得更加困难。

WPA3 主要提供了 4 项新功能。

(1) 对使用弱密码的用户采取“强有力的保护”。如果多次输入错误的密码，那么将锁定攻击行为，屏蔽 Wi-Fi 身份验证过程，以防止暴力攻击。

(2) WPA3 将简化显示接口受限，甚至包括不具备显示接口的设备的安全配置流程；能够使用附近的 Wi-Fi 设备作为其他设备的配置面板，为物联网设备提供更好的安全性。例如，用户能够使用他的手机或平板电脑来配置其他没有屏幕的设备(如智能锁、智能灯泡等小型物联网设备)的 Wi-Fi WPA3 选项(密码、凭证等)，而不是将其开放给任何人访问和控制。

(3) 在接入开放性网络时，通过个性化数据加密增强用户隐私的安全性，这是对每台设备与路由器或接入点之间的连接进行加密的一个特征。

(4) WPA3 的密码算法提升至 192 位的 CNSA 等级算法，与之前的 128 位加密算法相比，CNSA 等级算法增加了字典法暴力破解密码的难度。WPA3 使用新的握手重传方法取代 WPA2 的四次握手，Wi-Fi 联盟将其描述为“192 位安全套件”。该套件与美国国家安全系统委员会国家商用安全算法(CNSA)套件相兼容，可以进一步保护政府、国防和工业等更高安全要求的 Wi-Fi 网络。

7.7 实　　训

就无线局域网本身而言，其组建过程是非常简单的。当一块无线网卡与无线 AP(或是另一块无线网卡)建立连接并实现数据传输时，一个无线局域网便完成了组建过程。然而考虑到实际应用时，数据共享并不是无线局域网的唯一用途，大部分用户更希望组建一个能够接入 Internet 并实现网络资源共享的无线局域网,此时,Internet 的连接方式以及无线局域网的配置在组网过程中显得尤为重要。

家庭无线局域网的组建,最简单的莫过于两台安装有无线网卡的计算机进行无线互联,其中一台计算机还可接入 Internet。此时,可组建一个基于 Ad-Hoc 模式的无线局域网,总花费也不过几百元(视无线网卡品牌及型号而定)。其缺点主要有使用范围小、信号差、功能少、使用不方便等。

使用更为普遍的还是基于 Infrastructure 模式的无线局域网,其信号覆盖范围较大,功能更多、性能更加稳定可靠。

7.7.1 实训1:组建 Ad-Hoc 模式无线对等网络

实训1:组建 Ad-Hoc 模式无线对等网络

1. 实训目标

(1) 熟悉无线网卡的安装。

(2) 组建 Ad-Hoc 模式无线对等网络,熟悉无线对等网络的配置过程。

2. 完成实训所需的设备和软件

(1) 安装 Windows 10 操作系统的计算机 2 台(PC1 和 PC2)。

(2) 无线网卡 2 块(USB 端口、TP-LINK TL-WN821N)。

3. 网络拓扑结构

为了完成本次实训,搭建了如图 7-12 所示的拓扑结构。

图 7-12 Ad-Hoc 模式无线对等网络的拓扑结构

4. 实施步骤

1) 安装无线网卡及其驱动程序

步骤 1:安装无线网卡硬件。把 USB 端口的无线网卡插入 PC1 计算机的 USB 端口中。

步骤 2:安装无线网卡驱动程序。安装好无线网卡硬件后,Windows 10 操作系统会自动识别到新硬件,提示开始安装驱动程序。安装无线网卡驱动程序的方法和安装有线网卡驱动程序的方法类似,这里不再赘述。

2) 配置 PC1 计算机的无线网络

步骤 1:先在 PC1 计算机上运行 cmd 命令,再在打开的窗口中运行 netsh wlan show drivers 命令,结果如图 7-13 所示,可见"支持的承载网络"为"是",这说明该无线网卡支持 Ad-Hoc 模式,否则不能组建 Ad-Hoc 模式无线对等网络。

步骤 2:运行 netsh wlan set hostednetwork mode=allow ssid=test key=12345678 命令,启用虚拟无线网卡,其中,test 是无线网络名称,12345678 是无线网络密钥。

步骤 3:运行 netsh wlan start hostednetwork 命令,启用无线网络,如图 7-14 所示。

步骤 4:在"网络连接"窗口中可以看到创建的虚拟无线网卡"本地连接 * 9",如图 7-15

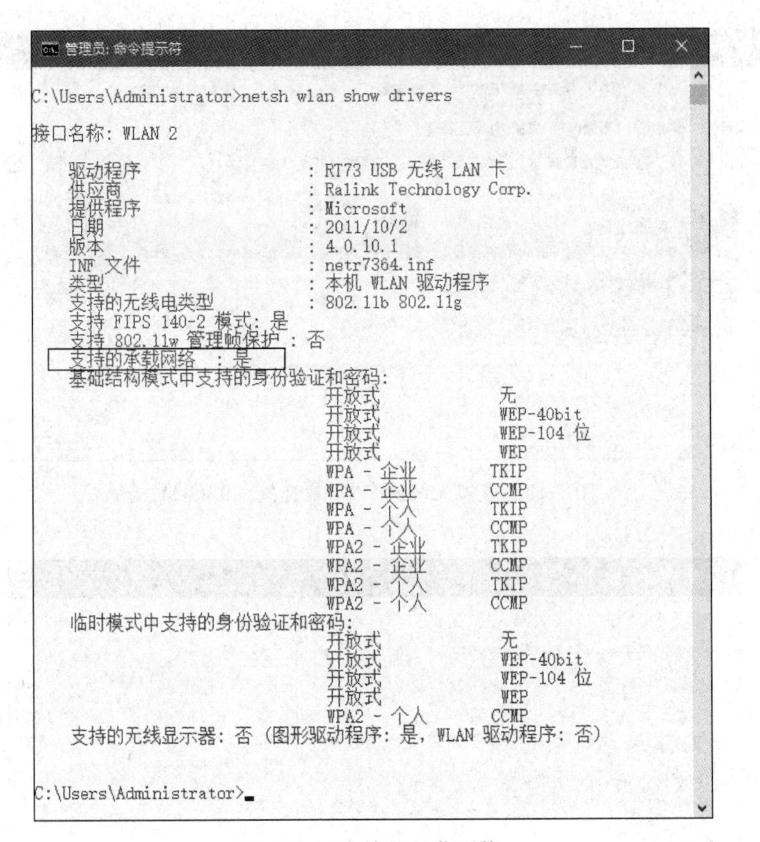

图 7-13　支持的承载网络

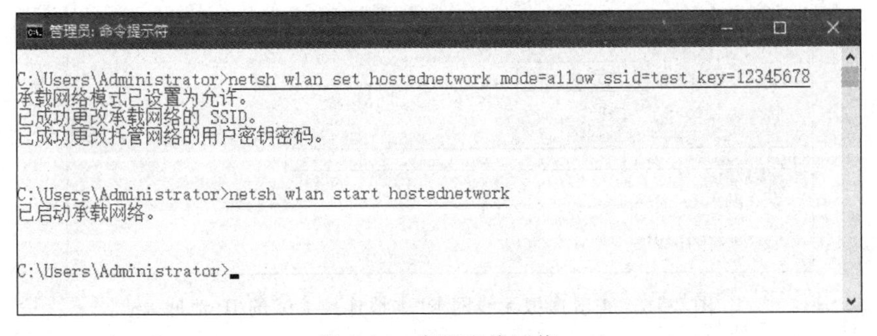

图 7-14　启用无线网络

所示。

步骤 5：运行 ipconfig 命令，可见看到虚拟无线网卡“本地连接 * 9”的 IP 地址为 192.168.137.1，如图 7-16 所示。

3）配置 PC2 计算机的无线网络

步骤 1：在 PC2 计算机中安装无线网卡，并安装该无线网卡的驱动程序。

步骤 2：单击桌面任务栏中的“网络连接”图标，在打开的列表中选择 test 无线连接，如图 7-17 所示。

步骤 3：单击“连接”按钮，输入网络安全密钥 12345678，如图 7-18 所示。

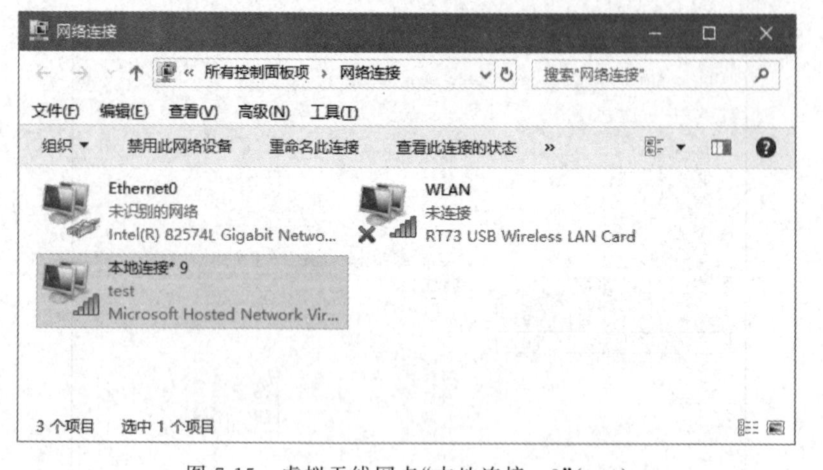

图 7-15 虚拟无线网卡“本地连接 * 9”(test)

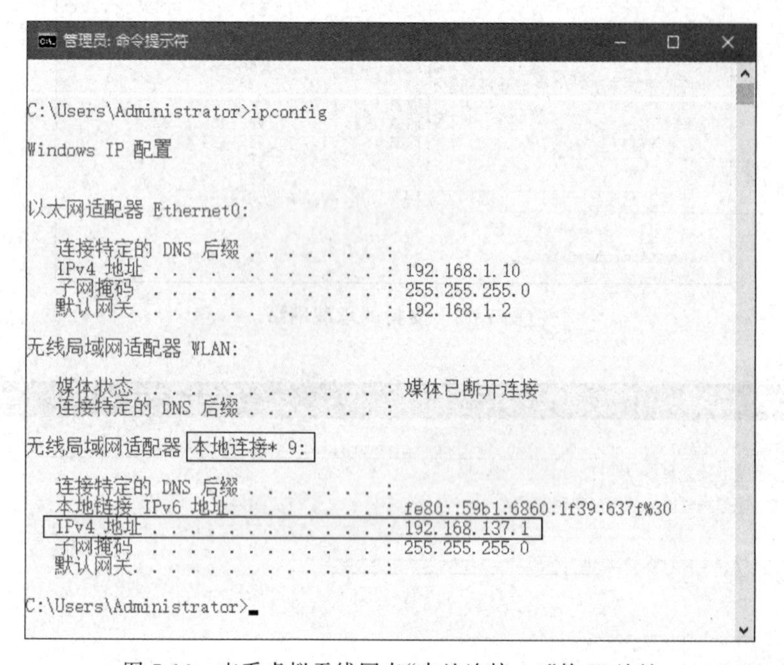

图 7-16 查看虚拟无线网卡“本地连接 * 9”的 IP 地址

步骤 4：单击“下一步”按钮，显示“想要允许你的电脑被此网络上的其他电脑和设备发现吗?”提示信息，单击“是”按钮，如图 7-19 所示。

步骤 5：稍候片刻，显示 test 已连接，如图 7-20 所示。

4）测试网络的连通性

步骤 1：在 PC2 计算机上运行 ipconfig 命令，结果如图 7-21 所示，无线网卡的 IP 地址为 192.168.137.210。

步骤 2：测试与 PC1 计算机的连通性。在 PC2 计算机上运行 ping 192.168.137.1 命令，结果如图 7-22 所示，表明 PC2 计算机与 PC1 计算机的连通性良好。

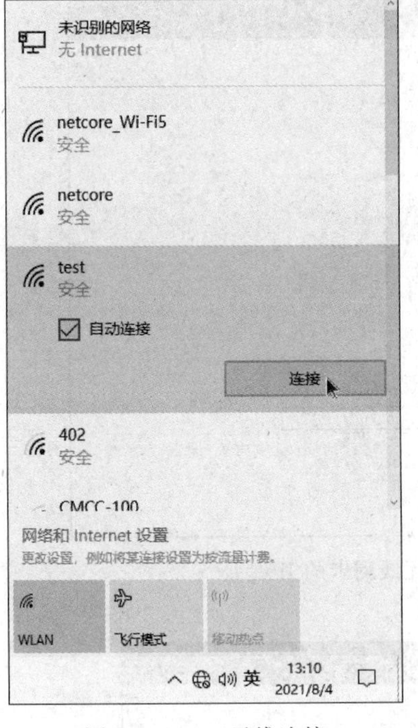

图 7-17　test 无线连接

图 7-18　输入网络安全密钥

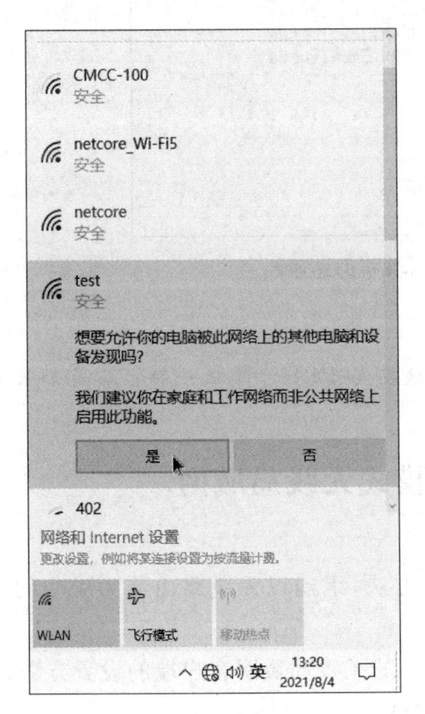

图 7-19　提示信息

图 7-20　test 已连接

步骤 3：测试与 PC2 计算机的连通性。在 PC1 计算机上运行 ping 192.168.137.210 命令，测试与 PC2 计算机的连通性。

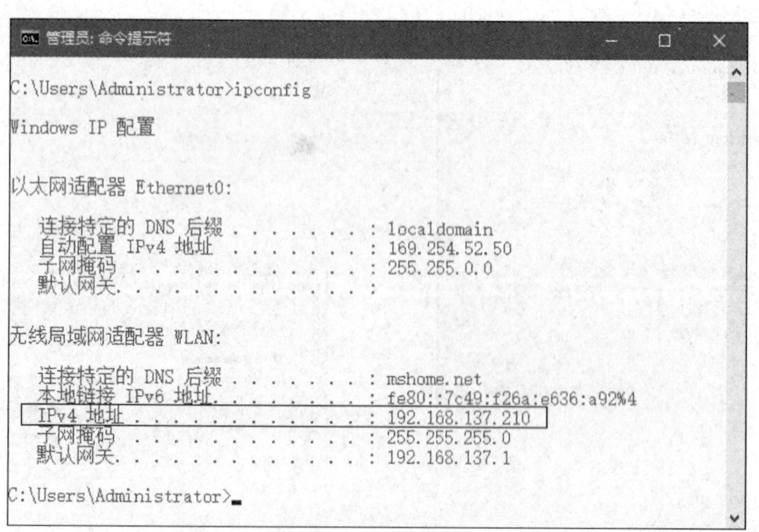

图 7-21　查看 PC2 计算机无线网卡的 IP 地址

```
C:\Users\Administrator>ping 192.168.137.1

正在 Ping 192.168.137.1 具有 32 字节的数据:
来自 192.168.137.1 的回复: 字节=32 时间=2ms TTL=64
来自 192.168.137.1 的回复: 字节=32 时间=1ms TTL=64
来自 192.168.137.1 的回复: 字节=32 时间=1ms TTL=64
来自 192.168.137.1 的回复: 字节=32 时间=5ms TTL=64

192.168.137.1 的 Ping 统计信息:
    数据包: 已发送 = 4, 已接收 = 4, 丢失 = 0 (0% 丢失),
往返行程的估计时间(以毫秒为单位):
    最短 = 1ms, 最长 = 5ms, 平均 = 2ms

C:\Users\Administrator>
```

图 7-22　测试与 PC1 计算机的连通性

至此,完成无线对等网络的配置。

【说明】 一是 PC2 计算机中的安全密钥必须要与 PC1 计算机一样;二是如果无线网络连接不通,尝试关闭防火墙。

7.7.2　实训 2:组建 infrastructure 模式无线局域网

实训 2:组建 infrastructure 模式无线局域网

1. 实训目标

(1) 熟悉无线路由器的设置方法,组建以无线路由器为中心的无线局域网。

(2) 熟悉以无线路由器为中心的无线局域网客户端的设置方法。

2. 完成实训所需的设备和软件

(1) 安装 Windows 10 操作系统的计算机 3 台(PC1、PC2、PC3)。

(2) 无线路由器 1 个(TP-LINK TL-WR842N)。

(3) 无线网卡 3 块(USB 端口、TP-LINK TL-WN821N)、直通线 2 根。

3. 网络拓扑结构

为了完成本实训,搭建了如图 7-23 所示的拓扑结构。

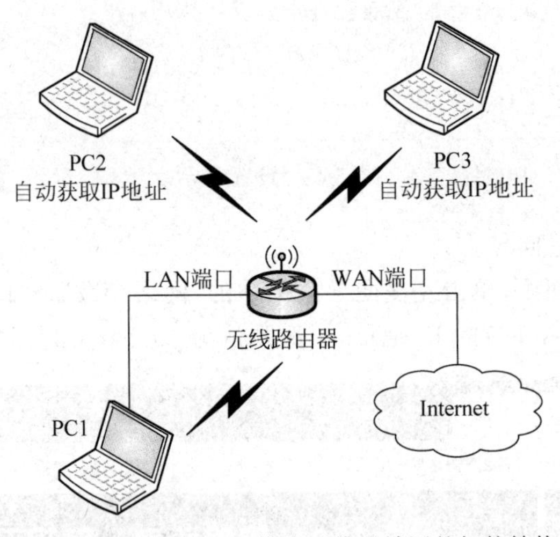

图 7-23 infrastructure 模式无线局域网的拓扑结构

4. 实施步骤

1) 配置无线路由器

步骤 1: 将连接外部网络(如 Internet)的直通线接入无线路由器的 WAN 端口,将另一根直通线的一端接入无线路由器的 LAN 端口,另一端接入 PC1 计算机的有线网卡端口。

步骤 2: 设置 PC1 计算机有线网卡的 IP 地址为 192.168.1.10,子网掩码为 255.255.255.0,默认网关为 192.168.1.1。

步骤 3: 在浏览器的地址栏中输入 192.168.1.1,打开无线路由器登录界面,在"用户名"文本框中输入 admin,在"密码"文本框中输入 admin,如图 7-24 所示,单击"确定"按钮后,进入设置界面。

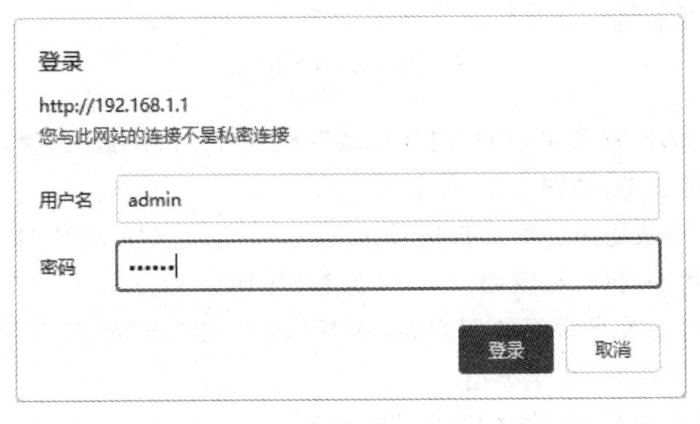

图 7-24 无线路由器登录界面

【说明】 无线路由器的 LAN 端口的 IP 地址一般为 192.168.1.1,用户名和密码均为 admin,可查阅无线路由器的说明书。

步骤 4: 进入设置界面以后,通常都会弹出一个设置向导的界面,如图 7-25 所示,设置向导可以设置上网所需的基本网络参数。对于有一定经验的用户,可自己详细设置某项功

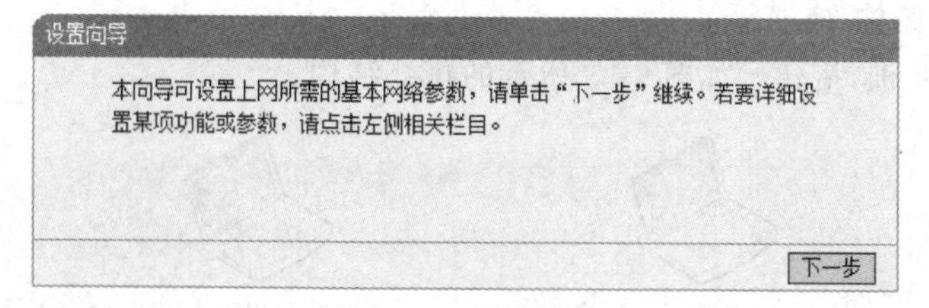

图 7-25　设置向导

能或参数,这里不会设置向导。

步骤 5:在设置界面中,单击左侧向导菜单中的“网络参数”→“LAN 口设置”选项后,在右侧对话框中可设置 LAN 口的 IP 地址,一般默认为 192.168.1.1,如图 7-26 所示。

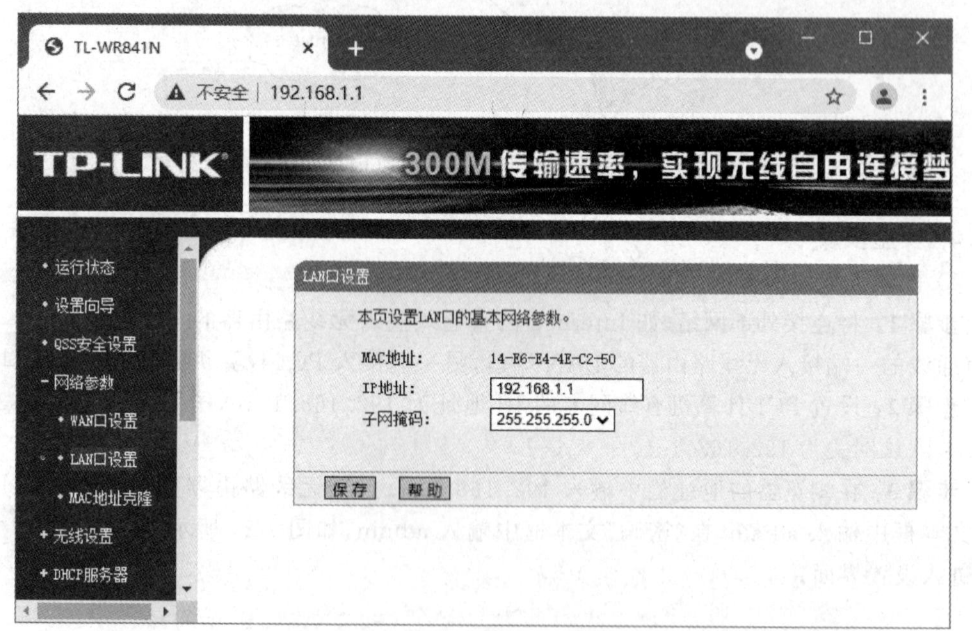

图 7-26　LAN 口设置

步骤 6:单击左侧向导菜单中的“网络参数”→“WAN 口设置”选项,在右侧对话框中可设置 WAN 口的连接类型,如图 7-27 所示。

对于家庭用户,一般通过光纤虚拟拨号接入互联网,应选择 PPPoE 连接类型,输入服务商提供的上网账号和上网口令(密码),单击“保存”按钮。

对于通过局域网接入互联网的用户,应选择“动态 IP”或“静态 IP”(需设置静态 IP 地址、子网掩码和网关等参数)连接类型。

步骤 7:单击左侧向导菜单中的“DHCP 服务器”→“DHCP 服务”选项,选中“启用”单选按钮,设置 IP 地址池的开始地址为 192.168.1.100,结束地址为 192.168.1.199,网关为 192.168.1.1。还可设置主 DNS 服务器和备用 DNS 服务器的 IP 地址,如中国电信的 DNS 服务器为 60.191.134.196 或 60.191.134.206,如图 7-28 所示,单击“保存”按钮。

【注意】 是否需要设置 DNS 服务器应向互联网服务提供商(ISP)咨询,有时 DNS 服务器不需要自行设置。

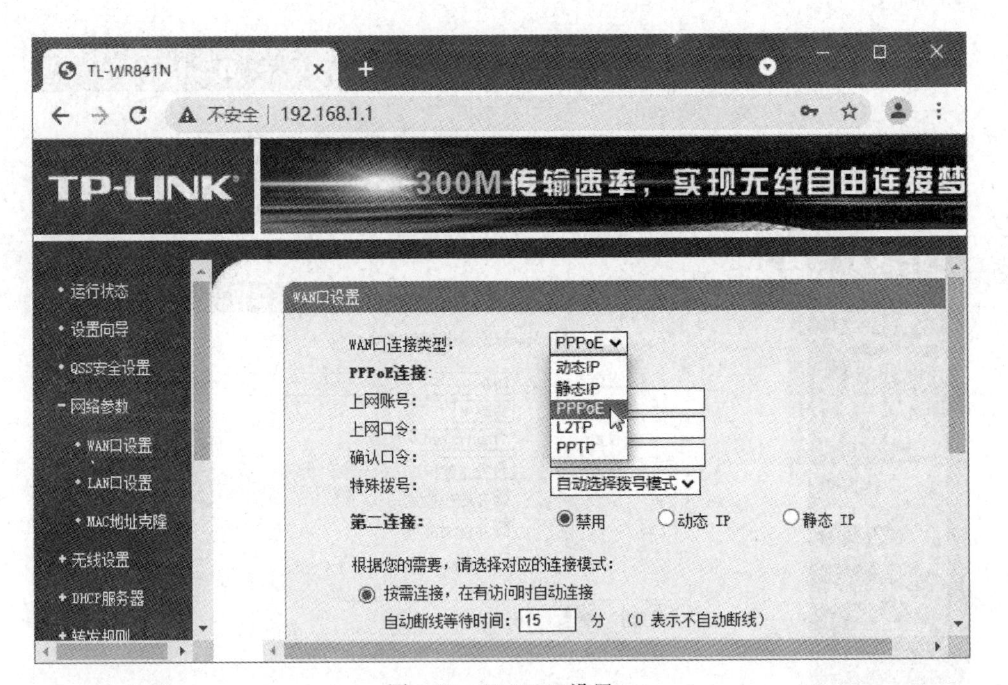

图 7-27　WAN 口设置

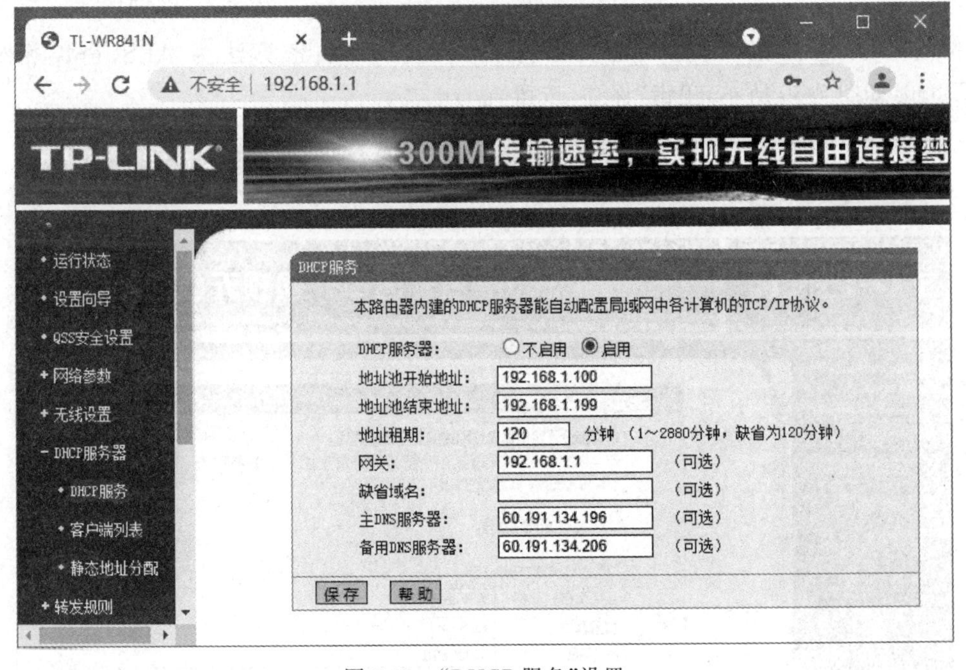

图 7-28　“DHCP 服务”设置

步骤 8：单击左侧向导菜单中的“无线设置”→“基本设置”选项，设置无线局域网的 SSID 号为 tzkjy，“信道”为自动，“模式”为 11bgn mixed，“频段带宽”为自动，选中“开启无线功能”和“开启 SSID 广播”复选框，如图 7-29 所示，单击“保存”按钮。

步骤 9：单击左侧向导菜单中的“无线设置”→“无线安全设置”选项，选中 WPA-PSK/

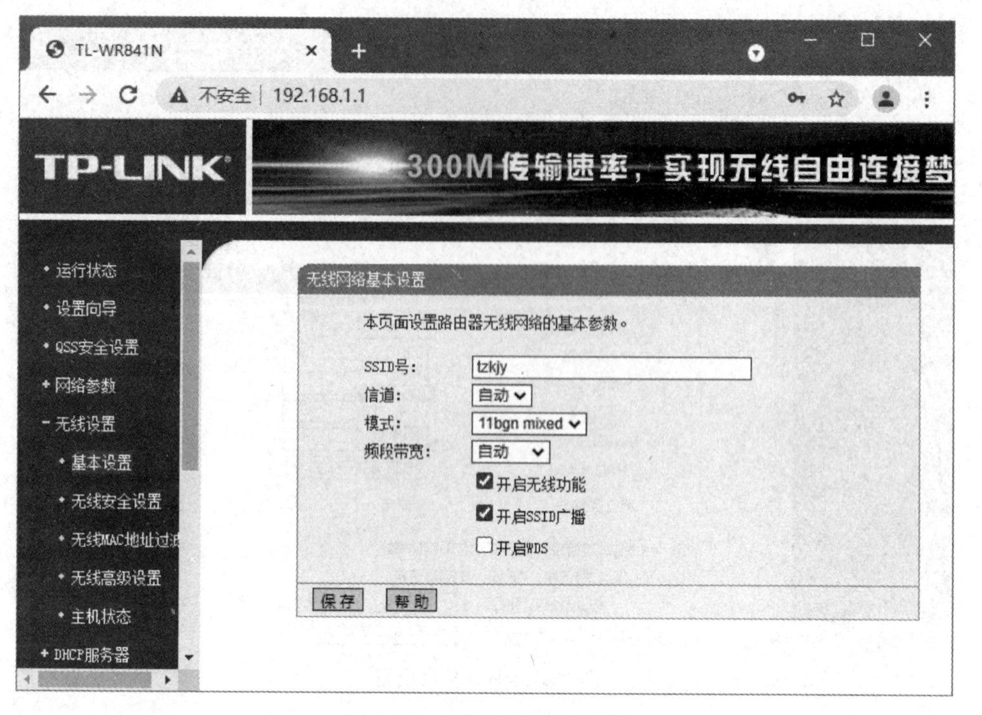

图 7-29　无线网络基本设置

WPA2-PSK 单选按钮，设置认证类型为 WPA2-PSK，加密算法为 AES，PSK 密码为 84082890，如图 7-30 所示，单击“保存”按钮。

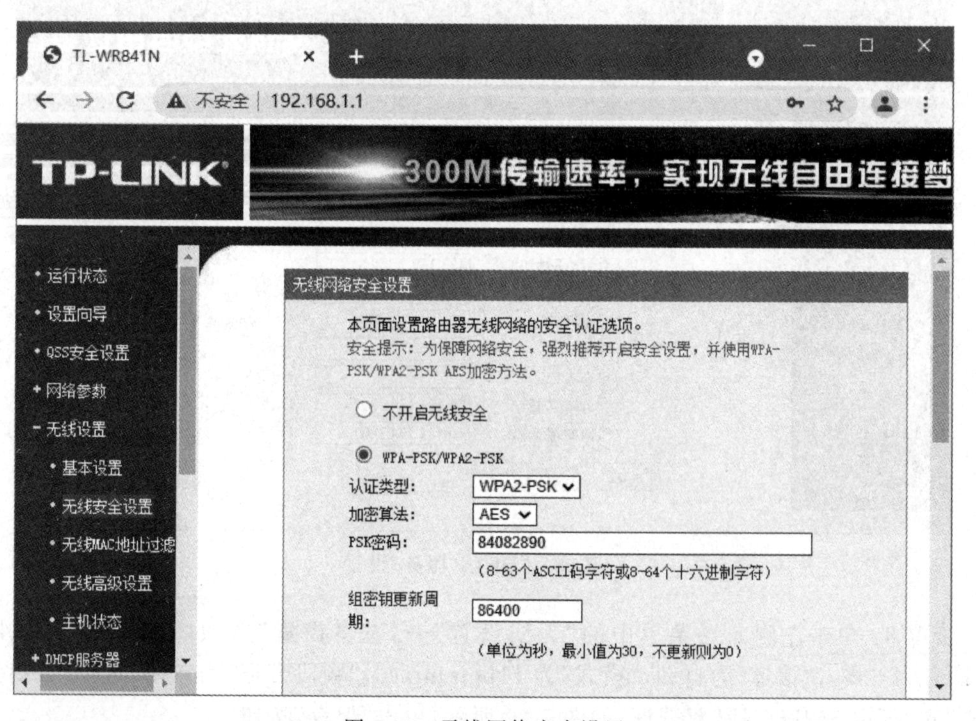

图 7-30　无线网络安全设置

【注意】 WEP 加密经常在型号老的无线网卡上使用，新的 IEEE 802.11n 标准不支持 WEP 加密方式。所以，如果选择了 WEP 加密方式，那么无线路由器可能工作在较低的传输速率上。建议使用 WPA2-PSK 等级及以上的 AES 加密。

步骤 10：单击左侧向导菜单中的“运行状态”选项，可以查看无线路由器的当前状态（包括版本信息、LAN 口状态、无线状态、WAN 口状态、WAN 口流量统计等状态信息），如图 7-31 所示。

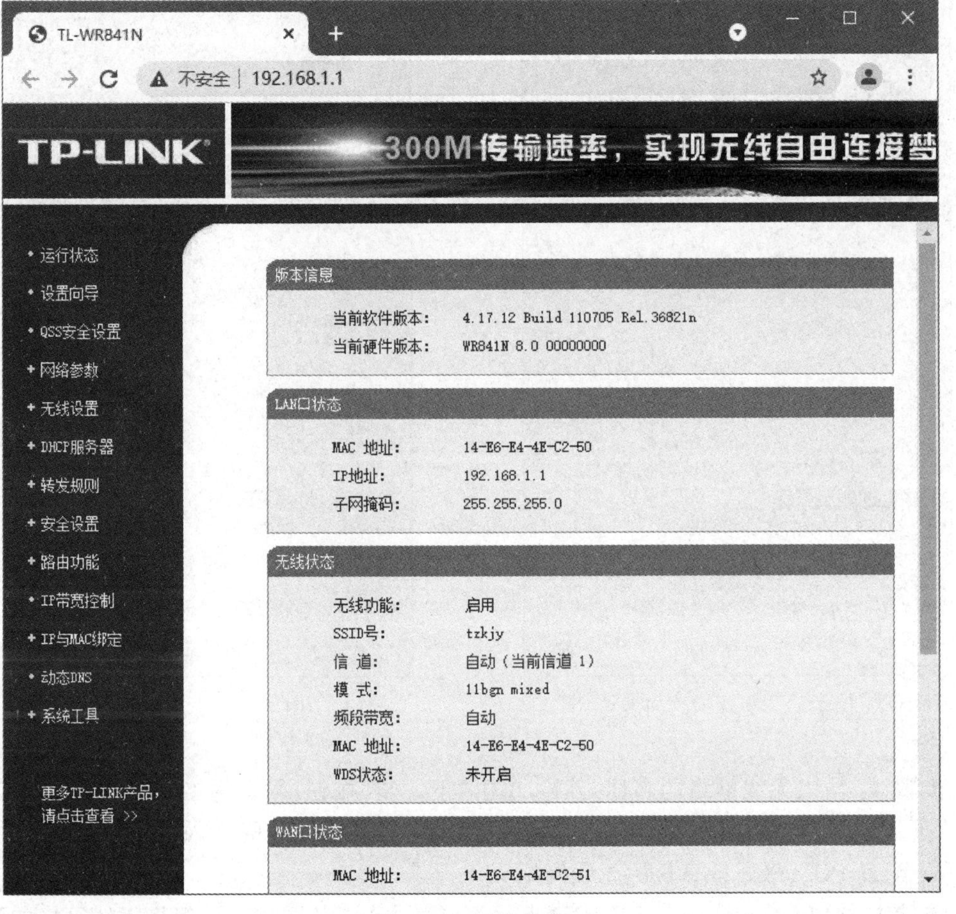

图 7-31　运行状态

步骤 11：至此，无线路由器的设置基本完成，重新启动无线路由器，使以上设置生效。然后拔除 PC1 计算机到无线路由器之间的直通线。

下面设置 PC1、PC2、PC3 计算机的无线网络。

2）配置 PC1 计算机的无线网络

在安装 Windows 10 操作系统的计算机中，能够自动搜索到当前可用的无线网络。

步骤 1：在 PC1 计算机上安装无线网卡和相应的驱动程序后，设置该无线网卡自动获得 IP 地址。

步骤 2：单击桌面右下角的“网络连接”图标，在打开的无线网络列表中单击 tzkjy 连接，展开该连接，单击该连接下的“连接”按钮，如图 7-32 所示，按要求输入密钥就可以连接无线网络。

步骤3：对于隐藏的无线连接可以采用如下设置。单击桌面右下角的"网络连接"图标，在打开的无线网络列表中单击"隐藏的网络"连接，展开该连接，单击该连接下的"连接"按钮，如图7-33所示。

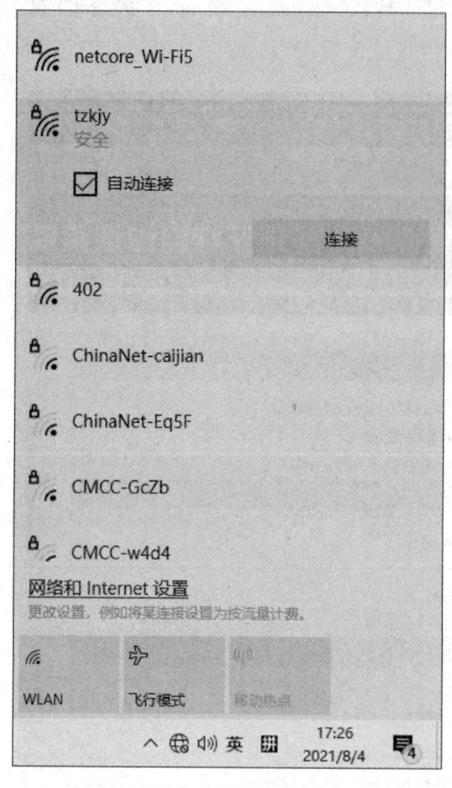

图7-32　无线网络列表

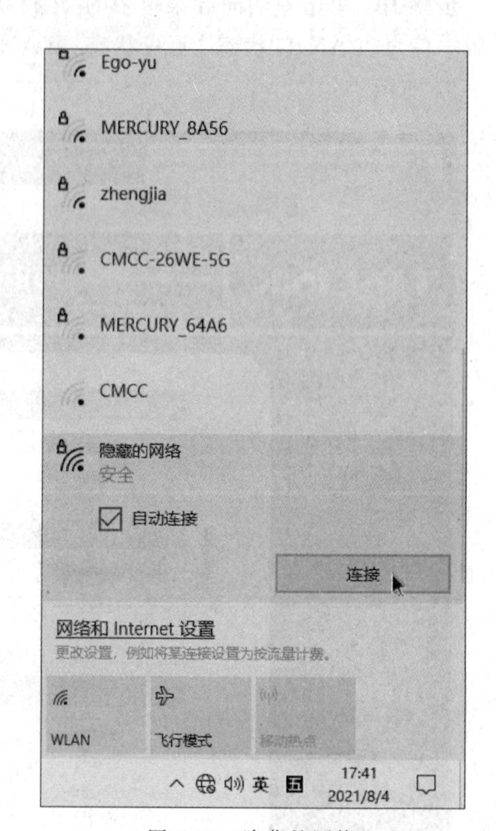

图7-33　隐藏的网络

步骤4：输入无线网络的名称tzkjy，单击"下一步"按钮，输入网络安全密钥84082890，单击"下一步"按钮，再单击"是"按钮，稍候片刻就可以连接无线网络，如图7-34所示。

3）配置PC2、PC3计算机的无线网络

步骤1：在PC2计算机上重复配置无线网络的方法，完成PC2计算机无线网络的配置。

步骤2：在PC3计算机上重复配置无线网络的方法，完成PC3计算机无线网络的配置。

4）测试网络的连通性

步骤1：在PC1、PC2、PC3计算机上分别运行ipconfig命令，查看并记录PC1、PC2、PC3计算机无线网卡的IP地址。

PC1计算机无线网卡的IP地址是______________________。

PC2计算机无线网卡的IP地址是______________________。

PC3计算机无线网卡的IP地址是______________________。

步骤2：在PC1计算机上，依次运行"ping PC2计算机无线网卡的IP地址"和"ping PC3计算机无线网卡的IP地址"命令，测试与PC2、PC3计算机的连通性。

步骤3：在PC2计算机上，依次运行"ping PC1计算机无线网卡的IP地址"和"ping

图 7-34　已连接无线网络

PC3 计算机无线网卡的 IP 地址"命令，测试与 PC1、PC3 计算机的连通性。

步骤 4：在 PC3 计算机上，依次运行"ping PC1 计算机无线网卡的 IP 地址"和"ping PC2 计算机无线网卡的 IP 地址"命令，测试与 PC1、PC2 计算机的连通性。

7.8　习　　题

一、选择题

1. IEEE 802.11 标准定义了(　　)。

A. 无线局域网技术规范　　B. 电缆调制解调器技术规范
C. 光纤局域网技术规范　　D. 宽带网络技术规范

2. IEEE 802.11b 定义了使用跳频扩频技术的无线局域网标准，传输速率为 1Mbps、2Mbps、5.5Mbps 与(　　)Mbps。

A. 10　　B. 11　　C. 20　　D. 54

3. 下面关于 Ad-Hoc 网络的描述中，错误的是(　　)。

A. 没有固定的路由器　　B. 需要基站
C. 具有动态搜索能力　　D. 适用于紧急救援等场合

4. IEEE 802.11 技术和蓝牙技术可以共同使用的无线信道频点是(　　)。

A. 800MHz　　B. 2.4GHz　　C. 5GHz　　D. 10GHz

5. 下面关于无线局域网的描述中,错误的是(　　)。

A. 采用无线电波作为传输介质　　B. 可以作为传统局域网的补充

C. 可以支持100Gbps的传输速率　　D. 协议标准是IEEE 802.11

6. 无线局域网中使用的SSID是(　　)。

A. 无线局域网的设备名称　　B. 无线局域网的标识符号

C. 无线局域网的入网口令　　D. 无线局域网的加密符号

二、填空题

1. 在WLAN无线局域网中,________是最早发布的基本标准,________和________标准的传输速率都达到了54Mbps,________和________标准是工作在免费的2.4GHz频段上的。

2. ________标准可以将WLAN的传输速率由IEEE 802.11a及IEEE 802.11g提供的54Mbps,提高到________ Mbps甚至高达600Mbps。

3. ________标准是在IEEE 802.11a标准之上建立起来的,使用________ GHz频段,最终理论传输速度将由IEEE 802.11n最高的600Mbps跃升至________ Gbps,足以在一条信道上同时传输多路压缩视频流。

4. ________标准可以提供4倍IEEE 802.11ac标准规定的设备终端接入数量,在密集接入场合可以提供更好的性能,传输速率可达9.6Gbps。

5. 在无线局域网中,除了IEEE 802.11x系列标准外,其他的还有________和________等几种无线局域网技术。

6. ________技术主要应用于手机、笔记本电脑等数字终端设备之间的通信和这些设备与Internet的连接,其最高数据传输速率为________ Mbps,最大传输距离为________ m。

7. 无线局域网的组网模式有________和________。

三、简答题

1. 无线局域网的物理层有哪些标准?

2. 常用的无线局域网接入设备有哪些?它们分别有什么功能?

3. 无线局域网的网络结构有哪几种?

4. 在无线局域网和有线局域网连接中,无线AP和交换机采用何种连接方式及提供了什么样的功能?

四、实践操作题

假如你家原有一台台式计算机通过Modem拨号上网(Modem不带路由功能),现又拥有一台笔记本电脑,想在每个房间都能方便地使用该笔记本电脑上网,你该如何做才能实现自己的想法?

(1) 需要添加一些硬件设备,如无线网卡、________(假设其IP地址为192.168.1.1)。

(2) 局域网的拓扑结构为________。

(3) 在表7-2中,填写每台计算机的IP地址、子网掩码、网关和工作组。

表7-2　参数设置

计算机	IP地址	子网掩码	网关	工作组
台式机				
笔记本				

(4) 测试本机 TCP/IP 是否正确安装。

ping ________________________

(5) 测试台式计算机与无线路由器之间是否连通。

ping ________________________

(6) 测试与笔记本电脑是否连通。

ping ________________________

(7) 如何设置可提高无线局域网的安全?

第8章　互联网接入技术

(1) 了解常见的互联网接入技术。

(2) 理解代理服务器和网络地址转换的工作过程。

(3) 掌握局域网通过宽带路由器接入 Internet 的设置方法。

(4) 掌握局域网通过“移动热点”接入 Internet 的设置方法。

8.1　常见的互联网接入技术

互联网接入技术的研究内容是如何将远程的计算机或计算机网络以合适的性能价格比接入互联网。由于网络接入通常需要借助某些广域网来完成，因此，在接入之前，必须认真考虑接入效率、接入费用等诸多问题。

接入 Internet 的技术有很多种，必须借助 ISP(Internet service provider，互联网服务提供商)将自己的计算机接入 Internet。常见的 Internet 接入技术有公用电话交换网(PSTN)拨号接入、非对称数字线路(ADSL)接入、混合光纤/同轴电缆(HFC)接入、光纤接入、通过代理服务器接入等。

其他互联网接入方式还有专线接入、无线上网接入、电力线上网接入等。

8.1.1　PSTN 接入

PSTN 接入技术是利用 PSTN 通过调制解调器拨号实现用户接入的技术。电话网传输的是模拟信号(音频信号)，计算机传输的是数字信号，计算机通过电话网接入 Internet 需要通过调制解调器(modem)。一条电话线只能支持一个用户接入，电话线的传输效率比较低，理论上只能提供 33.6kbps 的上行速率和 56kbps 的下行速率。

调制解调器的功能是将数字信号与模拟信号相互转换。

调制：将数字信号转换成模拟信号。

解调：将模拟信号转换为数字信号。

8.1.2　ADSL 接入

ADSL 是在普通电话线上传输高速数字信号的技术。利用 ADSL 调制解调器，数据传输可分为上行和下行两个通道。上行速率为 640kbps～1Mbps，下行速率为 1～8Mbps。下行通道的数据传输速率远远大于上行的数据传输速率(非对称)。

与普通调制解调器相比,ADSL 的速度优势非常明显。另外,用普通调制解调器上网还要支付高昂的电话费。而使用 ADSL 上网,数据信号并不通过电话交换机设备,减轻了电话交换机的负载,使用 ADSL 上网并不需要缴付另外的电话费,而且 ADSL 一般都采用包月的方式,对于经常上网的人来说更划算。

(1) ADSL 的优点。ADSL 是在一条电话线上同时提供了电话和高速数据服务,电话与数据服务互不影响。ADSL 提供高速数据通信能力,为交互式多媒体应用提供了载体。ADSL 的速率远高于普通拨号上网。

(2) ADSL 的接入方式。ADSL 的接入方式主要有虚拟拨号和专线两种方式。虚拟拨号并非是真正的电话拨号,而是用户在计算机上运行一个专用客户端软件,当通过身份验证时,获得一个动态的 IP 地址,即可连通网络,也可以随时断开与网络的连接,费用也与电话服务无关。专线方式是指分配给用户 1 个固定的 IP 地址,不需拨号即可将用户局域网接入互联网,24 小时在线。

(3) 连接结构图。虚拟拨号用户与专线用户的物理连接结构都是一样的,如图 8-1 所示。不同之处在于虚拟拨号用户每次上网前需要通过账号和密码的验证；专线用户则只需一次设置好 IP 地址、子网掩码、DNS 与网关后,即可一直在线。

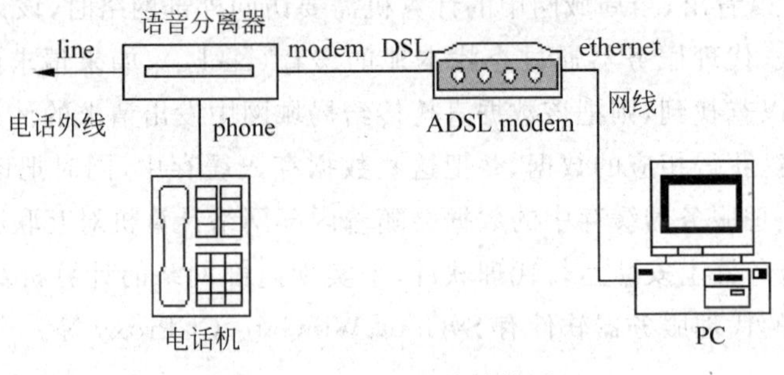

图 8-1　ADSL 连接结构图

8.1.3　HFC 接入

HFC(混合光纤/同轴电缆)网不仅可以提供原来的有线电视业务,而且可以提供语音、数据,以及其他交互型业务。在城市有线电视光缆和同轴电缆混合网上,使用 cable modem 进行数据传输构成宽带接入网。HFC 采用非对称数据传输速率。上行速率为 10Mbps 左右,下行速率为 10～40Mbps。

8.1.4　光纤接入

光纤接入技术就是在接入网中全部或部分采用光纤传输介质,构成光纤用户环路,实现用户高性能宽带接入的一种方案。光纤接入技术可为用户提供 10Mbps 以上的共享带宽,并可以根据用户的需求升级到 100Mbps 以上。它技术成熟、成本低、结构简单、稳定性和扩充性好,便于网络升级,可满足不同层次的人们对信息化的需求。

光纤接入网的接入方式可分为以下六种。

(1) 光纤到路边(fiber to the curb,FTTC)。

(2) 光纤到大楼(fiber to the building,FTTB)。

(3) 光纤到办公室(fiber to the office,FTTO)。

(4) 光纤到楼层(fiber to the floor,FTTF)。

(5) 光纤到小区(fiber to the zone,FTTZ)。

(6) 光纤到户(fiber to the home,FTTH)。

8.1.5 通过代理服务器接入

当用户接入ISP的接入线路只有一条,而用户端有多台计算机需要对互联网进行访问时,通常可以使用代理服务器。代理服务器的英文全称是proxy server,其功能就是代理网络用户去取得网络信息。形象地说,它是网络信息的中转站。

代理服务器是一台配备了两块以太网网卡的服务器,其中一块网卡接入Internet,另一块网卡一般和内部局域网互联,使用代理软件来进行代理业务处理。

连接ISP的网卡要设置ISP提供的公用网络IP地址,用来在互联网上进行路由。而连接内部局域网的网卡要设置私有IP地址,这些私有IP地址主要用于实现内部网络的通信,不能在互联网上进行路由。

从图8-2中可以看出,当局域网中的计算机需要访问外部网络时,该计算机的访问请求被代理服务器截获,代理服务器通过查找本地的缓存(cache),如果请求的数据(如WWW页面)在缓存中可以查找到,则把该数据直接传给局域网中发出请求的计算机;否则代理服务器访问外部网络,获得相应的数据,并把这些数据存入缓存中,同时把该数据发送给发出请求的计算机。代理服务器缓存中的数据会随着内部网络计算机对互联网的访问而不断更新。一般在代理服务器上安装运行代理软件,来实现内部网络的计算机对外部网络访问时的处理过程,常用的代理服务器软件有SyGate、WinGate、CCProxy等。

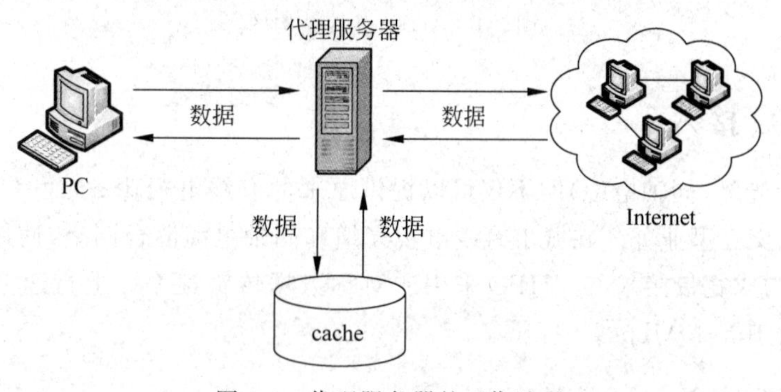

图8-2 代理服务器的工作过程

8.2 网络地址转换

网络地址转换(network address translation,NAT)属接入广域网技术,是一种将私有(保留)地址转换成公用IP地址的转换技术,它被广泛应用于各种类型的Internet接入方式和各种类型的网络中。原因很简单,NAT 不仅完美地解决了 IP 地址不足的问题,而且还能够有效地避免来自网络外部的攻击,隐藏并保护网络内部的计算机。

虽然 NAT 可以借助于某些代理服务器来实现,但考虑到运算成本和网络性能,有时候是在路由器或防火墙上来实现的。

NAT 的工作过程主要有以下 4 步。

(1) 客户机将数据包发送给运行 NAT 的计算机。

(2) NAT 将数据包中的端口号和私有 IP 地址转换成它自己的端口号和公用 IP 地址,然后将数据包发送给外部网络的目的主机,同时记录一个跟踪信息在映像表中,以便向客户机回送应答信息。

(3) 外部网络发送应答信息给 NAT。

(4) NAT 将所收到的数据包的端口号和公用 IP 地址转换为客户机的端口号和内部网络使用的私有 IP 地址并转发给客户机。

以上步骤对于网络内部的客户机和网络外部的主机都是透明的,对它们来说,就如同直接通信一样,如图 8-3 所示。

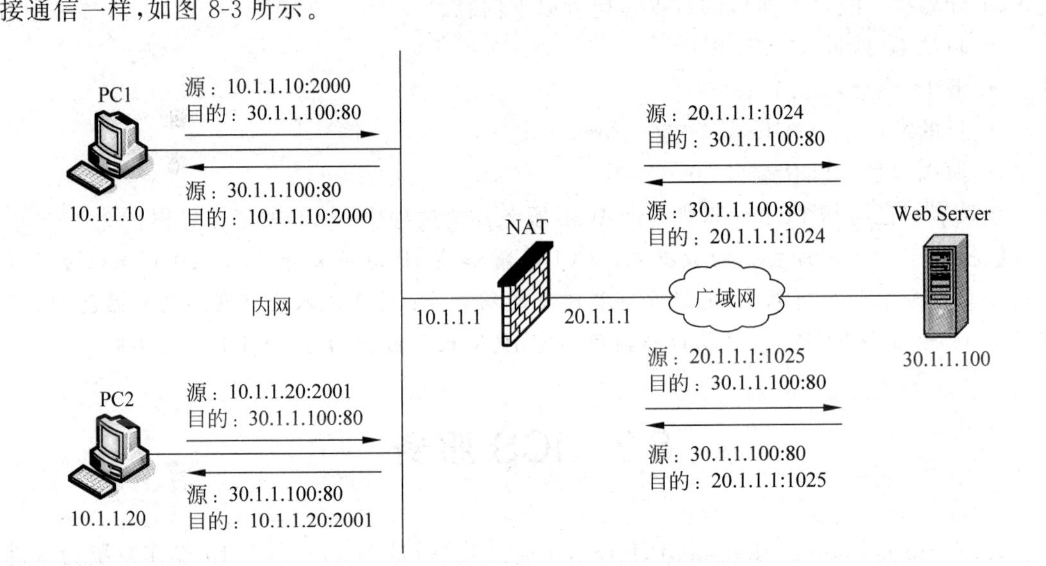

图 8-3　NAT 的工作过程

【案例】

(1) IP 地址为 10.1.1.10 的 PC1 用户使用 Web 浏览器连接到 IP 地址为 30.1.1.100 的 Web 服务器,则 PC1 计算机将创建带有下列信息的 IP 数据包。

- 目的 IP 地址：30.1.1.100。
- 源 IP 地址：10.1.1.10。
- 目的端口号：TCP 端口 80。
- 源端口号：TCP 端口 2000。

(2) IP 数据包转发到运行 NAT 的计算机(或路由器、防火墙)上,它将传出的数据包地址转换成下面的形式,用自己的 IP 地址重新打包后转发。

- 目的 IP 地址：30.1.1.100。
- 源 IP 地址：20.1.1.1。

- 目的端口号：TCP 端口 80。
- 源端口号：TCP 端口 1024。

(3) 同时，NAT 协议在映像表中记录了{10.1.1.10 TCP 2000}到{20.1.1.1 TCP 1024}的映射，以便回传。

(4) 转发的 IP 数据包是通过广域网(Internet)发送到 Web 服务器。Web 服务器的响应信息发回给 NAT 计算机(或路由器、防火墙)。此时，NAT 计算机(或路由器、防火墙)接收到的数据包包含下面的公用 IP 地址信息。

- 目的 IP 地址：20.1.1.1。
- 源 IP 地址：30.1.1.100。
- 目的端口号：TCP 端口 1024。
- 源端口号：TCP 端口 80。

(5) NAT 协议检查转换表，将公用 IP 地址 20.1.1.1 映射到私有 IP 地址 10.1.1.10，将 TCP 端口号 1024 映射到 TCP 端口号 2000，然后将数据包转发给 IP 地址为 10.1.1.10 的 PC1 计算机。映射转换后的数据包包含以下信息。

- 目的 IP 地址：10.1.1.10。
- 源 IP 地址：30.1.1.100。
- 目的端口号：TCP 端口 2000。
- 源端口号：TCP 端口 80。

请读者自己分析 PC2 计算机访问 Web 服务器的过程中 NAT 的工作过程。

【说明】 对于向外发出的数据包，NAT 将源私有 IP 地址和源 TCP/UDP 端口号转换成一个 ISP 分配的公有源 IP 地址和可能改变的端口号；对于流入内部网络的数据包，NAT 将目的 IP 地址和 TCP/UCP 端口转换成私有 IP 地址和最初的 TCP/UDP 端口号。

8.3 ICS 服务

ICS(Internet connection share，Internet 连接共享)是 Windows 7/10 操作系统为家庭网络或小型办公网络接入 Internet 提供的一种服务。ICS 允许网络中有一台计算机通过接入设备连接 Internet，通过启用这台计算机上的 ICS 服务，网络中的其他计算机就可以通过共享这个连接来访问 Internet 上的资源。

ICS 服务器需要安装两块网卡，其中一块网卡用于连接 Internet，另一块网卡用于连接内部网络。ICS 实际上相当于一种网络地址转换器。有了网络地址转换器，家庭网络或小型办公网络中的计算机就可以使用私有 IP 地址，并且通过网络地址转换器将私有 IP 地址转换成 ISP 分配的公有 IP 地址，从而实现对 Internet 的访问。

对于连接 Internet 的网卡，在其属性对话框的“共享”选项卡中选中“允许其他网络用户通过此计算机的 Internet 连接来连接”复选框，如图 8-4 所示。此时，连接内部网络的网卡的 IP 地址自动设置为 192.168.137.1，子网掩码为 255.255.255.0，如图 8-5 所示。内部网络中的其他计算机只要设置为“自动获得 IP 地址”，ICS 服务器就会为它们分配一个 192.168.137.0/24 网段的 IP 地址，实现 Internet 连接共享。

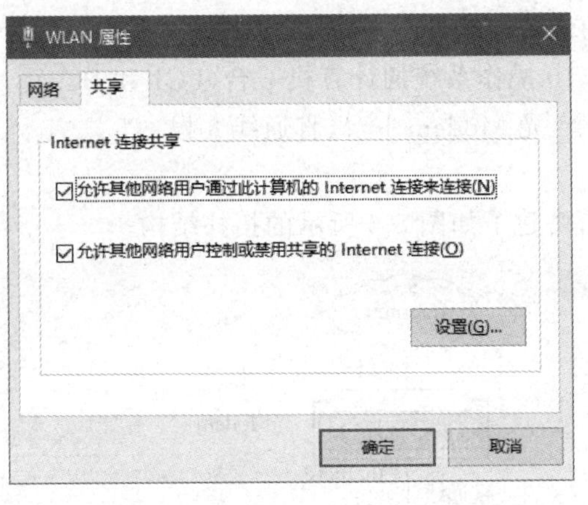

图 8-4　设置 Internet 连接共享

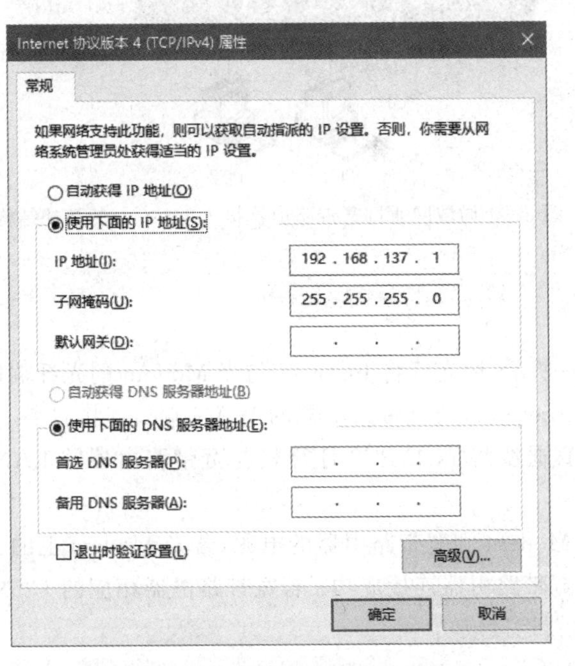

图 8-5　连接内部网络的网卡的 IP 地址

通过使用无线局域网与其他设备共享 Internet 连接，可以将安装了 Windows 10 操作系统的计算机转变为“移动热点”。如果计算机具有手机网络数据连接并且共享该连接，那么它将使用流量套餐数据。

8.4　实　　训

实训 1：局域网通过宽带路由器接入 Internet

8.4.1　实训 1：局域网通过宽带路由器接入 Internet

1. 实训目标

掌握通过宽带路由器接入 Internet 的方法。

2. 完成实训所需的设备和软件

(1) 安装 Windows 10 操作系统的计算机 2 台(PC1 和 PC2)。

(2) 宽带路由器 1 个、光 Modem 1 台、直通线 3 根。

3. 网络拓扑结构

为了完成本次实训,搭建了如图 8-6 所示的拓扑结构。

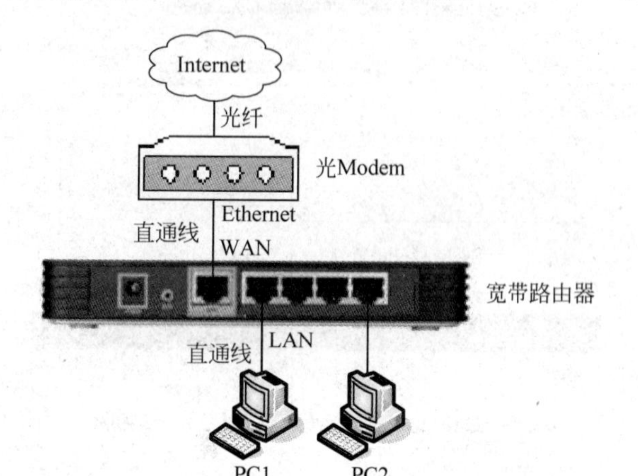

图 8-6　局域网通过宽带路由器接入 Internet 的拓扑结构

4. 实施步骤

1) 硬件连接

步骤 1: 如图 8-6 所示,用光纤将 Internet 与光 Modem 的光纤端口连接起来,用直通线将光 Modem 的 Ethernet 端口与宽带路由器的 WAN 端口连接起来。

步骤 2: 用 2 根直通线将 PC1、PC2 计算机与宽带路由器的 LAN 端口(4 个中的任意 2 个)连接起来。

步骤 3: 打开光 Modem 和宽带路由器的电源,若光 Modem 上的 LAN-Link 指示灯亮,则表明光 Modem 与宽带路由器连接成功;若宽带路由器相应的 LAN 端口指示灯亮,则表明计算机与宽带路由器连接成功。

2) 配置 TCP/IP

多数宽带路由器的默认 IP 地址为 192.168.1.1,可以在设备说明书中查到。计算机与宽带路由器要设置在同一网段中,否则无法通信。

将 PC1 计算机的 IP 地址设置为 192.168.1.10,子网掩码设置为 255.255.255.0。

3) 配置宽带路由器

步骤 1: 在 PC1 计算机的浏览器的地址栏中输入 192.168.1.1,打开宽带路由器登录界面,输入用户名为 admin,密码为 admin,单击"确定"按钮后,进入设置界面。

步骤 2: 宽带路由器一般都有设置向导,如图 8-7 和图 8-8 所示。选中"ADSL 虚拟拨号(PPPoE)"单选按钮后,即可根据向导进入下一步设置,输入已申请的上网账号和上网口令(密码)。

步骤 3: 根据需要还可启用 DHCP 服务。设置 IP 地址池的开始地址为 192.168.1.100,结束地址为 192.168.1.199,网关为 192.168.1.1,主 DNS 服务器为 60.191.134.196,备用 DNS 服务器为 60.191.134.206,如图 8-9 所示。

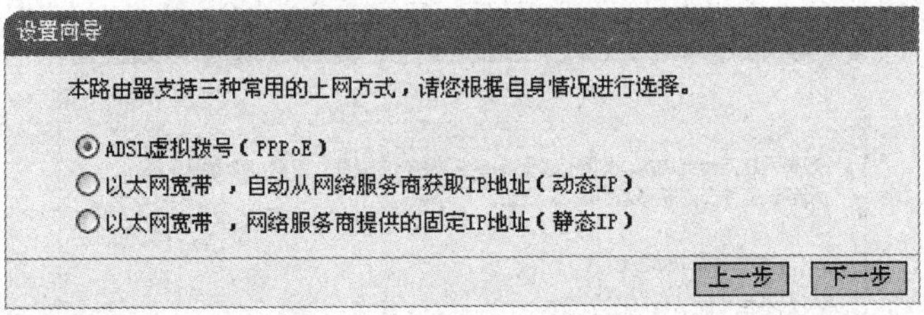

设置向导

本路由器支持三种常用的上网方式，请您根据自身情况进行选择。

◉ ADSL虚拟拨号（PPPoE）
○ 以太网宽带　，自动从网络服务商获取IP地址（动态IP）
○ 以太网宽带　，网络服务商提供的固定IP地址（静态IP）

上一步　下一步

图 8-7　三种常用的上网方式

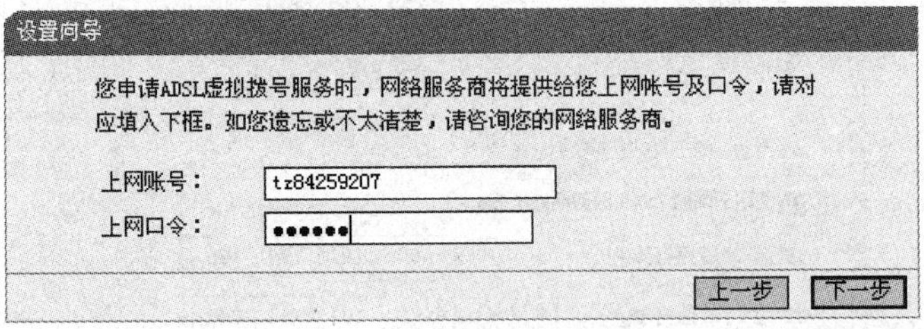

设置向导

您申请ADSL虚拟拨号服务时，网络服务商将提供给您上网帐号及口令，请对应填入下框。如您遗忘或不太清楚，请咨询您的网络服务商。

上网账号：tz84259207
上网口令：••••••

上一步　下一步

图 8-8　上网账号与口令

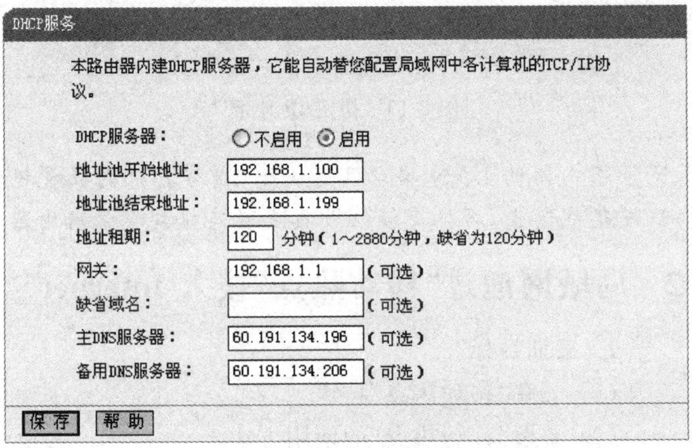

DHCP服务

本路由器内建DHCP服务器，它能自动替您配置局域网中各计算机的TCP/IP协议。

DHCP服务器：○不启用 ◉启用
地址池开始地址：192.168.1.100
地址池结束地址：192.168.1.199
地址租期：120 分钟（1～2880分钟，缺省为120分钟）
网关：192.168.1.1（可选）
缺省域名：（可选）
主DNS服务器：60.191.134.196（可选）
备用DNS服务器：60.191.134.206（可选）

保存　帮助

图 8-9　DHCP 服务提示框

步骤 4：保存以上设置后，重启宽带路由器，上述设置才生效。

4）设置局域网中各计算机的 IP 地址

步骤 1：如果宽带路由器已启用 DHCP 服务，则将所有客户机(如 PC1、PC2)的 IP 地址设置为"自动获得 IP 地址"。

步骤 2：如果宽带路由器没有启用 DHCP 服务，则将所有客户机(如 PC1、PC2)的 IP 地址设置为"使用下面的 IP 地址"，设置 IP 地址为 192.168.1.2～192.168.1.254 中的任一个，子网掩码为 255.255.255.0，默认网关为 192.168.1.1。注意各客户机的 IP 地址要互不相同。

此外，还要设置当地 ISP 服务商提供的首选 DNS 服务器的 IP 地址和备用 DNS 服务器的 IP 地址。如中国电信首选 DNS 服务器地址为 60.191.134.196，备用 DNS 服务器地址为 60.191.134.206，如图 8-10 所示。

5）测试客户机是否可以访问 Internet

在 PC1 或 PC2 计算机上，用 ping 命令或访问网页的方式测试客户机是否可以访问 Internet。

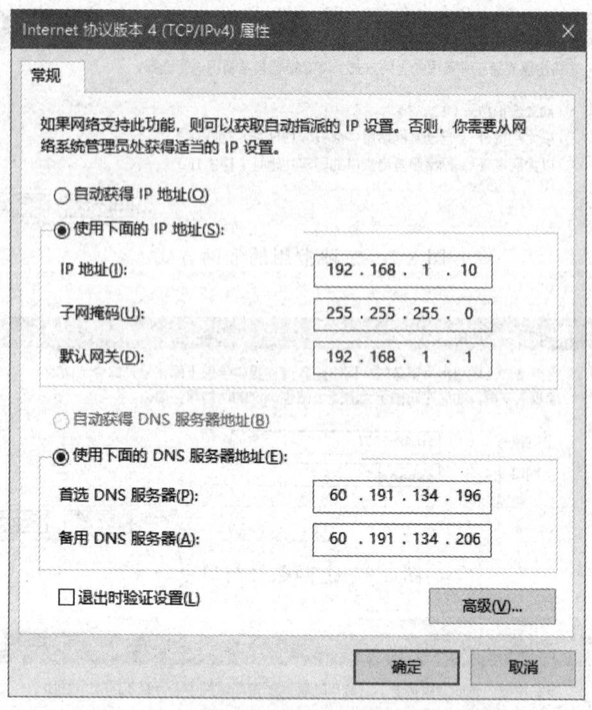

图 8-10　指定 IP 地址

【注意】 由于宽带路由器的 LAN 端口只有 4 个，当客户机的数量超过 4 台时，可把客户机先连接到交换机或集线器上，再把交换机或集线器连接到宽带路由器的 LAN 端口上。

8.4.2　实训 2：局域网通过"移动热点"接入 Internet

实训 2：局域网通过"移动热点"接入 Internet

1. 实训目标

(1) 了解"移动热点"技术。

(2) 掌握"移动热点"的使用方法。

2. 完成实训所需的设备和软件

带有无线网卡且安装的 Windows 10 操作系统的计算机 3 台(PC1、PC2 和 PC3)，其中的 1 台计算机可通过无线上网。

3. 网络拓扑结构

为了完成本实训，搭建了如图 8-11 所示的拓扑结构。

4. 实施步骤

步骤 1：在 PC1 计算机中，单击桌面任务栏中的"无线网络连接"图标，在打开的列表中选择某个可连接 Internet 的无线网络(如 netcore)，如图 8-12 所示，单击"连接"按钮，输入网络安全密码，验证通过后可打开百度网页。

步骤 2：单击"开始"→"设置"→"网络和 Internet"→"移动热点"选项，打开"移动热点"界面，如图 8-13 所示。

步骤 3：设置"与其他设备共享我的 Internet 连接"为"开"，单击"编辑"按钮可以修改网络名称(DESKTOP-81IMFPA 4008)和网络密码(e7;626O2)的默认值。

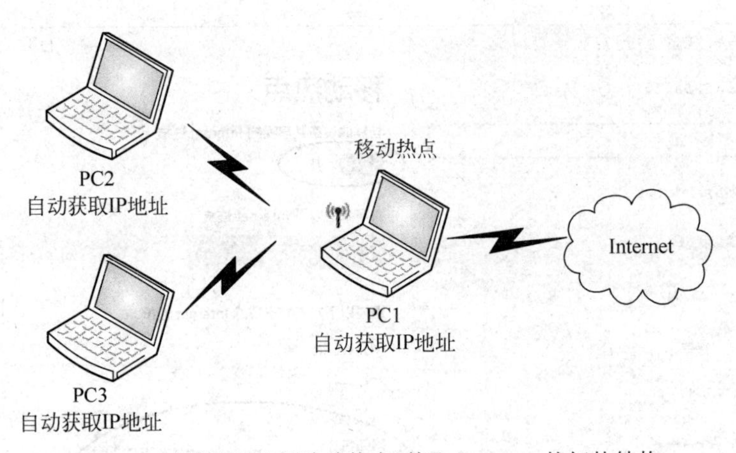

图 8-11　局域网通过“移动热点”接入 Internet 的拓扑结构

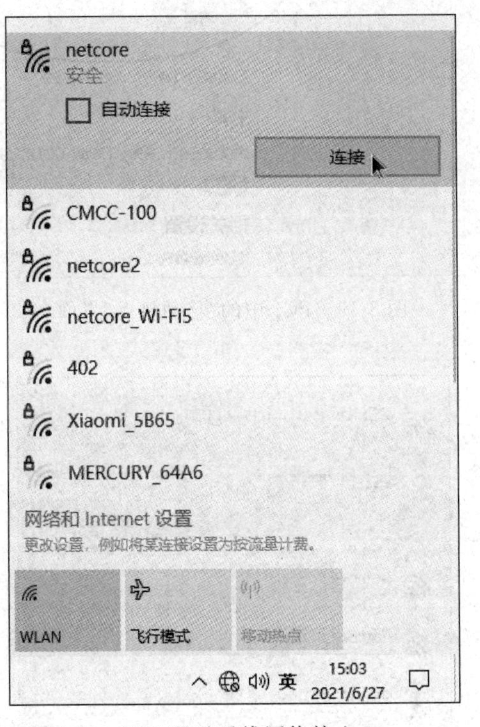

图 8-12　PC1 通过无线网络接入 Internet

步骤 4：在 PC2 或 PC3 计算机中，单击桌面任务栏中的“无线网络连接”图标，在打开的列表中选择移动热点(如 DESKTOP-81IMFPA 4008)，如图 8-14 所示，单击“连接”按钮，输入网络安全密码，验证通过后可打开百度网页。

步骤 5：此时，在 PC1 计算机中可以看到已有 1 台设备连接“移动热点”，如图 8-15 所示。

“移动热点”最多可连接 8 台设备。“移动热点”建立成功后，在“网络连接”窗口中可以看到新增了一个“本地连接 * 11”图标，如图 8-16 所示。

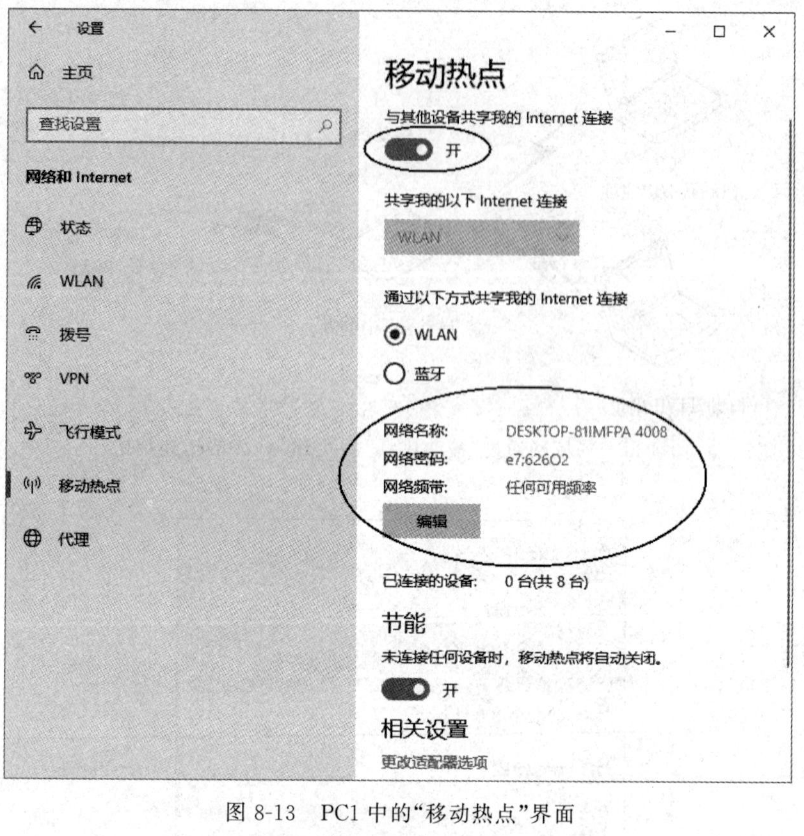

图 8-13　PC1 中的“移动热点”界面

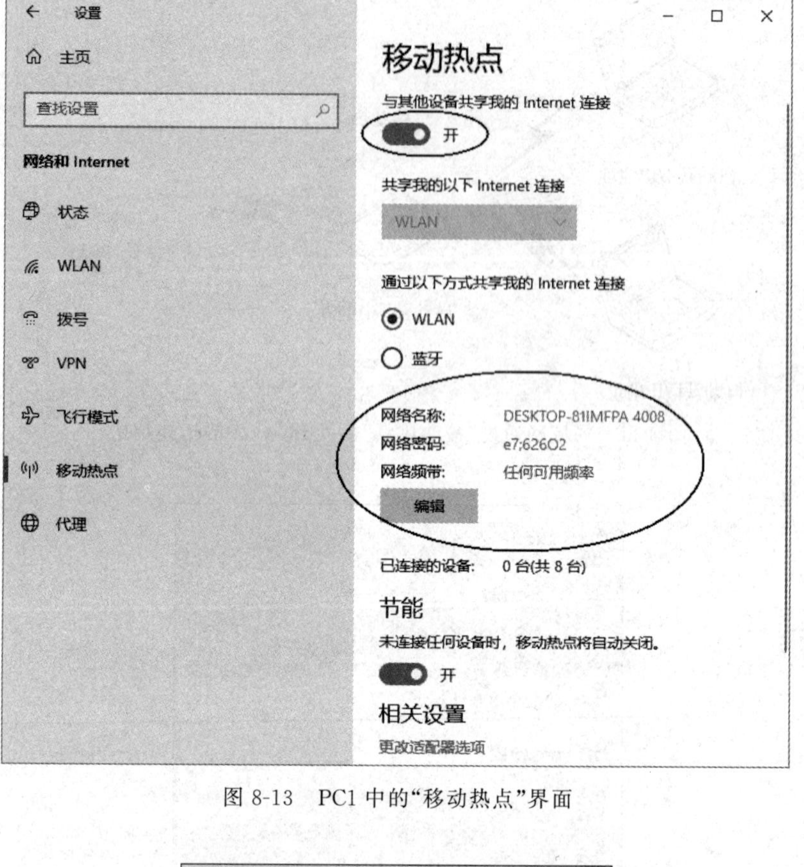

图 8-14　PC2 连接“移动热点”

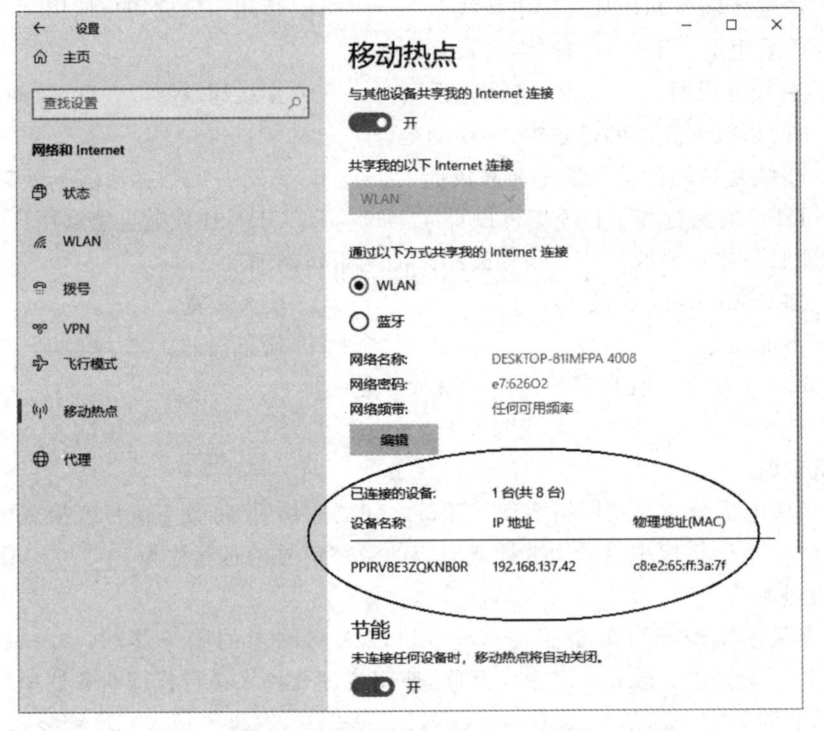

图 8-15　已连接“移动热点”的设备

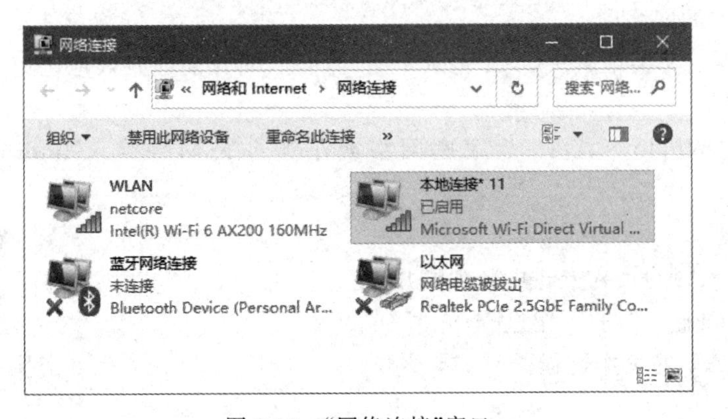

图 8-16　“网络连接”窗口

8.5　习　　题

一、选择题

1. 如果用户计算机通过电话网接入 Internet，那么用户端必须具有(　　)。

A. 路由器　　B. 交换机　　C. 集线器　　D. 调制解调器

2. 关于 ADSL 技术的描述中，错误的是(　　)。

A. 数据传输不需要进行调制解调　　B. 上行和下行传输速率可以不同

C. 数据传输可利用现有的电话线　　　　D. 适用于家庭用户使用

3. HFC采用了以下(　　)网络接入Internet。

A. 有线电视网　　B. 有线电话网　　C. 无线局域网　　D. 移动电话网

4. 关于网络接入技术的描述中,错误的是(　　)。

A. 传统电话网的接入速率通常较低　　B. ADSL的数据通信不影响语音通信

C. HFC的上行和下行速率可以不同　　D. DDN比较适合家庭用户使用

5. 代理服务器主要通过(　　)提高用户的网络访问速度。

A. 多个Internet连接　　B. 增大带宽

C. 本地缓存　　D. 信息提前获取

6. Windows操作系统自带的连接共享软件是(　　)。

A. Proxy　　B. WinGate　　C. SyGate　　D. ICS

二、填空题

1. 在利用电话公共交换网络实现计算机之间的通信时,将数字信号变换成模拟信号的过程称为________,将模拟信号逆变换成对应的数字信号的过程称为________,用于实现这种功能的设备称为________。

2. 代理服务器是一台配备了________块以太网网卡的服务器,其中一块网卡接入________,另一块网卡一般和________互联,使用代理软件来进行代理业务处理。

3. NAT的英文全称是________________________,它属于接入广域网技术,是一种将________地址转换成________地址的转换技术,它被广泛应用于各种类型的Internet接入方式和各种类型的网络中。

4. NAT不仅完美地解决了IP地址不足的问题,而且能够有效地避免来自________的攻击,隐藏并保护________的计算机。

5. ICS是Windows 7/10为家庭网络或小型办公网络接入Internet提供的一种Internet ________服务。

三、简答题

1. 光纤接入网的接入方式可分为哪几种?

2. 简述代理服务器的工作过程。

3. 简述NAT的工作过程。

第9章 网络操作系统

学习目标

(1) 了解网络操作系统的基本概念。

(2) 了解 Windows、UNIX、Linux 网络操作系统。

(3) 掌握 Windows Server 2016 的安装方法。

(4) 掌握工作组模式下的用户、组和文件管理。

9.1 网络操作系统概述

网络操作系统(NOS)是使计算机在网络中能够方便而有效地共享网络资源,为网络用户提供所需各种服务的软件与协议的集合。通过网络操作系统屏蔽本地资源与网络资源的差异性,为用户提供各种基本网络服务功能,完成网络共享系统资源的管理,并提供网络系统的安全性服务。

1. 网络操作系统的分类

构筑计算机网络的基本目的是共享资源。根据共享资源的方式不同,网络操作系统软件既可以对等地分布在网络上的所有节点,形成对等式结构,也可以将网络操作系统软件的主要部分驻留在中心节点管理资源,并为其他节点提供服务,形成集中式结构;若在网络中的一台或几台功能较强的计算机节点上安装服务器操作系统,集中进行共享资源的管理和存取控制,而在其他的被称为客户机的计算机节点上安装工作站操作系统,负责用户应用处理工作和共享资源的访问,这种结构是目前流行的客户机/服务器(C/S)结构。

2. 网络操作系统的主要功能

(1) 文件服务。文件服务是网络操作系统最重要最基本的功能,它为网络用户提供访问文件、目录的并发控制和安全保密措施。文件服务器以集中方式管理共享文件,网络工作站可以根据所规定的权限对文件进行读写及其他各种操作,文件服务器为网络用户的文件安全与保密提供了必需的控制方法。

(2) 打印服务。打印服务可以通过设置专门的打印服务器来对网络中共享的打印机和打印作业进行管理。通过打印服务功能,在局域网中可以安装一台或多台网络打印机,用户可以远程共享网络打印机。

(3) 数据库服务。数据库服务是现今最流行的网络服务之一。一般采用关系型数据库,可利用 SQL 命令对数据库进行查询等操作。

(4) 通信服务。局域网主要提供工作站与工作站之间、工作站与服务器之间的通信服务。

(5) 信息服务。局域网可以通过存储转发方式或对等方式提供电子邮件等服务。目前,信息服务已经逐步发展为文件、图像、视频与语音数据的传输服务。

(6) 分布式服务。分布式服务将网络中分布在不同地理位置的网络资源组织在一个全局性的、可复制的分布数据库中,网络中多个服务器都有该数据库的副本。用户在一个工作站上注册,便可与多个服务器连接。对于用户来说,网络系统中分布在不同位置的资源是透明的,这样就可以用简单的方法去访问一个大型互联局域网系统。

(7) 网络管理服务。网络操作系统提供了丰富的网络管理服务工具,可以提供网络性能分析、网络状态监控、存储管理等多种管理服务。

(8) Internet/Intranet 服务。为了适应 Internet 与 Intranet 的应用,网络操作系统一般都支持 TCP/IP,提供诸如 HTTP、FTP 等 Internet 服务。

9.2 Windows 操作系统

目前,服务器操作系统主要有三大类:①Windows Server,代表产品是 Windows Server 2016;②UNIX,代表产品包括 HP-UX、IBM-AIX 等;③Linux,虽然发展得比较晚,但由于其开放性和高性价比等特点,近年来获得了长足发展。

Windows 操作系统是全球最大的软件开发商 Microsoft(微软)公司开发的。Windows 操作系统不仅在个人操作系统中占有绝对优势,在网络操作系统中也占了相当大的份额。因此,为局域网中的计算机安装 Windows 网络操作系统是最常见的。由于它对服务器的硬件要求较高,且稳定性不是很好,因此 Windows 网络操作系统一般只用在中低档服务器中,高档服务器通常采用 UNIX、Linux 或 Solaris 等非 Windows 操作系统。

1. Windows 操作系统概述

第 1 版 Windows 操作系统发布于 1985 年。起初 Windows 操作系统采用 MS-DOS 模拟环境。后续由于 Microsoft 公司不断更新,提升易用性,因此 Windows 成为应用最广泛的操作系统。Windows 采用图形用户界面,这比 MS-DOS 需要输入指令的使用方式更加人性化。随着计算机硬件和软件的不断升级,Windows 操作系统的版本也在不断升级。

Windows 操作系统主要分为个人版和服务器版。个人版 Windows 操作系统有 Windows 95、Windows 98、Windows 2000、Windows XP、Windows 7、Windows 8、Windows 10 和 Windows 11 等,服务器版 Windows 操作系统有 Windows NT、Windows 2000(服务器版)、Windows Server 2003、Windows Server 2008、Windows Server 2012、Windows Server 2016 和 Windows Server 2019 等。

2. Windows Server 2016 概述

Windows Server 2016 是 Microsoft 公司发布的服务器版操作系统,是 Windows Server 2012 的升级版,于 2016 年 10 月 13 日正式发布。Windows Server 2016 能够提供全球规模云服务的基础架构,在虚拟化、管理、存储、网络、虚拟桌面基础结构、访问和信息保护、Web 和应用程序平台等方面具备多种新功能与增强功能。

1) Windows Server 2016 的关键功能

Windows Server 2016 的关键功能包括以下几点。

(1) 拓展安全性：引入新的安全层，加强平台安全性，规避新出现的威胁，控制访问并保护虚拟机。

(2) 弹性计算：简化虚拟化升级，启用新的安装选项并增加弹性，帮助用户在不限制灵活性的前提下确保基础设施的稳定性。

(3) 缩减存储成本：在保证弹性、降低成本及增加可控性的基础上拓展软件定义存储的功能性。

(4) 简化网络：新网络为用户数据中心带来了网络核心功能集及直接来自 Azure (Microsoft 公司的云计算平台)的 SDN(软件定义网络)架构。

(5) 可以提高应用程序的效率和灵活性：Windows Server 2016 为封装、配置、部署、运行、测试及保护用户应用(本地或云端)引入了新方法，使用 Windows 容器与新 Nano Server 轻量级系统部署选项等。

2) Windows Server 2016 的分类

Windows Server 2016 分为基础版、标准版和数据中心版。一般来说，小型企业使用基础版，中型企业使用标准版，大型企业使用数据中心版。

(1) 基础版。该版本适用于最多有 25 个用户和 50 台设备的小型企业，仅支持两个处理器，提供 25 个客户端用户账户，不支持虚拟环境，可部署关键性业务应用系统，提供高可靠性、高性能的商业价值。

(2) 标准版。该版本适用于具有低密度或非虚拟化环境的客户，当为服务器上的所有物理核心授予了许可时，提供 Windows 容器支持，但限制最多可使用两个 Hyper-V 容器。标准版的服务器许可已从基于处理器转变为基于核心，可以作为应用服务器、域控制器和集群服务器等。与 Windows Server 2012 R2 相比，Windows Server 2016 标准版添加了 Nano Server 和无限 Windows Server 容器等功能。

(3) 数据中心版。该版本提供了高度虚拟化和软件定义的环境，是功能最强的版本，具有最强的实用性、可靠性和可扩展性；可以用作关键业务数据库服务器、企业资源规划系统、大容量实时事务处理及服务器合并等。无论是 Windows 容器还是 Hyper-V 容器都没有限制，每个许可证对应一个 Hyper-V 容器，数据中心版能对安装的虚拟机中的全部系统自动授权。另外，数据中心版提供了独有的功能，包括软件定义的网络、受防护的虚拟机、存储空间直通和存储副本。

3. Windows Server 2016 的新特性

(1) Nano Server。Nano Server 是一个精简的“无头”的 Windows Server 版本。与其他非精简版本相比，Nano Server 将减少 93%的 VHD(虚拟磁盘)的大小，减少 92%的系统公告，并且减少 80%的系统重启。Nano Server 作为 Windows Server 的安装设置，没有图形用户界面和本地登录功能，只能进行远程管理。Nano Server 的目标是运行在 Hyper-V、Hyper-V 集群、扩展文件服务器和云服务应用上。

作为最小的内存部署选项，Nano Server 可以被安装在物理主机或虚拟机上。新的应急管理控制台让用户可以在 Nano Server 控制台中直接查看和修复网络配置。此外，系统提供的 PowerShell 脚本还可用于创建运行 Nano Server 的 Azure 虚拟机。

(2) Windows Server 容器和 Hyper-V 容器。Windows Server 2016 的一个重要改变是可以提供对容器的支持。容器作为新兴的热点技术在于它们可能会取代虚拟化的核心技术。容器允许应用从底层的操作系统中隔离,从而改善应用程序的部署和可用性。Windows Server 2016 提供两种原生的容器类型:Windows Server 容器和 Hyper-V 容器。Windows Server 容器将应用程序相互隔离,但同时运行在 Windows Server 2016 操作系统中;Hyper-V 容器可以提供更高程度的隔离性。

(3) Docker 的支持。Docker 是一个开源的用于创建、运行和管理容器的引擎。Docker 容器起初创建于 Linux,Windows Server 2016 服务器已为 Docker 引擎提供内置支持。可以使用 Docker 管理 Windows Server 容器和 Hyper-V 容器。

(4) 滚动升级的 Hyper-V 和存储集群。Windows Server 2016 中一个比较新的改变是对 Hyper-V 集群的滚动升级。滚动升级的新功能允许为运行 Windows Server 2012 R2 的系统添加一个新的 Windows Server 2016 节点与 Hyper-V 节点集群。集群将继续运行在 Windows Server 2012 R2 的功能级别中,直到所有的节点都升级为 Windows Server 2016。集群混合水平节点管理将在 Windows Server 2016 和 Windows 10 中完成。新虚拟机(virtual machine,VM)混合集群将兼容 Windows Server 2012 R2 的特性集。

(5) 热添加和删除虚拟内存、网络适配器。Windows Server 2016 中的 Hyper-V 有一个新功能——是在虚拟机运行过程中允许动态添加和删除虚拟内存、网络适配器。在以前的版本中,需要在 VM 保持运行的状态下使用动态内存改变 RAM 最大和最小的设置。Windows Server 2016 能够在 VM 运行的情况下改变分配的内存,即使 VM 正在使用的是静态内存,也可以在 VM 运行的状态下添加和删除网络适配器。

(6) 嵌套的虚拟化。在添加新的容器服务的过程中,Windows Server 2016 嵌套的虚拟化方便了培训和实验。在新的特性之下,不再局限于在物理机上运行 Hyper-V。嵌套的虚拟化能够在 Hyper-V 中运行 Hyper-V 虚拟机。

(7) PowerShell 管理。PowerShell 是一个非常强大的自动化管理工具,但其远程管理 VM 相对复杂。对此,用户需要考虑一些安全策略,如防火墙配置(端口 5985/5986)和主机网络配置。用户运行 PowerShell 命令就可以通过来宾账户来操作系统的虚拟机,而不需要经过网络层。就像 VMConnect(Hyper-V 管理提供的远程控制台工具),无须配置就能使用 VM 来宾账户和所有需要的身份认证凭证。

(8) Linux 安全引导。Windows Server 2016 Hyper-V 的另一个新特性是能够安全引导 Linux VM 的来宾账户操作系统。安全引导是 UEFI 第 2 代 VMs 集成固件规范,用来保护虚拟机的硬件内核模式代码从根包和其他地方引导时免受恶意软件的攻击。在此之前,第 2 代 VM 支持安全启动 Windows 8、Windows 8.1 和 Windows Server 2012 的 VM,但不支持运行 Linux 的 VM。

(9) 新的主机守护服务和屏蔽 VM。主机守护服务是 Windows Server 2016 中一种新的角色,主要用于保护虚拟机和数据免遭未经授权的访问,即使访问来自 Hyper-V 的管理员也不行。屏蔽的 VM 能够应用 Azure 管理界面进行创建。屏蔽的 VM Hyper-V 虚拟桌面能够被加密。

(10) 管理存储空间。Windows Server 2016 中一个重要的改进是提供了一种新的直接存储空间,直接存储空间是 Windows Server 2012 R2 的存储系统的技术演进。Windows Server 2016 的直接存储空间允许集群在内部存取和访问 JBOD 存储,就像 Windows Server 2012 R2 能够访问 JBOD 和 SAS 硬盘的内部节点一样。

9.3　UNIX 网络操作系统

1969年,美国贝尔实验室开发了UNIX,后来用C语言重写了UNIX的大部分内核程序,于1972年正式推出。它是世界上使用最广泛、流行时间最长的操作系统之一,无论是微型计算机、工作站、小型机、中型机、大型机乃至巨型机,都有许多用户在使用。UNIX已经成为注册商标,多用于中高档计算机产品。

UNIX操作系统经过几十年的发展,产生了许多不同的版本流派。各个流派的内核是很相像的,但外围程序等其他程序都有一定的区别。现有两大主要流派,一个是以AT&T公司为代表的SYSTEM V,其代表产品为Solaris系统;另一个是以伯克利大学为代表的BSD。

UNIX操作系统的典型产品有:应用于PC上的Xenix系统、SCO UNIX和Free BSD系统;应用于工作站上的SUN公司的Solaris,IBM公司的AIX和HP公司的HP-UX等。

UNIX操作系统具有以下特点。

(1) UNIX系统是一个多用户、多任务的分时操作系统。

(2) UNIX系统结构分两大部分:操作系统内核和外壳(shell)。内核直接工作在硬件之上,外壳由应用程序和系统程序组成。

(3) UNIX系统大部分是用C语言编写的,使系统易读、易修改、易移植。

(4) UNIX系统提供了强大的Shell语言(外壳语言)。

(5) UNIX系统采用树状目录结构,具有良好的安全性、保密性和可维护性。

(6) UNIX系统把所有外部设备都当作文件,并分别赋予它们对应的文件名。

(7) UNIX系统提供多种通信机制,如管道、软中断通信等。

(8) UNIX系统采用进程对换的内存管理机制和请求调页的存储管理方式。

9.4　Linux 网络操作系统

1991年,芬兰赫而辛基大学的学生Linus Torvalds为了自己使用与学习的需要,他开发了类似UNIX的操作系统,命名为Linux。为了使每个需要它的人都能容易地使用到它,Linus Torvalds把它变成了"自由"软件。Linux操作系统与Windows、Netware、UNIX等传统网络操作系统最大的区别是开放源代码。

1. Linux操作系统的特点

Linux操作系统具有以下特点。

(1) Linux系统是自由软件,具有开放性。

(2) Linux系统支持多用户、多任务。

(3) Linux系统能把CPU的性能发挥到极限,具有出色的高速度。

(4) Linux系统具有良好的用户界面。

(5) Linux系统具有丰富的网络功能。

(6) Linux系统采取了许多安全措施,为网络多用户提供了安全保障。

(7) Linux 系统符合 POSIX(可移植操作系统接口)标准,具有可移植性。

(8) Linux 系统具有标准的兼容性。

2. Linux 操作系统的组成

Linux 操作系统由以下 4 部分组成。

(1) 内核。具有运行程序和管理磁盘、打印机等硬件设备的核心程序。

(2) 外核。系统的用户界面,提供了用户与内核交互操作的接口。

(3) 文件系统。支持目前流行的多种文件系统,如 FAT、VFAT、NFS 等。

(4) 应用程序。标准的 Linux 系统都有一套应用程序的程序集,包括文本编辑器、编程语言、办公套件、Internet 工具等。

常见的 Linux 系统有 NOVELL 公司的 SUSE Linux、RED HAT 公司的 Linux 等。

9.5 实　训

9.5.1 实训 1：安装 Windows Server 2016 操作系统

实训 1：安装 Windows Server 2016 操作系统

1. 实训目标

学会在 VMware 上全新安装 Windows Server 2016 操作系统的方法。

2. 完成实训所需的设备和软件

(1) 安装 VMware 软件的计算机 1 台。

(2) Windows Server 2016 相应版本的安装光盘或镜像文件。

3. 实施步骤

步骤 1：打开 VMware 软件,单击“创建新的虚拟机”链接,弹出“新建虚拟机向导”对话框,选中“典型(推荐)”单选按钮,如图 9-1 所示。

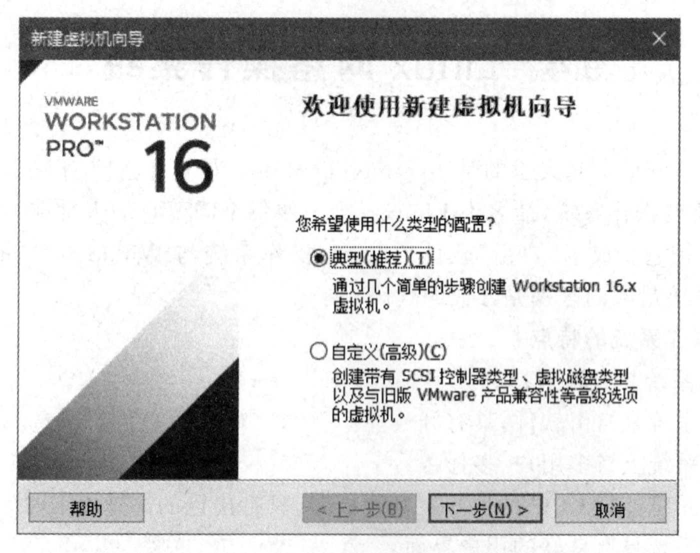

图 9-1 “新建虚拟机向导”对话框

步骤 2：单击“下一步”按钮，出现“安装客户机操作系统”界面，单击“浏览”按钮，选择 ISO 文件所在的路径，如图 9-2 所示。

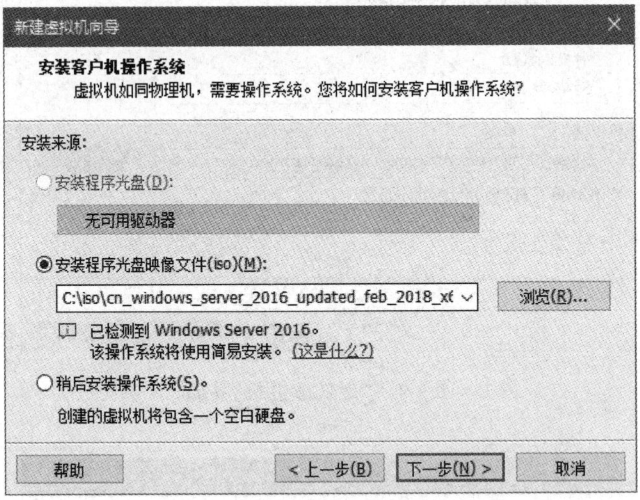

图 9-2　“安装客户机操作系统”界面

步骤 3：单击“下一步”按钮，出现“简易安装信息”界面，选择 Windows Server 2016 Datacenter 版本，输入 Windows 产品的全名和密码等信息，如图 9-3 所示。

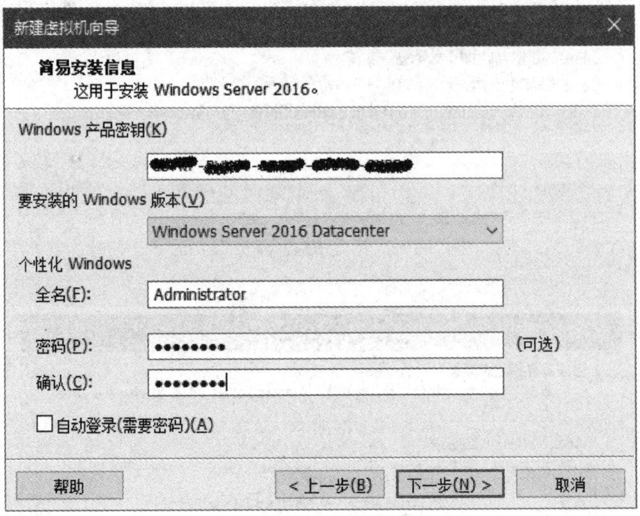

图 9-3　“简易安装信息”界面

步骤 4：单击“下一步”按钮，出现“命名虚拟机”界面，设置虚拟机的名称和位置，如图 9-4 所示。

步骤 5：单击“下一步”按钮，出现“指定磁盘容量”界面，设置硬盘容量（默认为 60GB），如图 9-5 所示。

步骤 6：单击“下一步”按钮，出现“已准备好创建虚拟机”界面，如图 9-6 所示，单击“自定义硬件”按钮，可以修改虚拟机的硬件配置。

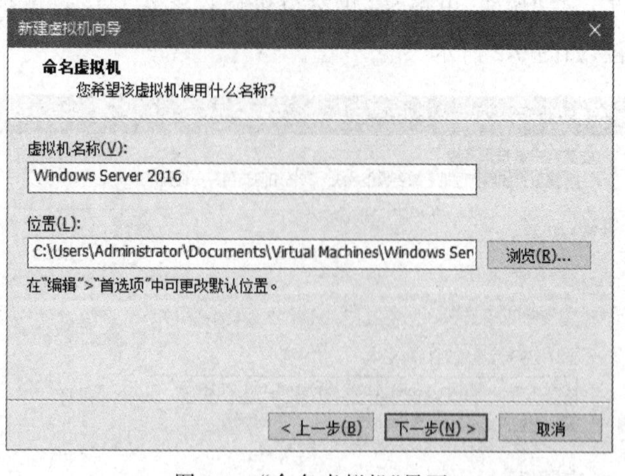

图 9-4 "命名虚拟机"界面

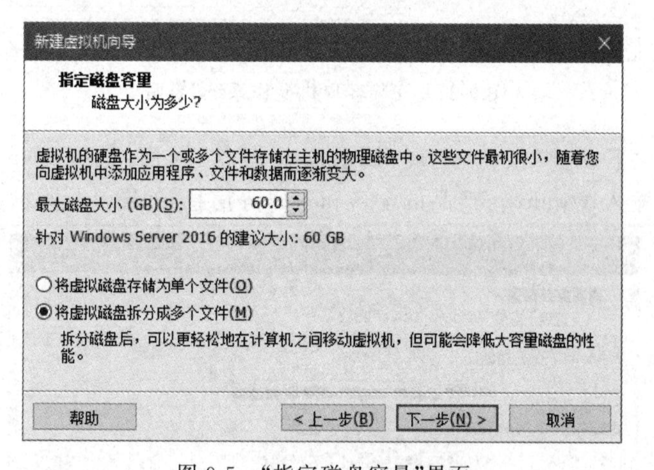

图 9-5 "指定磁盘容量"界面

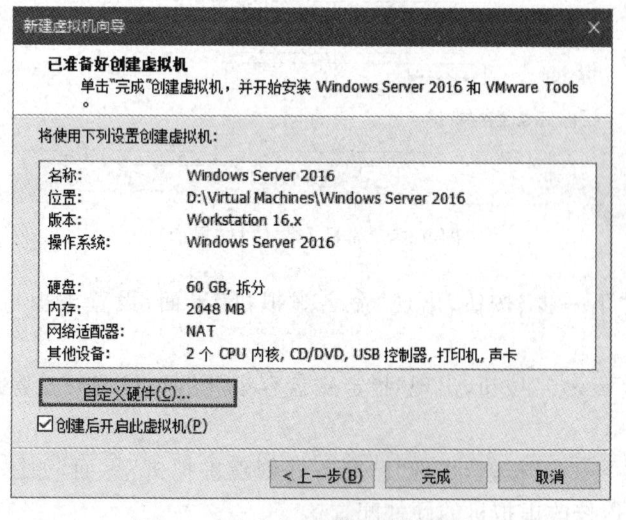

图 9-6 "已准备好创建虚拟机"界面

步骤 7：单击“完成”按钮，进入虚拟机的安装。

步骤 8：在 VMware 中，单击“开启此虚拟机”按钮，开始安装操作系统，如图 9-7 所示。

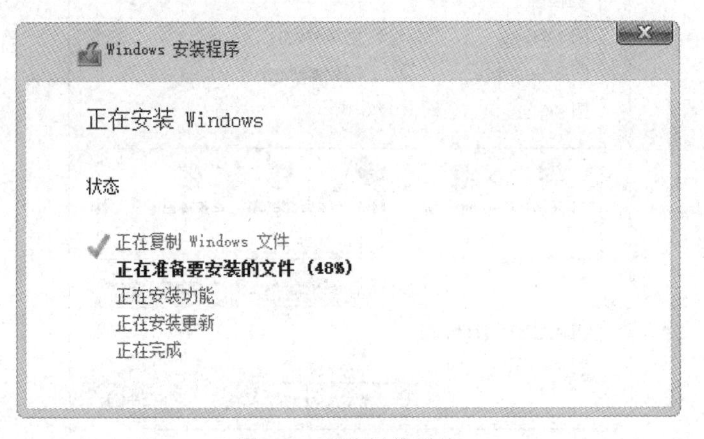

图 9-7　安装操作系统

步骤 9：安装完成后，自动打开“服务器管理器”窗口，如图 9-8 所示，此时，可以对服务器进行各种设置。

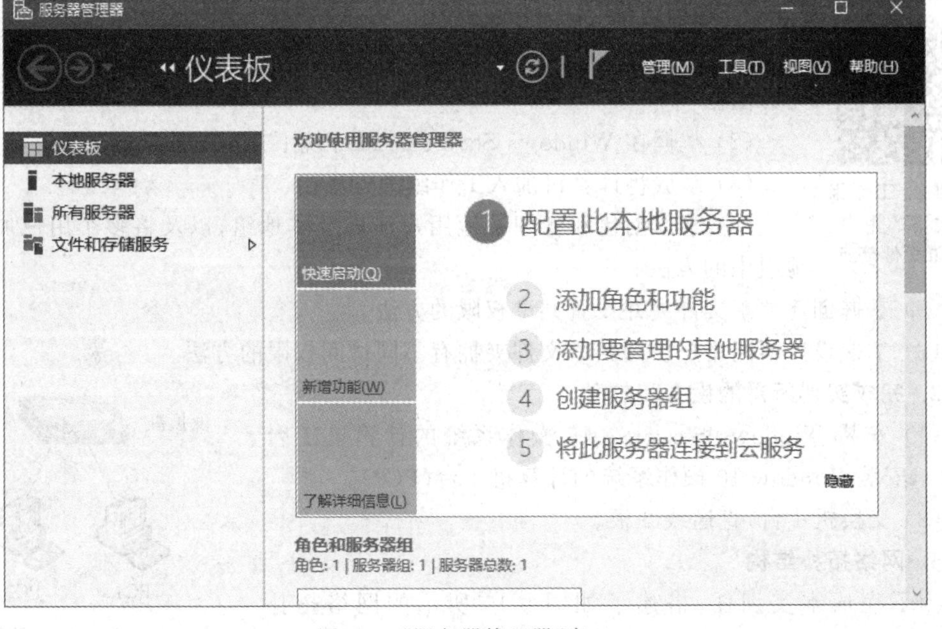

图 9-8　“服务器管理器”窗口

操作系统安装完成后，桌面上只有一个“回收站”图标，如果想将“此电脑”等图标显示在桌面上，那么可以执行步骤 10。

步骤 10：右击桌面空白处，选择“个性化”→“主题”→“桌面图标设置”命令，打开“桌面图标设置”对话框，选中“计算机”等复选框，如图 9-9 所示，单击“确定”按钮。

图 9-9 “桌面图标设置”对话框

9.5.2 实训 2：工作组模式下的用户、组和文件管理

实训 2：工作组模式下的用户、组和文件管理

1. 实训目标

(1) 掌握在 Windows Server 2016 环境下本地用户账户和本地组的使用方法。

(2) 掌握在 Windows Server 2016 环境下共享文件夹的使用方法。

(3) 掌握将计算机加入工作组的方法。

(4) 掌握创建和管理本地用户账户及本地组,以及将多个用户加入本地组中的方法。

(5) 掌握创建共享文件夹并设置共享权限的方法。

(6) 掌握设置不同用户访问共享文件夹拥有不同访问权限的方法。

2. 完成实训所需的设备和软件

(1) 安装 Windows Server 2016 操作系统的计算机 1 台(PC1),安装 Window 10 操作系统的计算机 1 台(PC2)。

(2) 交换机 1 台,直通线 2 根。

3. 网络拓扑结构

为了完成本实训任,搭建了如图 9-10 所示的网络拓扑结构。

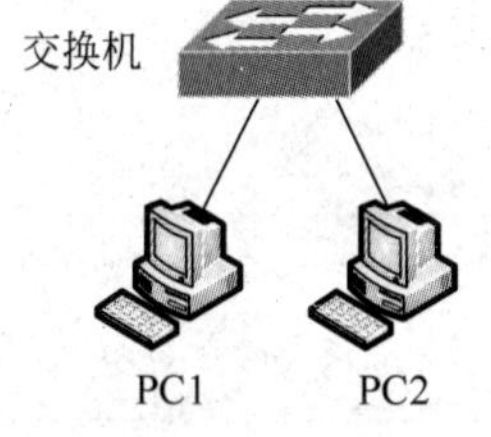

图 9-10 网络拓扑结构

4. 实施步骤

1) 硬件连接

用 2 根直通线把 PC1 和 PC2 都连接到交换机上。

2) 配置 TCP/IP

配置 PC1 的 IP 地址为 192.168.10.10,子网掩码为 255.255.255.0;配置 PC2 的 IP 地

址为 192.168.10.20,子网掩码为 255.255.255.0。

用 ping 命令测试 PC1 和 PC2 是否已经连通。

3) 创建和管理本地用户账户

步骤 1：在 PC1 计算机中,使用 administrator 登录后(密码不能为空),选择“开始”→“Windows 管理工具”→“计算机管理”命令,打开“计算机管理”窗口。

步骤 2：在左窗格中,依次展开“系统工具”→“本地用户和组”→“用户”选项,再在右窗格的空白处右击,在弹出的快捷菜单中选择“新用户”命令,如图 9-11 所示。

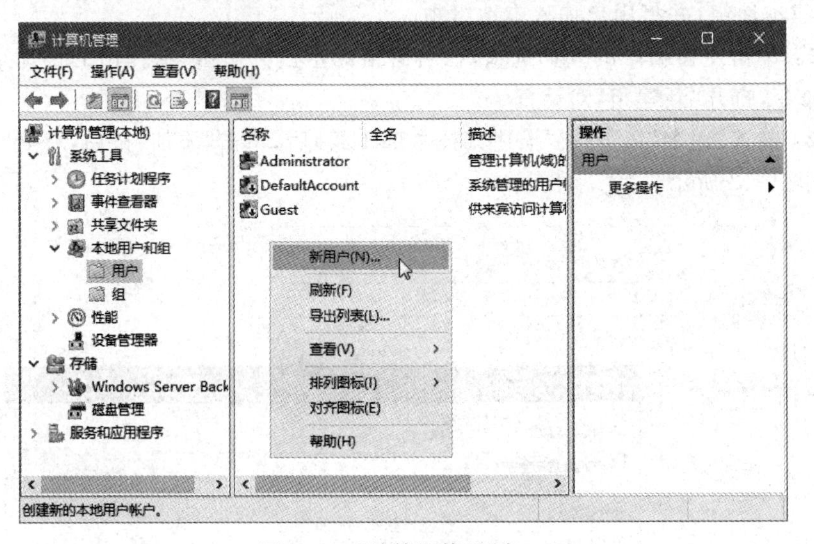

图 9-11　“计算机管理”窗口

步骤 3：在打开的“新用户”对话框中输入“用户名”(user1)、“全名”(张三)、“描述”(技术部 1 组)和“密码”(p@ssword1),并选中下方的“用户不能更改密码”和“密码永不过期”复选框,如图 9-12 所示。需要注意的是,密码中的字母是区分大小写的。

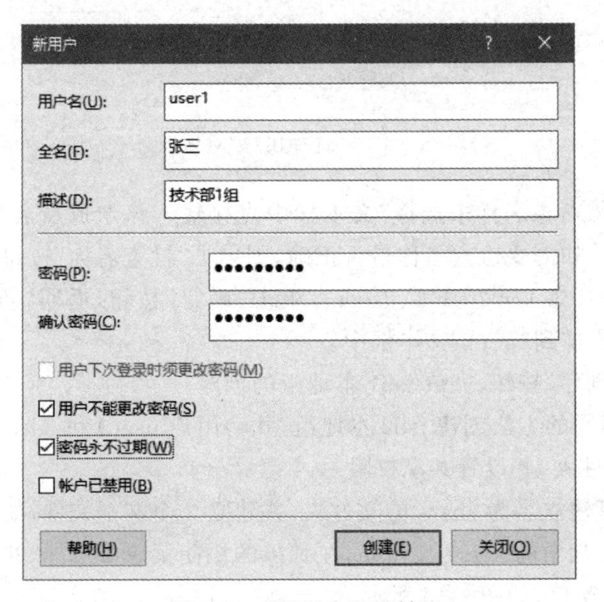

图 9-12　“新用户”对话框

步骤4：使用相同的方法，新建用户名为user2～user4的账户，相关参数如表9-1所示。

表9-1　新建账户

用户名	全　名	描　述	密　码	选　项
user2	李四	技术部1组	p@ssword2	用户不能更改密码
user3	王五	技术部1组	p@ssword3	密码永不过期
user4	赵六	技术部1组	p@ssword4	账户已禁用

4）创建本地组，并将用户加入本地组中

步骤1：单击左窗格中的“组”选项，在右窗格的空白处右击，在弹出的快捷菜单中选择“新建组”命令，打开“新建组”对话框。

步骤2：输入“组名”(jsb1)、“描述”(技术部1组)后，单击“添加”按钮，打开“选择用户”对话框，如图9-13所示。

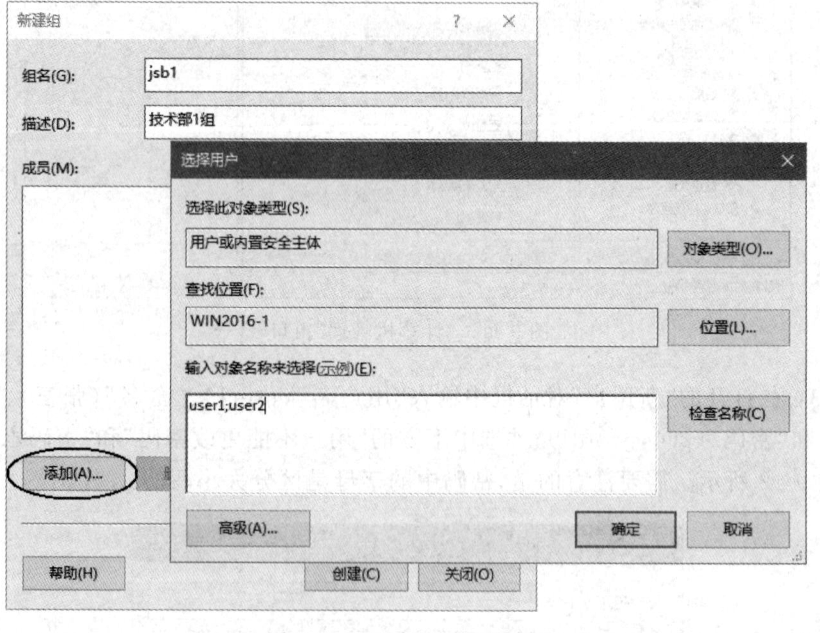

图9-13　“选择用户”对话框

步骤3：在“输入对象名称来选择”文本框中直接输入该组成员名“user1；user2”(用户名之间用“；”隔开)。如需要检查名称是否正确，则单击“检查名称”按钮，各用户名前会自动加上本地计算机名称(如Win2016-1\user1)，单击“确定”按钮，返回“新建组”对话框，刚才输入的用户名就会添加到“成员”文本框中。

步骤4：单击“创建”按钮，完成jsb1本地组的创建。

步骤5：使用相同的方法创建jsb2本地组，并将用户user3和user4添加到该组中。

5）创建共享文件夹，并设置共享权限

步骤1：在C盘建立名为share的文件夹，并建立2个文本文件，如图9-14所示。

步骤2：右击C盘中的share文件夹，在弹出的快捷菜单中选择“共享”→“特定用户”命令，打开“文件共享”窗口，如图9-15所示。

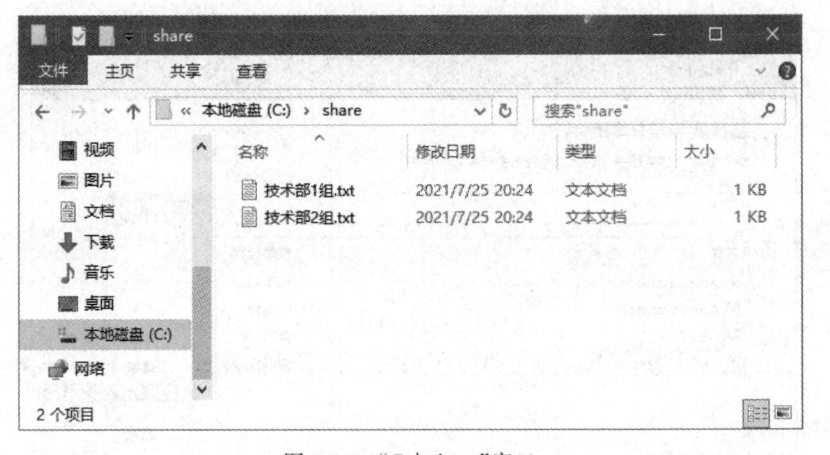

图 9-14　“C:\share”窗口

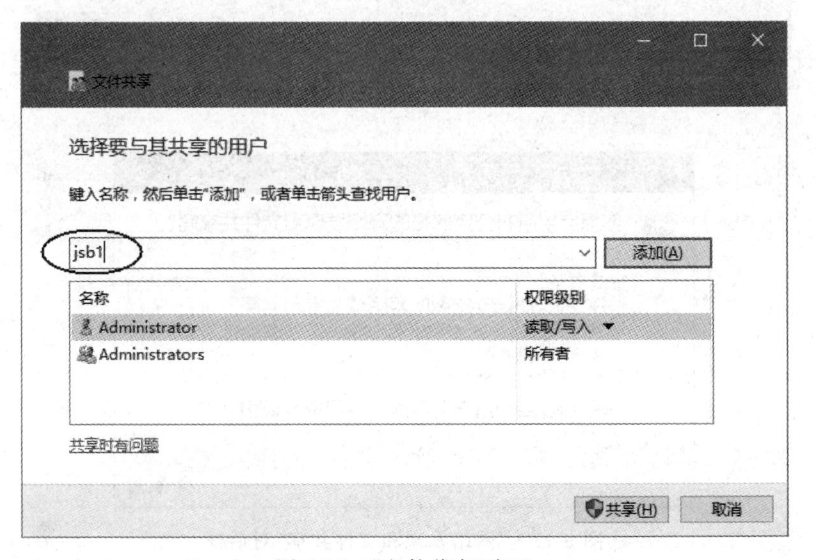

图 9-15　“文件共享”窗口

步骤 3：输入组名 jsb1，单击“添加”按钮，使用相同的方法添加组名 jsb2。

步骤 4：新添加的组的权限级别默认是“读取”，修改 jsb2 组的权限级别为“读取/写入”，如图 9-16 所示。

步骤 5：单击“共享”按钮，如果弹出如图 9-17 所示的“网络发现和文件共享”对话框，选择“否，使已连接到的网络成为专用网络”选项，返回“文件共享”窗口，显示提示信息“你的文件夹已共享”，单击“完成”按钮。

步骤 6：在 PC2 计算机上使用 administrator 登录(登录密码与 PC1 计算机上的登录密码不同)，右击“开始”菜单，在弹出的快捷菜单中选择“运行”命令，打开“运行”对话框，如图 9-18 所示，在“打开”文本框中输入\\192.168.10.10\share 后，单击“确定”按钮。

步骤 7：在打开的“Windows 安全中心”对话框中，输入用户名 user1，输入密码 p@ssword1，如图 9-19 所示，单击“确定”按钮，会打开共享文件夹(\\192.168.1.10\share)，如图 9-20 所示，验证 user1 对 share 共享文件夹中的文件具有的权限。

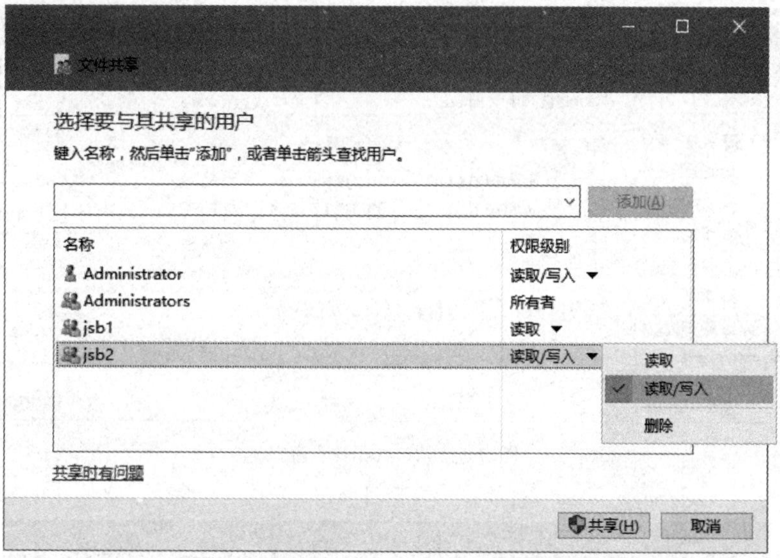

图 9-16　修改 jsb2 组的权限级别为“读取/写入”

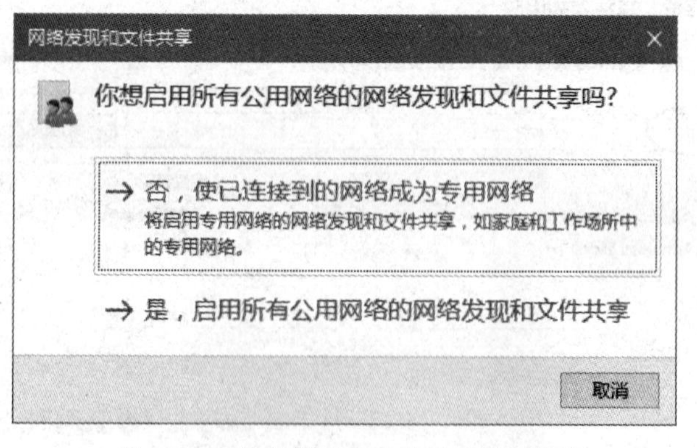

图 9-17　“网络发现和文件共享”对话框

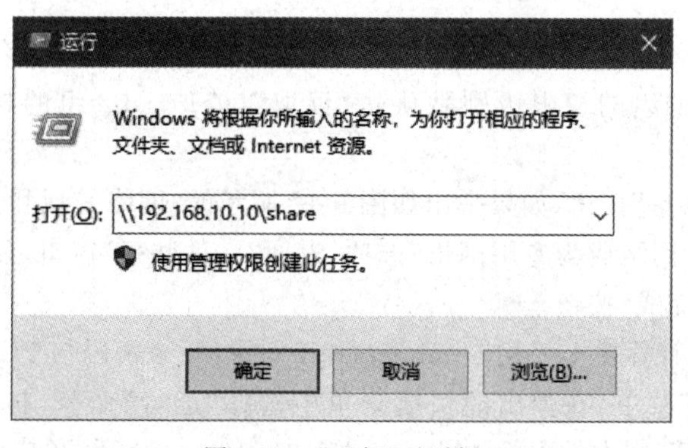

图 9-18　“运行”对话框

步骤 8：注销后，重复上面的步骤 6、步骤 7，分别验证 user2、user3 和 user4 对 share 共享文件夹中的文件所具有的权限。

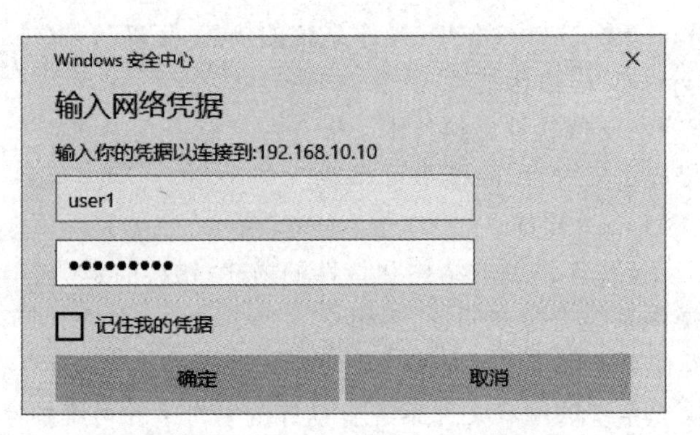

图 9-19　“Windows 安全中心”对话框

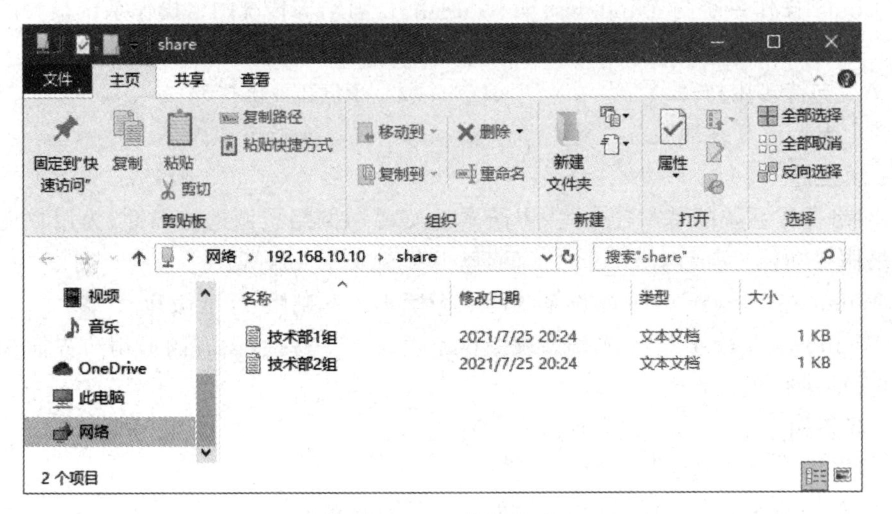

图 9-20　share 共享文件夹

9.6　习　　题

一、选择题

1. 下列关于网络操作系统的描述，正确的是(　　)。
   A. 屏蔽本地资源和网络资源之间的差异
   B. 必须提供目录服务
   C. 比单机操作系统有更高的安全性
   D. 客户机和服务器端的软件可以互换
2. 下列关于网络操作系统的描述，错误的是(　　)。
   A. 文件与打印服务是基本服务
   B. 通常支持对称多处理技术
   C. 通常是多用户、多任务的
   D. 采用多进程方式可以避免出现多线程

3. 下列关于 Windows Server 2016 操作系统的描述,正确的是(　　)。

A. 采用 Hyper-V 虚拟化技术

B. 主流 CPU 不支持软件虚拟技术

C. 基础版提高了安全性,降低了可靠性

D. 内置了 VMware 软件

4. 下列关于 UNIX 操作系统的结构和特性的描述,错误的是(　　)。

A. UNIX 操作系统支持多任务、多用户

B. UNIX 操作系统提供了功能强大的 Shell 编程语言

C. UNIX 操作系统的网状文件系统有良好的安全性和可维护性

D. UNIX 操作系统提供了多种通信机制

5. Linux 操作系统与 Windows、Netware 和 UNIX 等传统网络操作系统最大的区别是(　　)。

A. 支持多用户　　　　B. 开放源代码

C. 支持仿真终端服务　　　　D. 支持虚拟内存

二、填空题

1. 网络操作系统的基本任务是,屏蔽本地资源与网络资源的差异性,为用户提供各种基本网络服务功能,完成网络________管理,并提供安全性服务。

2. Windows Server 2016 操作系统的 3 个版本为基础版、标准版和________。

3. Windows Server 2016 操作系统提供了________特性,没有图形用户界面和本地登录功能,只能进行远程管理。

三、简答题

1. 网络操作系统的主要功能有哪些?

2. Windows Server 2016 操作系统的新特性有哪些?

第 10 章　常见网络服务

学习目标

(1) 掌握网络服务器的基本概念和客户机/服务器模式。

(2) 了解 DHCP、DNS 的作用和工作过程。

(3) 掌握 DHCP 服务器、DNS 服务器、Web 服务器和 FTP 服务器的配置方法。

(4) 了解 Windows Server 2016 操作系统的角色和服务。

10.1　网络服务器

服务器专指某些高性能计算机,可以安装不同的服务软件,能够通过网络对外提供服务,如文件服务器、数据库服务器和应用程序服务器。相比普通计算机,服务器对稳定性、安全性和性能等方面的要求更高,因此,CPU、芯片组、内存、磁盘系统、网卡等硬件和普通的计算机有所不同。

现在经常看到的服务器,根据外观可以分成 3 种,分别是塔式服务器、机架式服务器和刀片式服务器,如图 10-1 所示。由于企业机房空间有限等因素,机架式服务器和刀片式服务器越来越受到用户的欢迎,那么它们到底有什么特点?机架式服务器和刀片式服务器到底哪种更好呢?下面重点介绍后面这两种服务器。

图 10-1　塔式服务器、机架式服务器和刀片式服务器(从左到右)

10.1.1　机架式服务器

机架式服务器可以直接安装到标准 19in 机柜中,这样的服务器从大小来看通常与交换机类似,因此,机架式服务器实际上是工业标准化下的产品,其外观按照统一标准来设计,配合机柜统一使用,以满足企业服务器密集部署的需求。机架式服务器的主要特点是节省空间,由于能够将多台服务器安装到一个机柜中,不但可以占用更小的空间,而且便于统一管理。一个普通机柜的高度是 42U(1U=1.75in 或 4.4cm),机架式服务器的宽度为 19in,而大多数机架式服务器的调试是 1～4U。

机架式服务器的优点是占用空间小,便于统一管理,但由于受内部空间的限制,其扩充性会受到限制,如1U的服务器大都只有1～2个PCI扩充槽。因此,机架式服务器多用于服务器数量较多的大型企业,也有不少企业采用这种类型的服务器,但交由专门的服务器托管机构来托管(目前很多网站的服务器都采用这种方式)。

10.1.2 刀片式服务器

刀片式服务器是一种高可用、高密度的低成本服务器平台,是专门为特殊应用行业和高密度计算机环境设计的。刀片式服务器的主要结构是大型主体机箱,内部可插上许多"刀片",每块"刀片"实际上就是一块系统主板,类似于一个个独立的服务器,它们可以通过本地硬盘启动自己的操作系统。每块"刀片"可以运行自己的系统,服务于指定的不同用户群,相互之间没有关联;也可以用系统软件将这些主板集合成一个服务器集群。在集群模式下,所有的"刀片"可以连接起来提供高速的网络环境并共享资源,为相同的用户群服务。在集群中插入新的"刀片"就可以提高整体性能。由于每块"刀片"都是热插拔的,因此可以轻松地进行替换,并且将维护时间缩短到最小。

根据需要承担的服务器功能,刀片式服务器被分成服务器刀片、网络刀片、存储刀片、管理刀片、光纤通道SAN刀片和扩展I/O刀片等不同功能的服务器。刀片式服务器公认的特点有两个:一个是克服了芯片服务器集群的缺点,被称为集群的终结者;另一个是实现了机柜优化。

10.2 客户机/服务器模式

10.2.1 什么是客户机/服务器模式

应用程序之间为了能顺利地通信,一方通常需要处于守候状态,等待另一方请求的到来。在分布式计算中,一个应用程序被动等待,另一个应用程序通过请求启动通信的模式就是客户机/服务器(client/server,C/S)模式。

10.2.2 客户机/服务器模式的特性

一台主机上通常运行多个服务器程序,每个服务器程序需要并发地处理客户的请求,并将处理的结果返回给客户。因此,服务器程序通常比较复杂,对主机的硬件资源(如CPU的处理速度、内存的大小等)及软件资源(如分时、多线程网络操作系统等)都有一定的要求。

客户程序由于功能相对简单,通常不需要特殊的硬件和高级的网络操作系统。

10.2.3 客户机/服务器模式的运作过程

客户机/服务器模式是由客户机、服务器构成的一种网络计算环境,把应用程序分成两部分:一部分运行在客户机上,另一部分运行在服务器上。由两者各司其职,协同完成任务。

客户机/服务器模式的运作过程如下。

(1) 服务器监听相应端口的输入。

(2) 客户机发出请求。

(3) 服务器接收客户机发出的请求。

(4) 服务器处理此请求,并将结果返回给客户机。

(5) 重复上述过程,直至完成一次会话。

10.3 DHCP服务

10.3.1 DHCP的概念

DHCP是一种简化主机IP地址分配管理的TCP/IP,能够动态地向网络中的每台设备分配独一无二的IP地址,并提供安全、可靠、简单的TCP/IP网络配置,确保不发生地址冲突,帮助维护IP地址的使用。

要使用DHCP方式动态分配IP地址,整个网络中必须至少有一台安装了DHCP服务的服务器,其他使用DHCP功能的客户机也必须支持自动向DHCP服务器索取IP地址的功能。当DHCP客户机第一次启动时,就会自动与DHCP服务器通信,并由DHCP服务器分配给DHCP客户机一个IP地址,直到租约到期(并非每次关机释放),这个地址IP就会由DHCP服务器收回,并将其提供给其他的DHCP客户机使用。

动态分配IP地址的一个好处就是可以解决IP地址不够用的问题。因为IP地址是动态分配的,不是固定给某台客户机使用的,所以只要有空闲的IP地址可用,DHCP客户机就可以从DHCP服务器取得IP地址。当客户机不需要使用此IP地址时,就由DHCP服务器收回,并提供给其他的DHCP客户机使用。

动态分配IP地址的另一个好处是用户不必自己设置IP地址、DNS服务器地址、网关地址等网络属性,甚至绑定IP地址与MAC地址,不存在盗用IP地址的问题,因此,可以减少网络管理员的工作量,用户也不必关心网络地址的配置。

10.3.2 DHCP服务器的位置

充当DHCP服务器的有计算机服务器、集成路由器和专用路由器。在多数大中型网络中,DHCP服务器通常是基于计算机的本地专用服务器;单台家庭计算机的DHCP服务器通常位于ISP处,直接从ISP处获得IP地址;家庭网络和小型企业网络使用集成路由器连接ISP,在这种情况下,集成路由器既是DHCP客户机又是DHCP服务器。集成路由器作为DHCP客户机从ISP处获得IP地址,在本地网络中充当内部主机的DHCP服务器,如图10-2所示。

10.3.3 DHCP的工作过程

当主机被配置为DHCP客户机时,需要从位于本地网络中或ISP处的DHCP服务器获取IP地址、子网掩码、DNS服务器地址和默认网关等网络属性。通常,网络中只有一台DHCP服务器。DHCP的工作过程如图10-3所示。

1. DHCP发现阶段

DHCP客户机以广播方式(因为DHCP服务器的IP地址对于客户机来说是未知的)发送一个DHCP Discover数据包来寻找DHCP服务器,其目的IP地址为255.255.255.255,

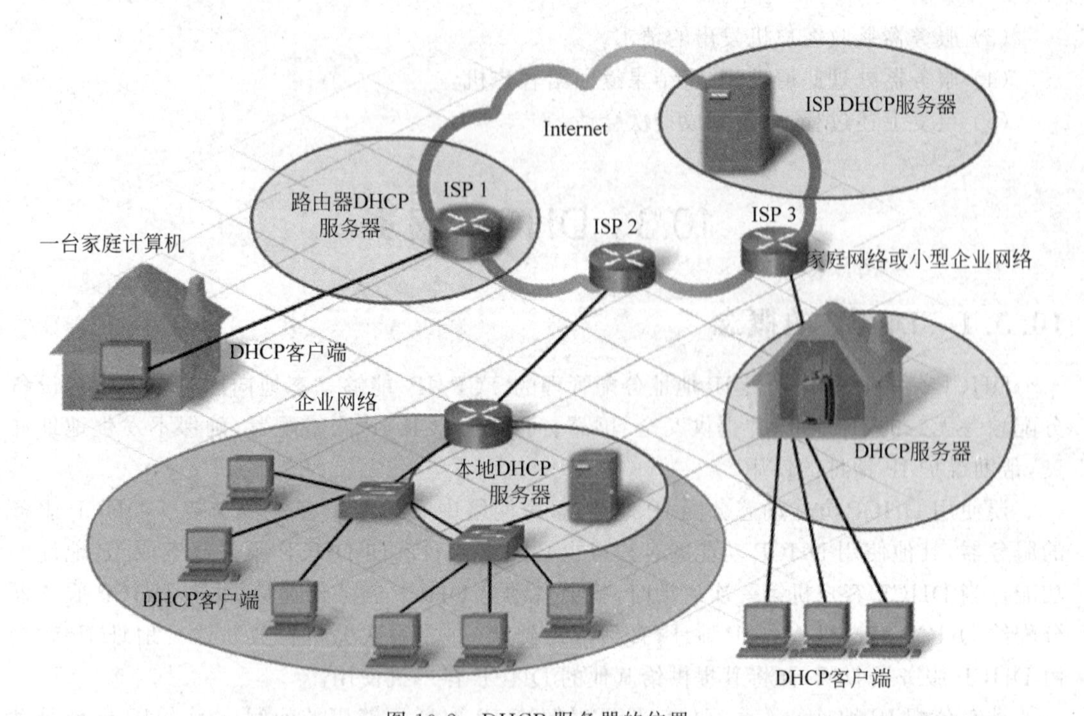

图 10-2　DHCP 服务器的位置

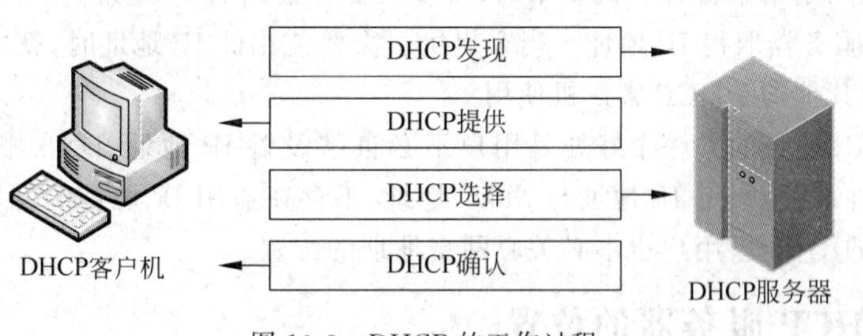

图 10-3　DHCP 的工作过程

目的 MAC 地址为 FF-FF-FF-FF-FF-FF。网络中的每台主机都会接收到这种广播数据包，但只有 DHCP 服务器会做出响应。

2. DHCP 提供阶段

在网络中，只有接收到 DHCP Discover 数据包的 DHCP 服务器才会做出响应。DHCP 服务器从尚未出租的 IP 地址中挑选一个分配给 DHCP 客户机，并向 DHCP 客户机发送一个包含出租的 IP 地址和其他设置的 DHCP Offer 数据包。

3. DHCP 选择阶段

如果网络中有多台 DHCP 服务器向 DHCP 客户机回应 DHCP Offer 数据包，那么 DHCP 客户机只接收第一个 DHCP Offer 数据包，并以广播方式发送 DHCP Request 数据包，该数据包中不仅包含 DHCP 服务器的 IP 地址，还包含 DHCP 客户机的 MAC 地址。

4. DHCP 确认阶段

当被选中的 DHCP 服务器接收到 DHCP Request 数据包后，就会向 DHCP 客户机发送一个包含它所提供的 IP 地址和其他设置的 DHCP Ack 数据包，告诉 DHCP 客户机可以使用它提供的 IP 地址。这样，DHCP 客户机就可以将获得的 IP 地址与网卡进行绑定。另外，除了 DHCP 客户机选中的 DHCP 服务器，其他的 DHCP 服务器将收回曾经提供的 IP 地址。

由于 DHCP 依赖广播信息，因此在一般情况下，客户机和服务器应该位于同一个网络中。但是，如果将网络中的路由器设置为可以转发 BOOTP 广播包（DHCP 中继），就会使服务器和客户机位于两个不同的网络中。然而配置转发广播信息不是一个很好的解决办法，更好的办法是使用 DHCP 中继计算机。DHCP 中继计算机和 DHCP 客户机位于同一个网络中，以此来回应客户机的租用请求。DHCP 中继计算机并不维护 DHCP 数据，也没有 IP 地址资源，只是将请求通过 TCP/IP 转发给位于另一个网络中的 DHCP 服务器，进行实际的 IP 地址分配和确认。

10.3.4　DHCP 的时间域

DHCP 客户机按照固定的时间周期向 DHCP 服务器租用 IP 地址，实际的租用时间是在 DHCP 服务器上配置的。在 DHCP Ack 数据包中，实际上还包含 3 个重要的时间周期信息域：一个域用于标识租用 IP 地址的时间长度，另外两个域用于租用时间的更新。

DHCP 客户机必须在当前 IP 地址租用过期之前对租用期限进行更新。50%的租用时间过去之后，DHCP 客户机就应该开始请求为它配置 TCP/IP 信息的 DHCP 服务器更新它的当前租用。在有效租用期限的 87.5%处，如果 DHCP 客户机还不能与它当前的 DHCP 服务器取得联系并更新它的租用，就应该通过广播方式与其他任意一台 DHCP 服务器通信并请求更新它的配置信息。假如 DHCP 客户机在租用期限到期时既不能对租用期限进行更新，又不能从另一台 DHCP 服务器那里获得新的租用期限，那么它必须放弃使用当前的 IP 地址并发出一个 DHCP discover 数据包以重新开始上述过程。

DHCP 工作过程的第一步是 DHCP 发现（DHCP discover），该过程也称为 IP 发现。当 DHCP 客户机发出 TCP/IP 配置请求时，DHCP 客户机发送一条广播信息。该广播信息中包含 DHCP 客户机的网卡的 MAC 地址和计算机名称。

当第一条 DHCP 广播信息发送出去后，DHCP 客户机将等待 1s。在此期间，如果没有 DHCP 服务器做出响应，那么 DHCP 客户机将分别在第 9s、第 13s 和第 16s 时重复发送 DHCP 广播信息。如果还没有得到 DHCP 服务器的应答，那么 DHCP 客户机将每隔 5min 广播一次，直到得到应答为止。

【说明】 如果一直没有应答，并且 DHCP 客户机是 Windows 2000 以后的操作系统，那么 DHCP 客户机就选择一个自动私有 IP 地址（从 169.254.×.×地址段中选取）使用。尽管此时客户端已分配了一个静态 IP 地址，但是 DHCP 客户机还要每隔 5min 发送一次 DHCP 广播信息。如果这时有 DHCP 服务器做出响应，那么 DHCP 客户机将从 DHCP 服务器获得 IP 地址及其配置，并以 DHCP 方式工作。

10.4　DNS 服务

10.4.1　域名

Internet 中众多以数字表示的一长串 IP 地址，人们记忆起来是很困难的。为此，

Internet 引入了一种字符型的主机命名机制,即 DNS,用来表示主机的 IP 地址。DNS 允许用户使用友好的名字而不是难以记忆的数字(IP 地址)来访问 Internet 中的主机,使各种互联网应用成为可能。因此,DNS 是互联网所有应用层协议的基础。第一次上网时 DNS 服务器与 Web 服务器的关系如图 10-4 所示。

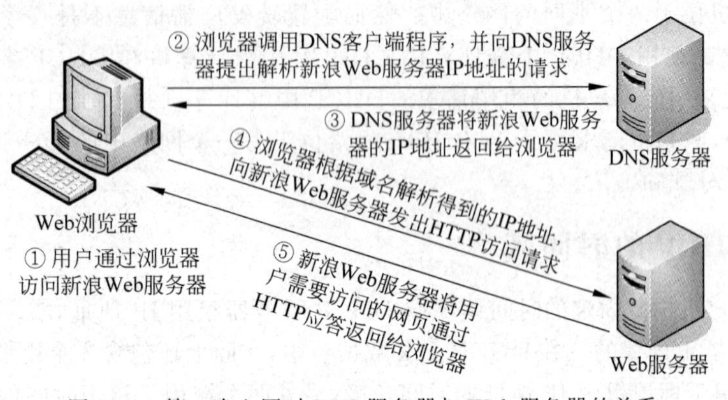

图 10-4　第一次上网时 DNS 服务器与 Web 服务器的关系

Internet 设有一个分布式命名体系,该体系是一个树状结构的 DNS 服务器网络。每台 DNS 服务器保存了一张表,用来实现域名和 IP 地址的转换。当计算机需要根据域名访问其他计算机时,DNS 服务器就自动执行域名解析,并根据它保存的表把已经注册的域名转换为 IP 地址。如果此 DNS 服务器在表中查不到该域名,就会向上一级 DNS 服务器发出查询请求,直到最高一级的 DNS 服务器返回一个 IP 地址或返回未查到的信息。

图 10-5 所示是 DNS 域名空间结构示例,整个 DNS 域名空间呈树状结构分布,被称为"域树"。DNS 域名空间树的最上面是一个无名的根(root)域,用点"."表示。在 Internet 中,根域是默认的,一般都不需要表示出来。全世界共有 13 台根域服务器,1 台为主根服务器,放置在美国;其余 12 台均为辅根服务器,其中 9 台放置在美国,2 台分别放置在英国和瑞典,1 台放置在日本。根域服务器中并没有保存任何域名,只具有初始指针(指向第一级域),也就是顶级域,如 com、edu 和 net 等。

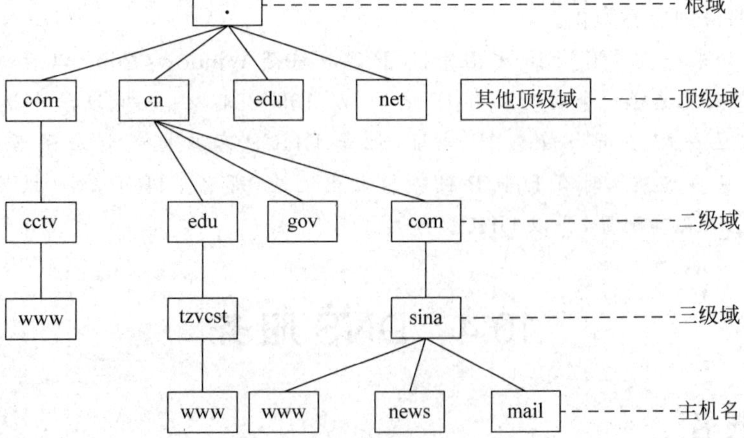

.　根域
com　cn　edu　net　其他顶级域　顶级域
cctv　edu　gov　com　二级域
www　tzvcst　sina　三级域
www　www　news　mail　主机名

图 10-5　DNS 域名空间结构示例

根域下是最高一级的域，再往下是二级域、三级域，最下面是主机名。最高一级的域名为顶级域名或一级域名。例如，在域名 www. sina. com. cn 中，cn 是一级域名，com 是二级域名，sina 是三级域名(也称为子域域名)，www 是主机名。

完全限定的域名(fully qualified domain name，FQDN)是指主机名加上全路径，全路径中列出了序列中的所有域成员。FQDN 用于指出其在域名空间树中的绝对位置，如 www. tzvcst. edu. cn 就是一个完整的 FQDN。表 10-1 中列举了一些常用的一级域名。

表 10-1　常用的一级域名

域　名	含　义	域　名	含　义	域　名	含　义
gov	政府部门	ca	加拿大	edu	教育类
com	商业类	fr	法国	net	网络机构
mil	军事类	hk	中国香港	arc	文娱活动
cn	中国	info	信息服务	org	非营利组织
jp	日本	int	国际机构	web	与 WWW 有关的单位

10.4.2　域名解析

DNS 的作用主要就是进行域名解析，域名解析就是将用户提出的域名(网址)解析成 IP 地址。域名解析采用客户机/服务器模式。

当用户使用浏览器上网时，在地址栏中输入一个网站的域名(如 www. sina. com. cn)即可，域名解析的过程如图 10-6 所示。

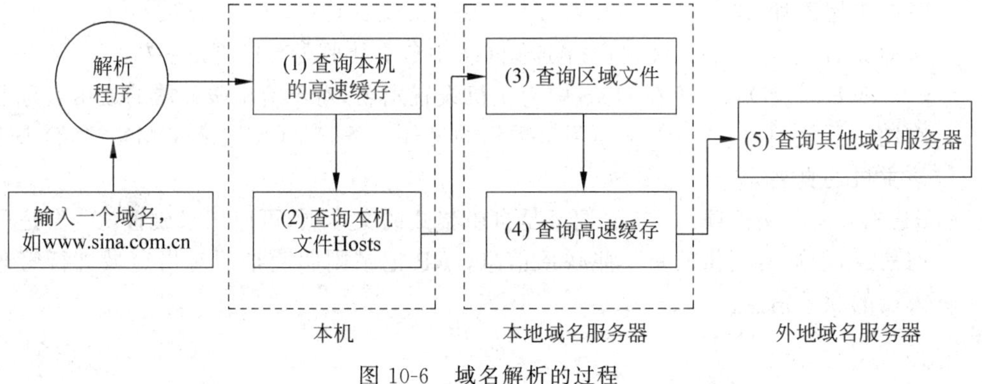

图 10-6　域名解析的过程

(1) 域名解析程序会检查本机的高速缓存，如果从高速缓存中可以得知该域名所对应的 IP 地址，就将此 IP 地址传给应用程序。

(2) 如果在高速缓存中找不到答案，那么解析程序会检查本机文件 Hosts(C:\Windows\System32\drivers\etc\)，查看是否能找到相对应的数据。

(3) 如果还是无法找到对应的 IP 地址，那么向本机指定的本地域名服务器请求查询。本地域名服务器在收到请求后，先检查此域名是否为其管辖区域内的域名，同时检查区域文件，看是否有相符的数据；否则，进行下一步。

(4) 如果在区域文件中找不到对应的 IP 地址，那么域名服务器会检查本身所存放的高速缓存，查看是否能找到相符的数据。

(5) 如果还是无法找到对应的数据,就需要借助外部的域名服务器,这时就会开始进行域名服务器与域名服务器之间的查询操作。

上述5个步骤可分为两种查询模式,即客户端对域名服务器的查询(第3步和第4步)及域名服务器与域名服务器之间的查询(第5步)。

DNS还可以完成反向查询操作,即客户机利用IP地址查询其主机的完整域名。

10.4.3 区域文件

区域文件是DNS服务器使用的配置文件。安装DNS服务器的主要工作就是创建区域文件和资源记录。要为每个域名创建一个区域文件。单台DNS服务器能支持多个域,因此它可以同时支持多个区域文件。

区域文件是一个采用标准化结构的文本文件,它包含的项目称为资源记录。不同的资源记录用于标识项目代表的计算机或服务程序的类型,每条资源记录都有特定的作用下面介绍几种可能的记录。

- SOA(授权开始):区域文件的第一条记录,表示授权开始,并定义域的主域名服务器。
- NS(域名服务器):为某个给定的域指定授权的域名服务器。
- A(地址记录):用来提供从主机名到IP地址的转换。
- PTR(指针记录):也称为反序解析记录或反向查看记录,用于确定如何把一个IP地址转换为相应的主机名。PTR记录不应该与A记录放在同一个SOA中,但是可以出现在in-addr.arpa子域的SOA中,且被反序解析的IP地址要以反序指定,同时在末尾添加"."。
- MX(邮件交换器):允许用户指定在网络中负责接收外部邮件的主机。
- CNAME(别名):用于在DNS中为主机设置别名,对于给出服务器的通用名称非常有用。要使用CNAME,必须用该主机的另外一条记录(A记录或MX记录)来指定该主机的真名。
- RP和TXT(文档项):TXT记录是自由格式的文本项,可以用来放置认为合适的任何信息,但通常提供的是一些联系信息;RP记录则明确指明对指定域进行管理的人员的联系信息。

10.5 WWW服务

10.5.1 WWW的基本概念

1. WWW服务系统

WWW(world wide web)或Web服务采用客户机/服务器模式,以HTML和HTTP为基础。WWW服务具有以下几方面特点。

(1) 以超文本方式组织网络多媒体信息。

(2) 可以在世界范围内任意查找、检索、浏览及添加信息。

(3) 可以提供生动、直观、易于使用、统一的图形用户界面。

(4) 服务器之间可以相互连接。

(5) 可以访问图像、语音、影像和文本等信息。

2. Web 服务器

Web 服务器上的信息通常以 Web 页面的方式进行组织，还包含指向其他页面的超链接。利用超链接可以将 Web 服务器上的一个页面与互联网上其他服务器的任意页面进行关联，使用户在检索一个页面时可以非常方便地查看其他相关页面。

Web 服务器不但需要保存大量的 Web 页面，而且需要接收和处理浏览器的请求，实现 Web 服务器功能。通常，Web 服务器使用 TCP 80 端口侦听来自 WWW 浏览器的连接请求。当 Web 服务器接收到浏览器对某个 Web 页面的请求信息时，就会搜索该 Web 页面，并将该 Web 页面的内容返回给浏览器。

3. WWW 浏览器

WWW 的客户机程序称为 WWW 浏览器，是用来浏览服务器中 Web 页面的软件。

WWW 浏览器负责接收用户的请求(通过键盘或鼠标输入)，利用 HTTP 将用户请求传送给 Web 服务器。服务器将请求的 Web 页面返回浏览器后，浏览器再对 Web 页面进行解释，并显示在用户的屏幕上。

4. 页面地址和 URL

Web 服务器中的 Web 页面很多，通过 URL(uniform resource location，统一资源定位器)指定使用什么协议、哪台服务器和哪个文件等。URL 由 3 部分组成，分别为协议类型、主机名(或 IP 地址)、路径及文件名，例如：http://(协议类型)www. zju. edu. cn(主机名)/student/network. html(路径及文件名)。

10.5.2 HTTP

HTTP 是客户浏览器和 Web 服务器之间的传输协议，是建立在 TCP 连接基础之上的，属于应用层的面向对象的协议。为了保证客户浏览器与 Web 服务器之间的通信没有歧义，HTTP 精确定义了请求报文和响应报文的格式。

客户浏览器和 Web 服务器通过 HTTP 的会话过程如图 10-7 所示。

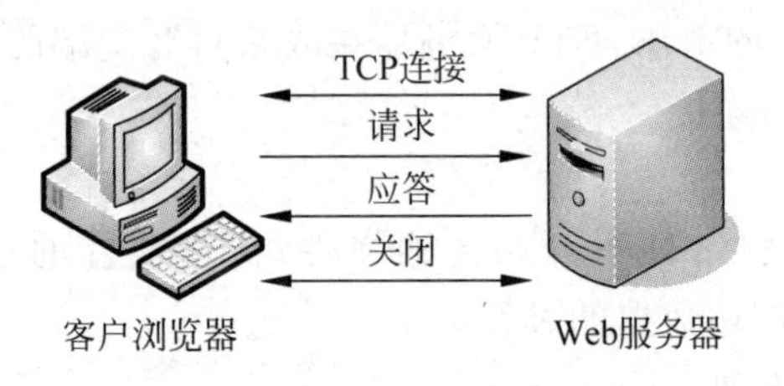

图 10-7　通过 HTTP 的会话过程

(1) TCP 连接：客户浏览器和 Web 服务器通过三次握手建立 TCP 连接。

(2) 请求：客户端发送 HTTP 请求。

(3) 应答：Web 服务器接收 HTTP 请求，产生对应的 HTTP 响应信息并反馈至客户端。

(4) 关闭：Web 服务器或客户端关闭 TCP 连接，客户端解析反馈的 HTTP 响应信息。

还有一个 HTTP 的安全版本，即 HTTPS。HTTPS 支持能被页面双方所理解的加密算法。

10.5.3 HTML

Web 服务器中存储的 Web 页面是一种结构化的文档,采用 HTML 书写。HTML 是 Web 服务用于创建超文本链接的基本语言,可以定义格式化的文本、色彩、图像与超文本链接等,主要用于 Web 页面的创建与制作。

HTML 的基本结构标记如下。

(1) 以<html>开始,以</html>结束。

(2) 在<head>和</head>之间存储文档的头部信息。

(3) 在<body>和</body>之间存储文档的主体信息。

(4) 在<title>和</title>之间存储文档的标题信息。

(5) 用<img>标记图像,如<img src="http://192.168.0.66/lan.jpg">表示将主机的图像 lan.jpg 嵌入 Web 页面中。

(6) 用<a href="URL 或文件名">文本字符串</a>形成超链接。

其中,“href="URL 或文件名"”用来指明关联文档的位置,文本字符串指明要显示的文字。

10.6 FTP 服务

10.6.1 FTP 服务和客户机/服务器模式

FTP 主要用于网络中文件的双向传输,也就是通常所说的“下载”和“上传”。

FTP 服务采用客户机/服务器模式,客户机与服务器之间利用 TCP 建立连接。与其他连接不同,FTP 服务需要建立双重连接:一是用来控制文件传输的命令,称为 FTP 控制连接;二是用来实现真正的文件传输,称为 FTP 数据连接。

1) FTP 控制连接

当客户端希望与 FTP 服务器建立上传/下载的数据传输时,首先向 FTP 服务器的 TCP 21 端口发起一个建立连接的请求,FTP 服务器接收来自客户端的请求,完成连接的建立,这样的连接就称为 FTP 控制连接。

2) FTP 数据连接

建立 FTP 控制连接之后,即可开始传输文件,传输文件的连接称为 FTP 数据连接。FTP 数据连接就是 FTP 传输数据的过程。

3) FTP 数据传输的原理

用户在使用 FTP 服务传输数据时,建立连接的过程如图 10-8 所示。

(1) FTP 服务器自动对默认端口(21)进行监听,当某个客户端向这个端口请求建立连接时,便激活了 FTP 服务器上的控制进程。通过这个控制进程,FTP 服务器对连接用户名、密码及连接权限进行身份验证。

(2) 当 FTP 服务器身份验证完成以后,FTP 服务器和客户端之间还会建立一条传输数据的专有连接。

(3) FTP 服务器在传输数据的过程中,控制进程将一直工作,并不断发出指令控制整个

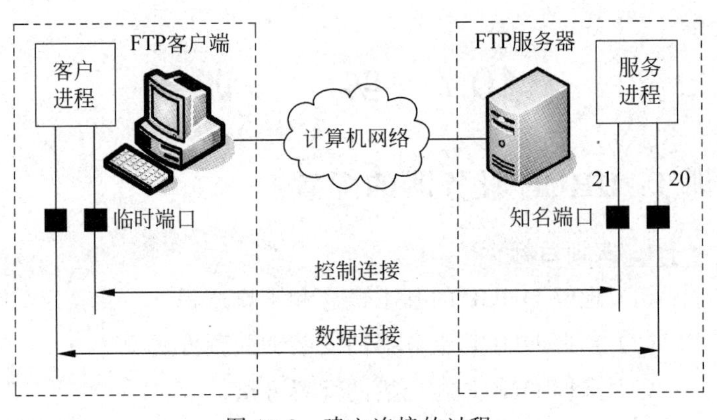

图 10-8　建立连接的过程

FTP 传输数据,传输完毕,控制进程给客户端发送结束指令。

以上就是建立连接的整个过程,FTP 在建立数据连接时一般有两种模式,即 PORT(主动)模式和 PASV(被动)模式。

- PORT(主动)模式:当需要传送数据时,客户端在控制连接上用 PORT 命令告诉服务器:“我打开了××××端口,你过来连接我”。于是服务器从 20 端口向客户端的××××端口发送连接请求,建立一条数据连接来传送数据。
- PASV(被动)模式:当需要传送数据时,服务器在控制连接上用 PASV 命令告诉客户端:“我打开了××××端口,你过来连接我”。于是客户端向服务器的××××端口发送连接请求,建立一条数据连接来传送数据。

以上的“××××端口”是一个大于 1024 的随机端口。

10.6.2　FTP 的使用方式

FTP 的使用方式通常有传统的 FTP 命令、浏览器和下载工具 3 种。

(1) 传统的 FTP 命令。传统的 FTP 命令是在 DOS 命令行窗口中使用的命令。例如,ftp 表示进入 ftp 会话,quit 或 bye 表示退出 ftp 会话,close 表示中断与服务器的 ftp 连接,pwd 表示显示远程主机的当前工作目录。

(2) 浏览器。在 WWW 中,采用“FTP://URL 地址”格式访问 FTP 站点。

(3) 下载工具。下载工具通常支持断点续传等功能,以提高下载速度。常用的下载工具有 CuteFTP、FlashFXP 等。

10.6.3　FTP 访问控制

FTP 服务器利用用户账号来控制用户对服务器的访问权限。用户在访问 FTP 服务器前必须先登录,登录时需要输入用户在 FTP 服务器上的合法账户和密码。

FTP 的这种访问方式限制了 Internet 中一些公用文件及资源的发布,为此 Internet 中的大多数数据服务中心为用户提供了匿名 FTP 服务。

所谓匿名 FTP 服务,是指用户访问 FTP 服务器时,不需要输入账户和密码,或者使用匿名账户(anonymous)和密码。匿名 FTP 服务是在 Internet 中发布软件常用的方法之一。

10.7 实　　训

10.7.1 实训1：DHCP服务器的配置

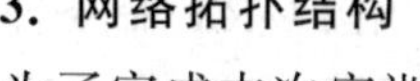

实训1：DHCP服务器的配置

1. 实训目标

(1) 理解DHCP的基本概念和工作过程。

(2) 掌握DHCP服务器的安装和配置方法。

(3) 掌握DHCP客户机的配置方法。

2. 完成实训所需的设备和软件

(1) 安装Windows Server 2016操作系统的服务器1台、安装Windows 10操作系统的计算机2台(PC1和PC2)。

(2) 交换机1台、直通线3根。

3. 网络拓扑结构

为了完成本次实训，搭建了如图10-9所示的网络拓扑结构。

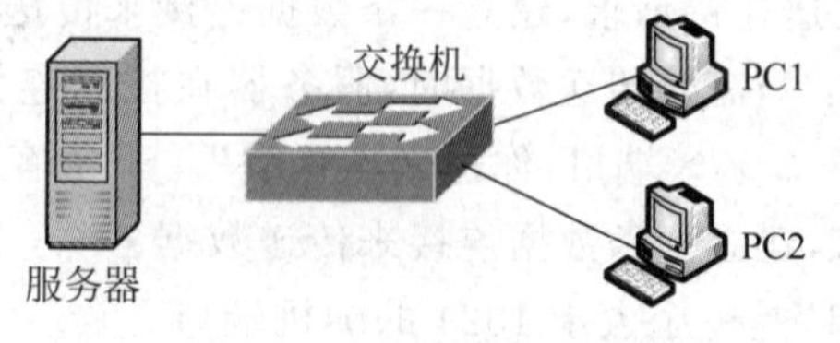

图10-9　网络拓扑结构

4. 实施步骤

1) 硬件连接

如图10-9所示，用3根直通线分别将服务器、PC1和PC2连接到交换机上，检查网卡和交换机的相应指示灯是否亮起，判断网络是否正常联通。

2) 配置TCP/IP

配置服务器的IP地址为192.168.10.10，子网掩码为255.255.255.0。设置PC1和PC2自动获得IP地址及DNS服务器地址。

3) 安装DHCP服务器

步骤1：在安装Windows Server 2016操作系统的服务器上，选择"开始"→"服务器管理器"命令，打开"服务器管理器"窗口，如图10-10所示。

步骤2：选中左窗格中的"仪表板"，单击右窗格中的"添加角色和功能"选项，显示"开始之前"界面。

步骤3：单击"下一步"按钮，显示"选择安装类型"界面，选中"基于角色或基于功能的安装"单选按钮，如图10-11所示。

步骤4：单击"下一步"按钮，显示"选择目标服务器"界面，选中"从服务器池中选择服务器"单选按钮，选择默认的服务器(WIN2016-1)，如图10-12所示。

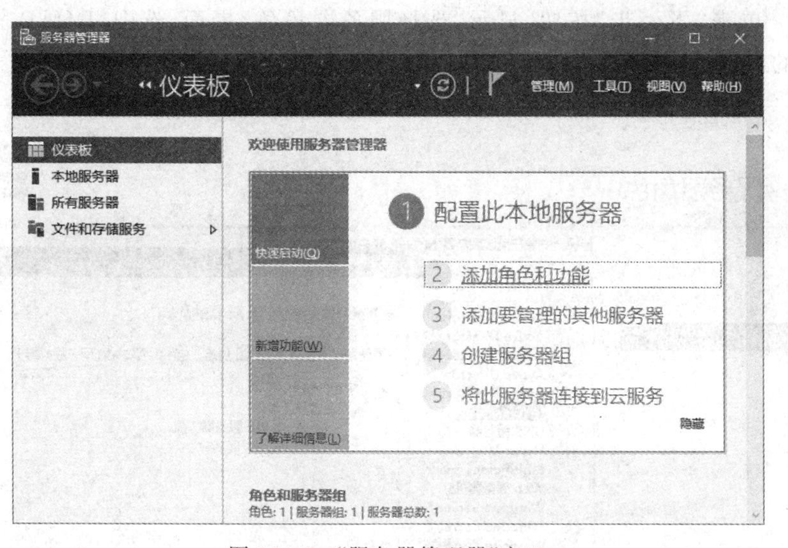

图 10-10　“服务器管理器”窗口

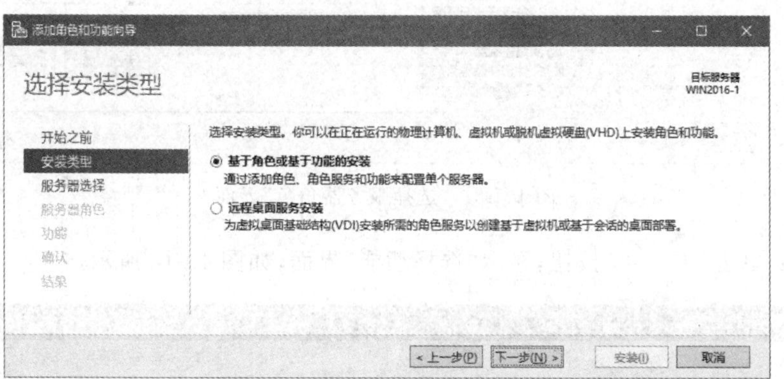

图 10-11　“选择安装类型”界面

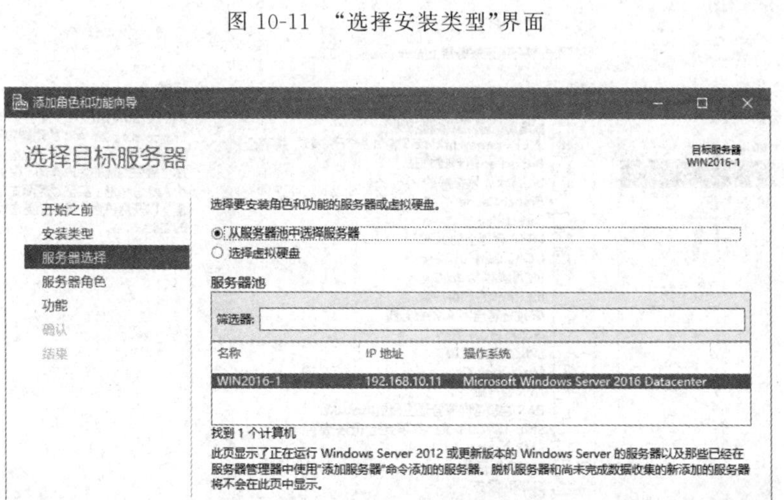

图 10-12　“选择目标服务器”界面

步骤5：单击"下一步"按钮，显示"选择服务器角色"界面，选中"DHCP服务器"复选框，在弹出的对话框中单击"添加功能"按钮，如图10-13所示。

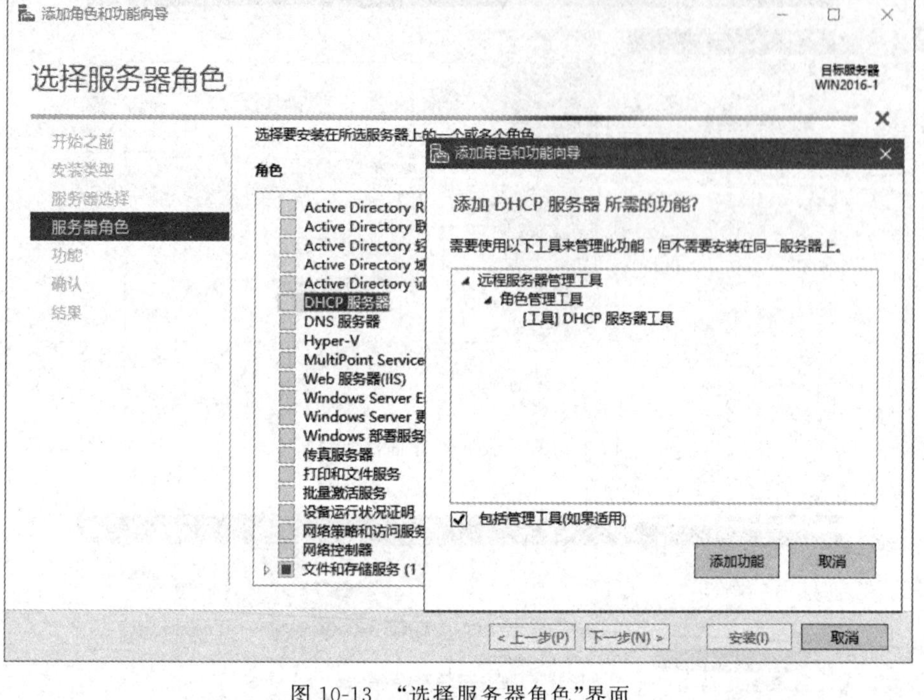

图10-13 "选择服务器角色"界面

步骤6：单击"下一步"按钮，显示"选择功能"界面，如图10-14所示。

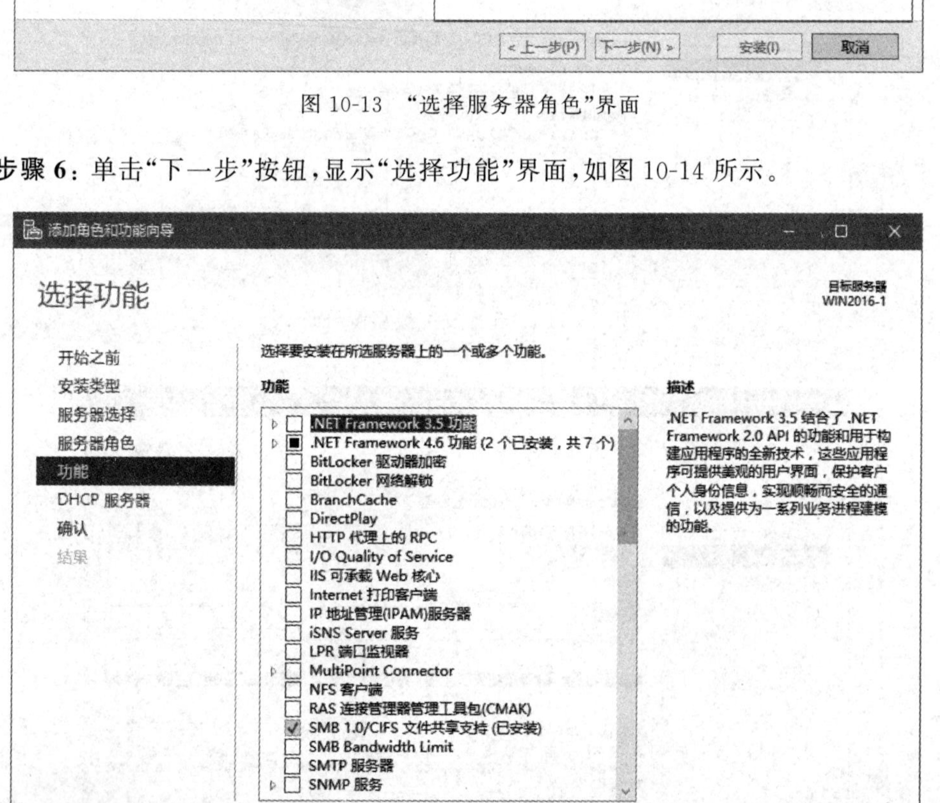

图10-14 "选择功能"界面

步骤 7：单击“下一步”按钮，显示“DHCP 服务器”界面。

步骤 8：单击“下一步”按钮，显示“确认安装所选内容”界面，如图 10-15 所示。

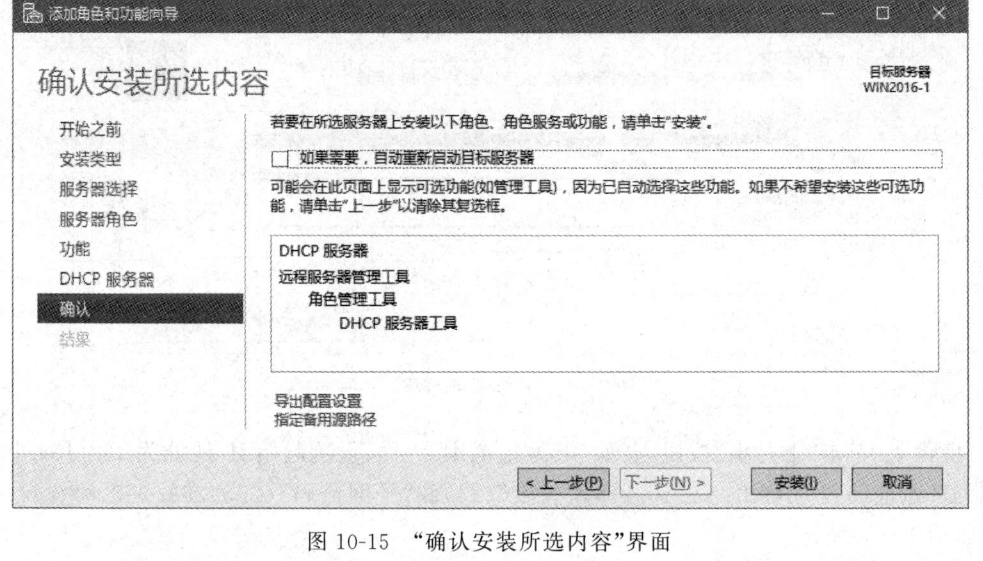
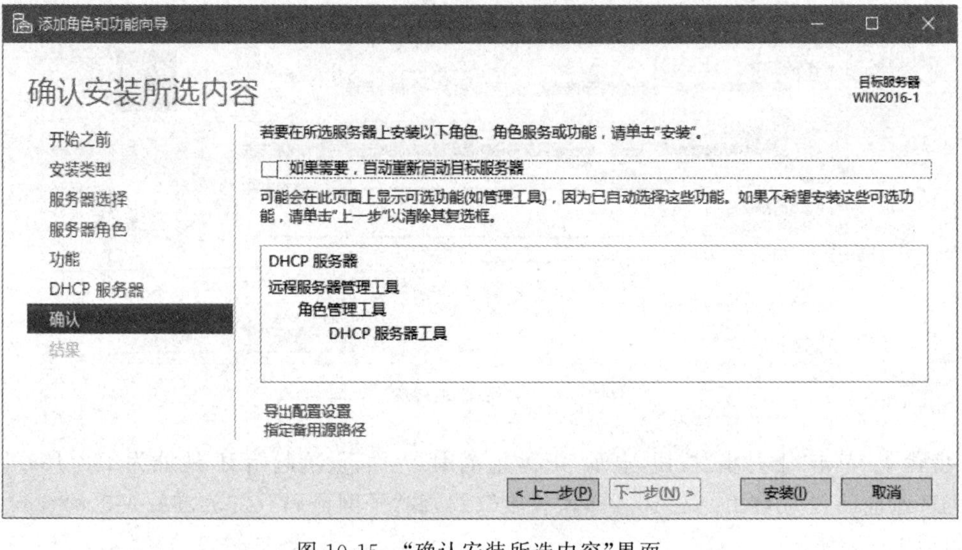

图 10-15　“确认安装所选内容”界面

步骤 9：单击“安装”按钮，安装成功后，单击“关闭”按钮。

4）配置 DHCP 服务器

步骤 1：在“服务器管理器”窗口中，选择“工具”→DHCP 命令，打开 DHCP 窗口。

步骤 2：展开 WIN2016-1 节点，右击 IPv4 节点，在弹出的快捷菜单中选择“新建作用域”命令，如图 10-16 所示。

图 10-16　DHCP 窗口

步骤 3：在打开的“新建作用域向导”窗口中单击“下一步”按钮，显示“作用域名称”界面，在“名称”文本框中输入“内网”，如图 10-17 所示。

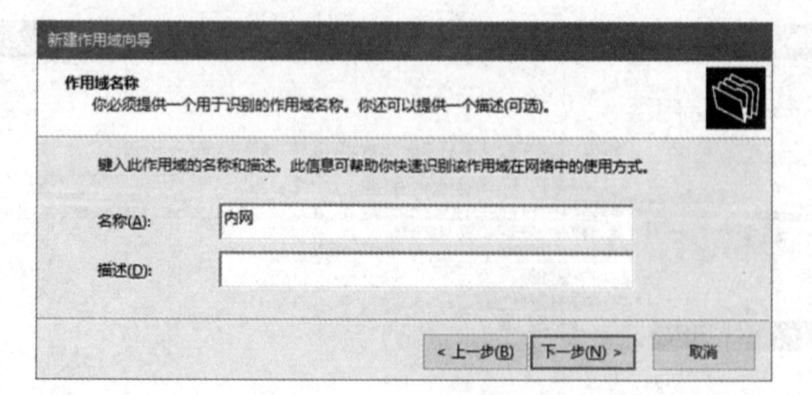

图 10-17 “作用域名称”界面

步骤 4：单击“下一步”按钮，显示“IP 地址范围”界面，设置起始 IP 地址为 192.168.10.1，结束 IP 地址设置为 192.168.10.254，“长度”(24)和“子网掩码”(255.255.255.0)会自动设置，如图 10-18 所示。

新建作用域向导
IP 地址范围
你通过确定一组连续的 IP 地址来定义作用域地址范围。
DHCP 服务器的配置设置
输入此作用域分配的地址范围。
起始 IP 地址(S): 192 . 168 . 10 . 1
结束 IP 地址(E): 192 . 168 . 10 . 254
传播到 DHCP 客户端的配置设置
长度(L): 24
子网掩码(U): 255 . 255 . 255 . 0
< 上一步(B)
下一步(N) >
取消

图 10-18 “IP 地址范围”界面

步骤 5：单击“下一步”按钮，显示“添加排除和延迟”界面，排除的起始 IP 地址设置为 192.168.10.1，结束 IP 地址设置为 192.168.10.10，单击“添加”按钮，如图 10-19 所示。

步骤 6：单击“下一步”按钮，显示“租用期限”界面，租用期限默认为 8 天，可以根据需要进行修改，如图 10-20 所示。

步骤 7：单击“下一步”按钮，显示“配置 DHCP 选项”界面，选中“是，我想现在配置这些选项”单选按钮，如图 10-21 所示。

步骤 8：单击“下一步”按钮，显示“路由器(默认网关)”界面，输入 IP 地址 192.168.10.1 之后，单击“添加”按钮，如图 10-22 所示。

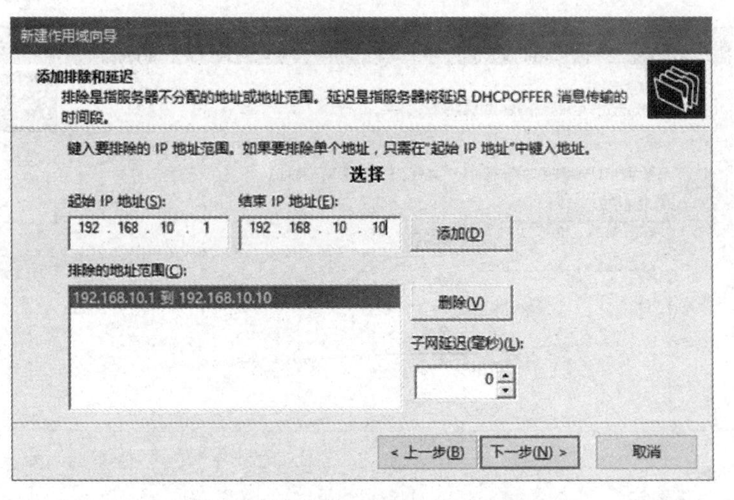

图 10-19　“添加排除和延迟”界面

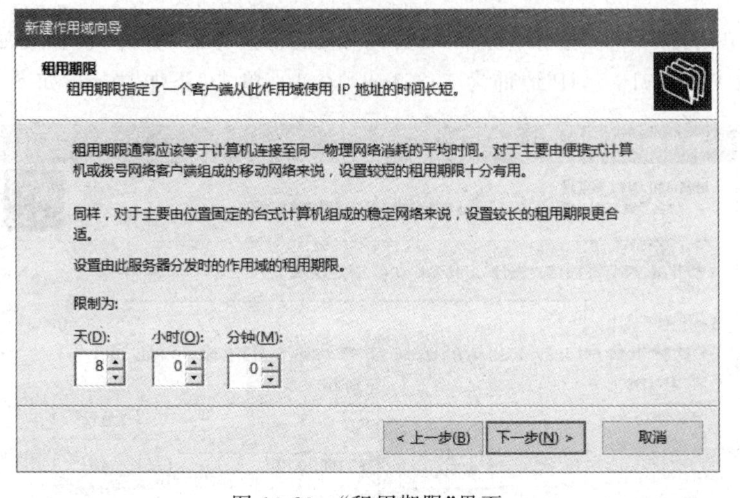

图 10-20　“租用期限”界面

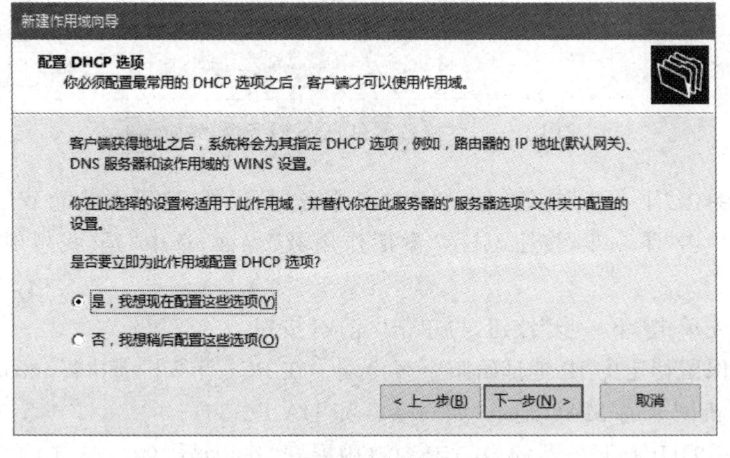

图 10-21　“配置 DHCP 选项”界面

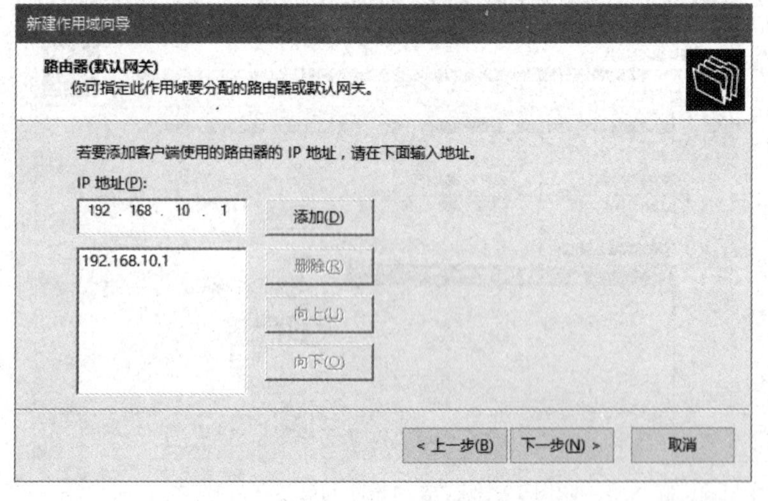

图 10-22 “路由器(默认网关)”界面

步骤 9：单击“下一步”按钮，显示“域名称和 DNS 服务器”界面，设置父域为 tzkj.com，服务器名称为 WIN2016-1，IP 地址为 192.168.10.10，单击“添加”按钮，如图 10-23 所示。

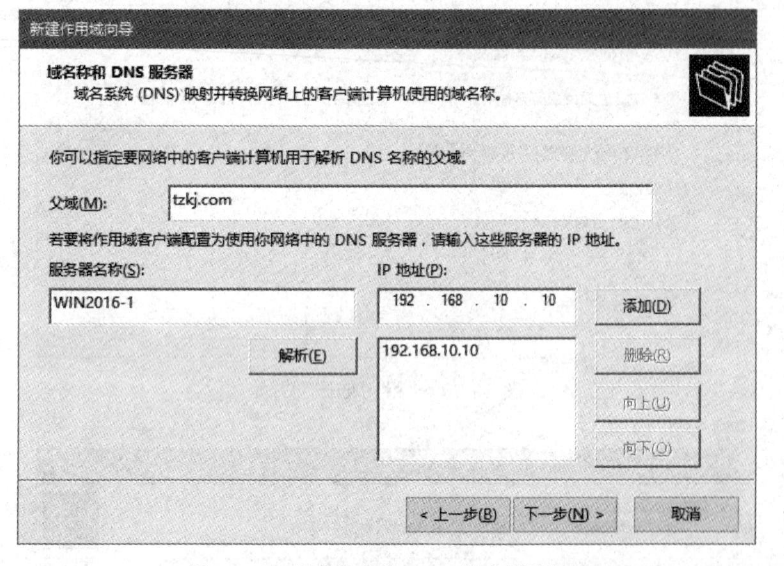

图 10-23 “域名称和 DNS 服务器”界面

步骤 10：单击“下一步”按钮，显示“WINS 服务器”界面，这里不设置 WIN 服务器。

步骤 11：单击“下一步”按钮，显示“激活作用域”界面，选中“是，我想现在激活此作用域”单选按钮。

步骤 12：先单击“下一步”按钮，再单击“完成”按钮。

步骤 13：保留特定的 IP 地址给某个客户端。在 PC1 计算机上执行 ipconfig /all 命令，记下 PC1 计算机网卡的 MAC 地址(如 00-0C-29-DA-E2-36)。

步骤 14：在 DHCP 服务器的 DHCP 窗口中展开“作用域[192.168.10.0]内网”节点，右击“保留”节点，在弹出的快捷菜单中选择“新建保留”命令，如图 10-24 所示。

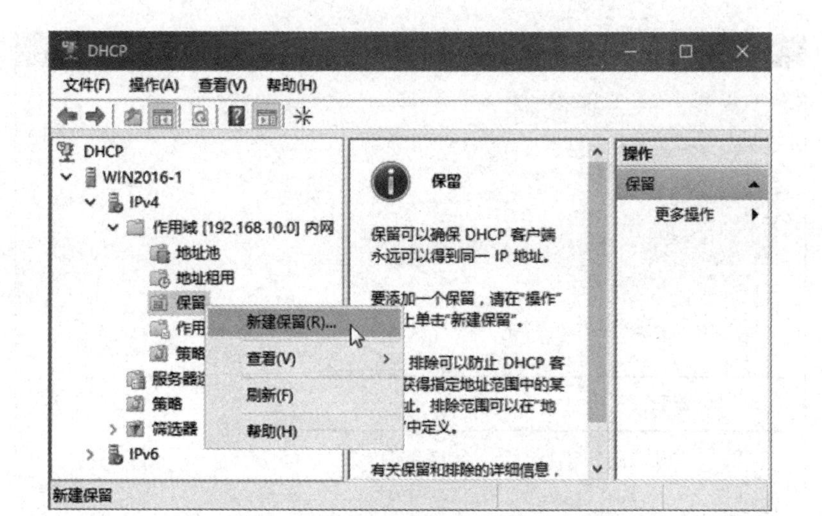

图 10-24　DHCP 窗口

步骤 15：在打开“新建保留”对话框中，输入保留名称(保留 100)、IP 地址(192.168.10.100)和 MAC 地址(00-0C-29-DA-E2-36)、描述(网管机使用)，如图 10-25 所示。

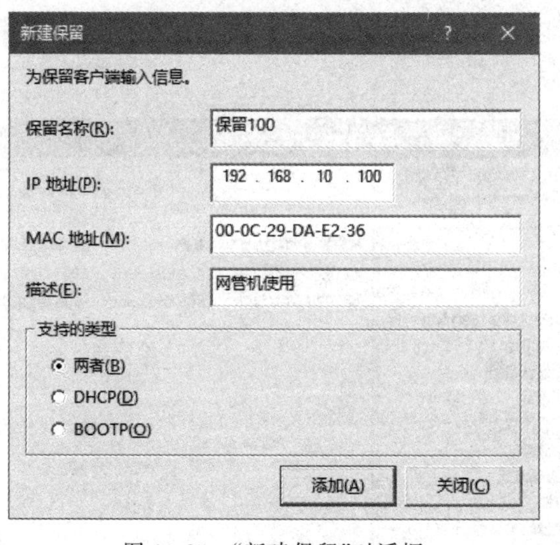

图 10-25　“新建保留”对话框

步骤 16：单击“添加”按钮，添加完成后，单击“关闭”按钮。

5) DHCP 客户机的配置与测试

步骤 1：设置 PC1、PC2 计算机自动获得 IP 地址及 DNS 服务器地址。

步骤 2：在 PC1 计算机中，运行 ipconfig/all 命令查看自动获得的 IP 地址，如图 10-26 所示，可见，这个 IP 地址是按上述设置获得的。

步骤 3：在 PC2 计算机中，运行 ipconfig 命令查看自动获得的 IP 地址。

步骤 4：在 PC1、PC2 计算机中运行 ipconfig/release 命令可以释放获得的 IP 地址，运行 ipconfig/renew 命令可以重新获得 IP 地址。

步骤 5：在 DHCP 服务器的 DHCP 窗口中展开“作用域[192.168.10.0]内网”节点，选

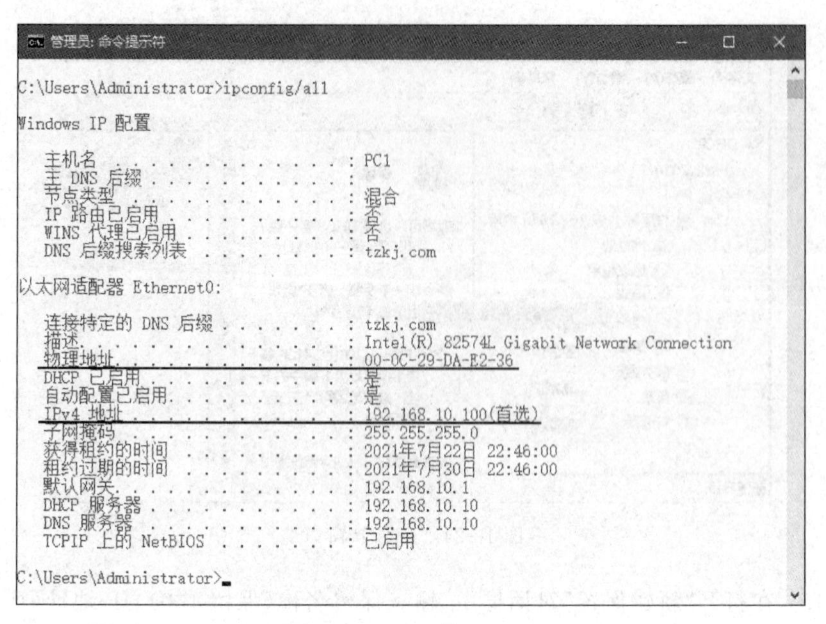

图 10-26　PC1 的 IP 地址

中“地址租用”节点,可以看到从当前 DHCP 服务器的当前作用域中租用 IP 地址的租约,如图 10-27 所示。

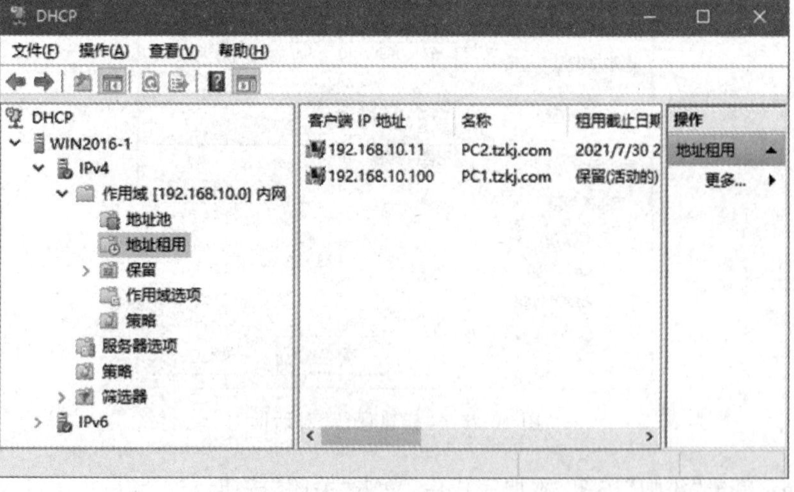

图 10-27　租用 IP 地址的租约

10.7.2　实训 2：DNS 服务器的配置

实训 2：DNS 服务器的配置

1. 实训目标

(1) 理解 DNS 的基本概念和工作原理。

(2) 掌握 DNS 服务器的安装和配置方法。

(3) 掌握 DNS 服务器的测试方法。

2. 网络拓扑结构

为了完成本实训，搭建了如图 10-9 所示的网络拓扑结构。

3. 实施步骤

1）硬件连接

如图 10-9 所示，用 3 根直通线分别将服务器、PC1 和 PC2 连接到交换机上，检查网卡和交换机的相应指示灯是否亮起，判断网络是否正常联通。

2）配置 TCP/IP

配置服务器的 IP 地址为 192.168.10.10，子网掩码为 255.255.255.0。启用服务器中的 DHCP 服务，并配置 PC1 和 PC2 自动获得 IP 地址及 DNS 服务器地址。

3）添加 DNS 服务器角色

如果在“开始”→“Windows 管理工具”菜单中找不到 DNS 命令，就需要手动添加 DNS 服务器角色。可以在“服务器管理器”窗口中添加 DNS 服务器角色，与添加 DHCP 服务器角色的过程基本相同，此处不再赘述。

添加完之后在“Windows 管理工具”菜单中会出现 DNS 命令。

4）在正向查找区域中建立主要区域

步骤 1：选择“开始”→“Windows 管理工具”→DNS 命令，打开“DNS 管理器”窗口。

步骤 2：展开 WIN2016-1 节点，右击“正向查找区域”节点，在弹出的快捷菜单中选择“新建区域”命令，如图 10-28 所示。

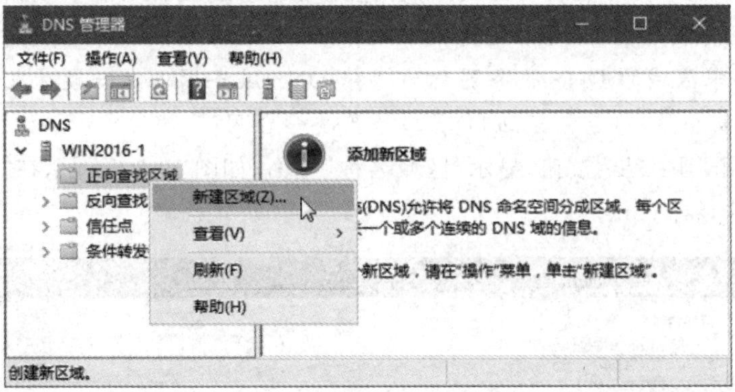

图 10-28　新建正向查找区域

【说明】 DNS 区域分为两大类，即正向查找区域和反向查找区域。正向查找区域用于域名到 IP 地址的映射，当 DNS 客户端请求解析某个域名时，DNS 服务器在正向查找区域中查找，并返回 DNS 客户端对应的 IP 地址；反向查找区域用于 IP 地址到域名的映射，当 DNS 客户端请求解析某个 IP 地址时，DNS 服务器在反向查找区域中查找，并返回给 DNS 客户端对应的域名。

步骤 3：在打开的“新建区域向导”对话框中单击“下一步”按钮，显示“区域类型”界面，如图 10-29 所示，选中“主要区域”单选按钮。

【说明】

（1）在 DNS 服务器设计中针对每个区域总是建议用户至少使用两台 DNS 服务器进行管理，其中一台作为主要 DNS 服务器，另外一台作为辅助 DNS 服务器。

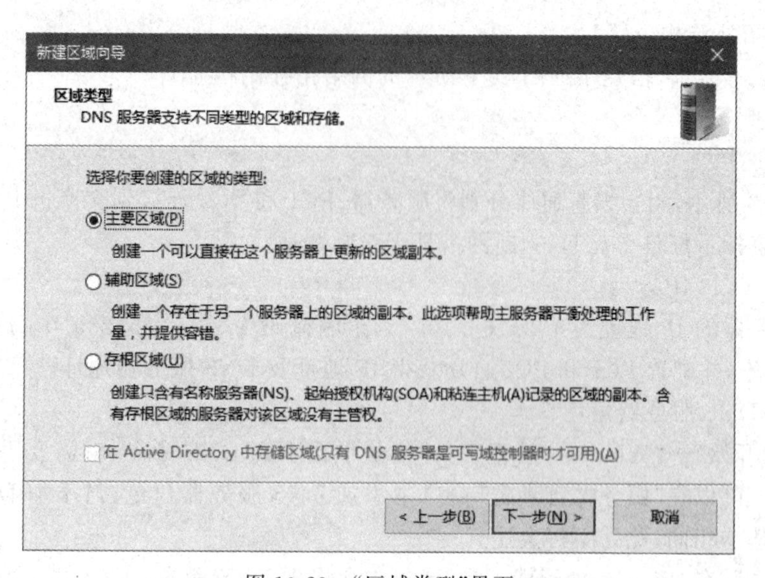

图 10-29 “区域类型”界面

(2) 主要区域的区域数据存放在本地文件中，只有主要 DNS 服务器可以管理此 DNS 区域。这意味着当主要 DNS 服务器出现故障时，此主要区域不能再修改，但是辅助 DNS 服务器还可以答复 DNS 客户端的 DNS 解析请求。

(3) 当 DNS 服务器管理辅助区域时，它将成为辅助 DNS 服务器。使用辅助 DNS 服务器不仅可以实现负载均衡，还可以避免单点故障。

(4) 管理存根区域的 DNS 服务器称为存根 DNS 服务器。在一般情况下，不需要单独部署存根 DNS 服务器，而是和其他 DNS 服务器类型合用。

步骤 4：单击“下一步”按钮，显示“区域名称”界面，如图 10-30 所示，在“区域名称”文本框中输入区域名 tzkj.com。

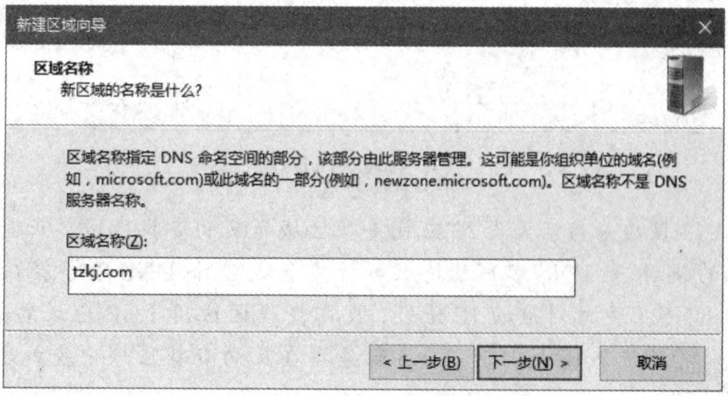

图 10-30 “区域名称”界面

步骤 5：单击“下一步”按钮，显示“区域文件”界面，如图 10-31 所示。因为创建的是新区域，所以选中“创建新文件，文件名为”单选按钮，对应的文本框中已自动填入以域名为文件名的 DNS 文件。这个 DNS 文件的默认文件名为 tzkj.com.dns(区域名+.dns)，被保存在%SystemRoot%\system32\dns 文件夹中。

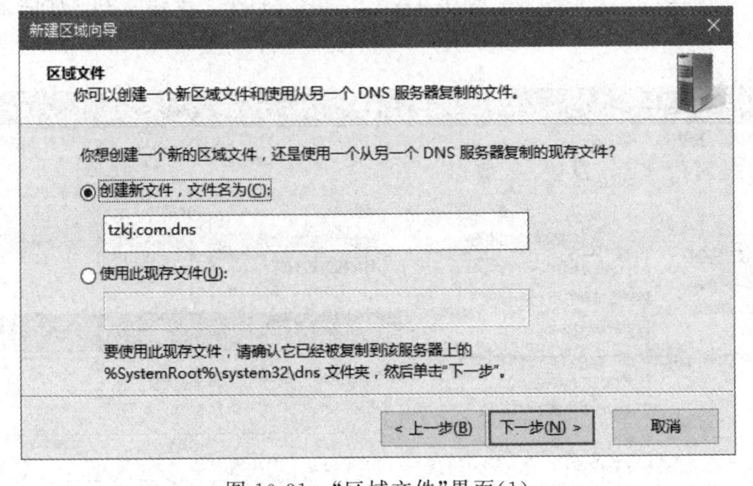

图 10-31　“区域文件”界面(1)

如果要使用已有的区域文件，那么先选中“使用此现存文件”单选按钮，再将该现存的文件复制到%SystemRoot%\system32\dns 文件夹中即可。

步骤 6：单击“下一步”按钮，显示“动态更新”界面，如图 10-32 所示。如果选中“允许非安全和安全动态更新”单选按钮，那么表示任何客户端都接收资源记录的动态更新，该设置存在安全隐患。这里选中“不允许动态更新”单选按钮，表示不接收资源记录的动态更新，更新必须手动进行。

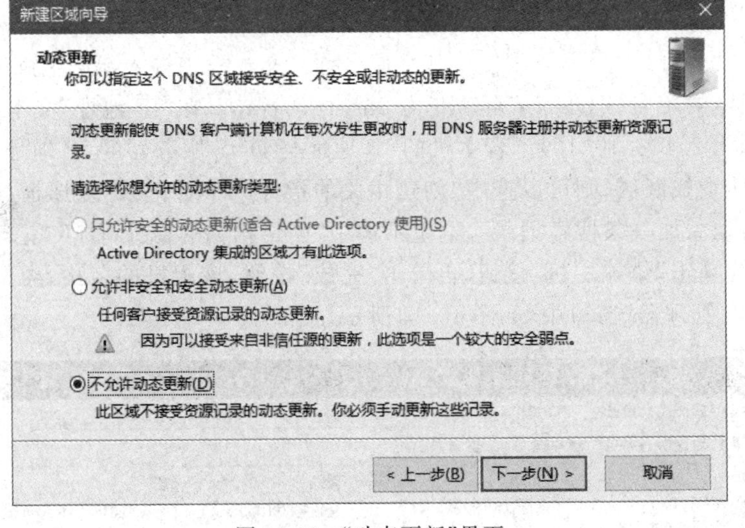

图 10-32　“动态更新”界面

步骤 7：先单击“下一步”按钮，再单击“完成”按钮，新区域 tzkj. com 已添加到正向查找区域中。

5）在主要区域中新建资源记录

(1) 新建主机记录。

步骤 1：展开“正向查找区域”节点，右击要新建主机记录的区域名(如 tzkj. com)，在弹出的快捷菜单中选择“新建主机(A 或 AAAA)”命令,打开“新建主机”对话框,如图 10-33 所示。

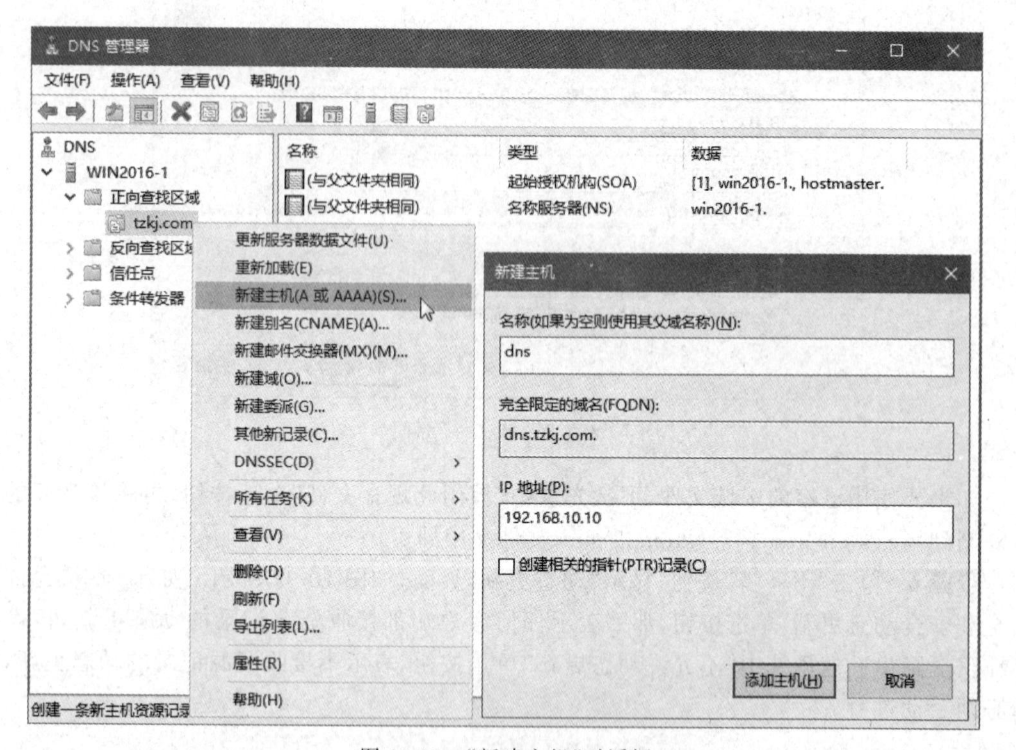

图 10-33 “新建主机”对话框

步骤 2:在“名称(如果为空则使用其父域名称)”文本框中输入新增主机记录的名称(如 dns),“完全限定的域名(FQDN)”自动变为 dns. tzkj. com。在“IP 地址”文本框中输入主机的 IP 地址(如 192. 168. 10. 10)。若主机的 IP 地址与 DNS 服务器的 IP 地址在同一个子网中,并且有反向查找区域,则可以选中“创建相关的指针(PTR)记录”复选框,这样会在反向查找区域中自动添加一条搜索记录。这里不选中“创建相关的指针(PTR)记录”复选框。

步骤 3:先单击“添加主机”按钮,再单击“完成”按钮,该主机的名称、类型及 IP 地址就会显示在“DNS 管理器”窗口中,如图 10-34 所示。

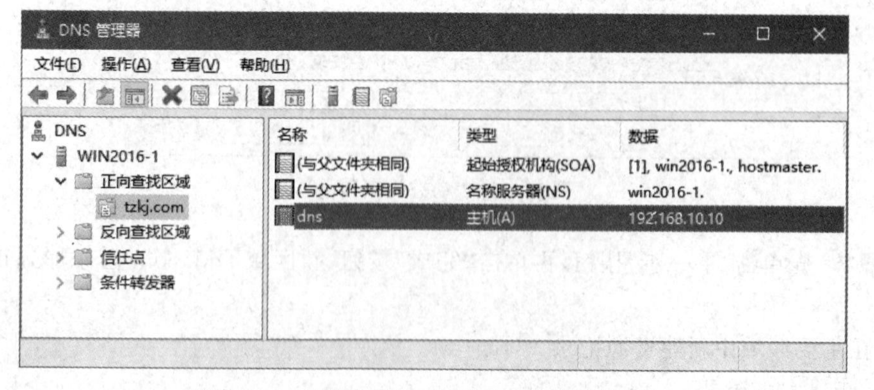

图 10-34 新建主机记录后的“DNS 管理器”窗口

步骤 4：重复以上步骤，将多台主机的信息输入此区域中。

(2) 新建主机别名。当一台主机需要使用多个主机名称时，可以为该主机设置别名。例如，一台主机(dns. tzkj. com)用作 DNS 服务器时名为 dns. tzkj. com，用作 DHCP 服务器时名为 dhcp. tzkj. com，用作 Web 服务器时名为 www. tzkj. com，用作 FTP 服务器时名为 ftp. tzkj. com，但这些名称都是指同一 IP 地址(192. 168. 10. 10)的主机。

步骤 1：在正向查找区域中，右击想要新建主机别名的区域名(如 tzkj. com)，在弹出的快捷菜单中选择“新建别名”命令，打开“新建资源记录”对话框，如图 10-35 所示。

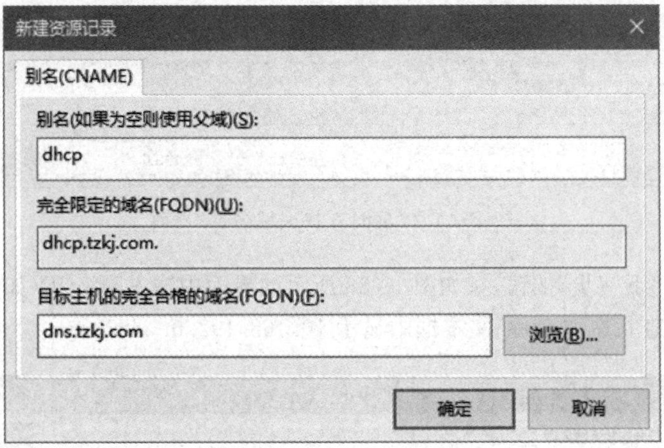

图 10-35　“新建资源记录”对话框

步骤 2：先在“别名(如果为空则使用父域)”文本框中输入别名 dhcp，再在“目的主机的完全合格的域名(FQDN)”文本框中输入 dns. tzkj. com(也可以通过单击“浏览”按钮进行选择)，单击“确定”按钮完成别名设置。

步骤 3：使用相同的方法，新建别名 www、ftp 等。图 10-36 显示了 dns. tzkj. com 的别名为 dhcp. tzkj. com、www. tzkj. com 和 ftp. tzkj. com。

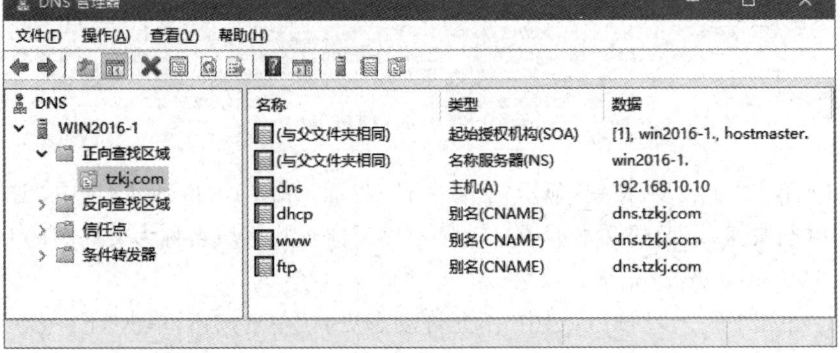

图 10-36　新建主机别名后的“DNS 管理器”窗口

6）在反向查找区域中建立主要区域

步骤 1：右击“反向查找区域”节点，在弹出的快捷菜单中选择“新建区域”命令，打开“新建区域向导”对话框。

步骤2：单击“下一步”按钮，显示“区域类型”界面，选中“主要区域”单选按钮。

步骤3：单击“下一步”按钮，显示“反向查找区域名称”界面，如图10-37所示，选中“IPv4反向查找区域”单选按钮。

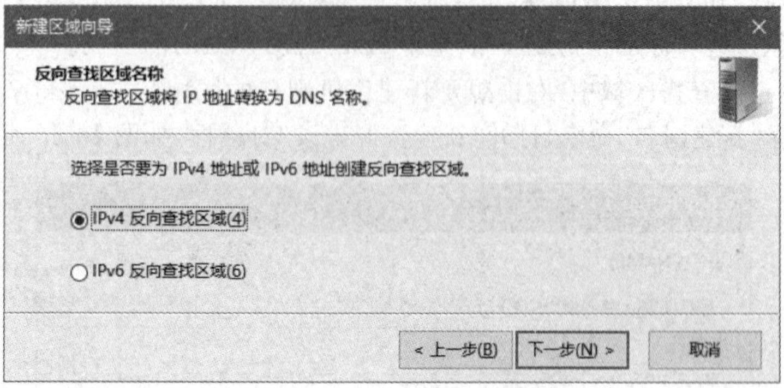

图10-37 “反向查找区域名称”界面

步骤4：单击“下一步”按钮，在如图10-38所示的界面中输入网络ID(如192.168.10.)，这时会自动在“反向查找区域名称”文本框中显示10.168.192.in-addr.arpa。

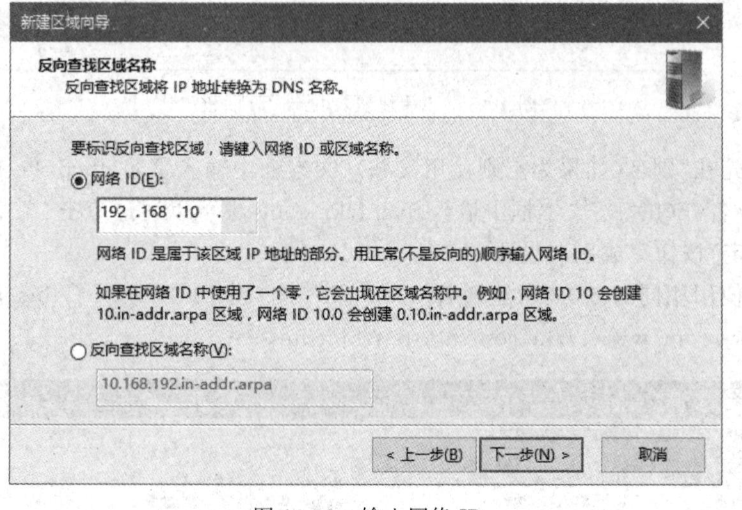

图10-38 输入网络ID

步骤5：单击“下一步”按钮，显示“区域文件”界面，如图10-39所示，选中“创建新文件，文件名为”单选按钮，下面的文本框中自动显示以反向查找区域名称为文件名的DNS文件，即10.168.192.in-addr.arpa.dns文件。

步骤6：单击“下一步”按钮，选中“不允许动态更新”单选按钮，单击“下一步”按钮，单击“完成”按钮即可完成设置。10.168.192.in-addr.arpa就添加到反向查找区域中，如图10-40所示。

7) 在反向查找区域中建立指针记录

步骤1：在图10-40中，右击10.168.192.in-addr.arpa节点，在弹出的快捷菜单中选择“新建指针”命令，打开“新建资源记录”对话框，如图10-41所示。

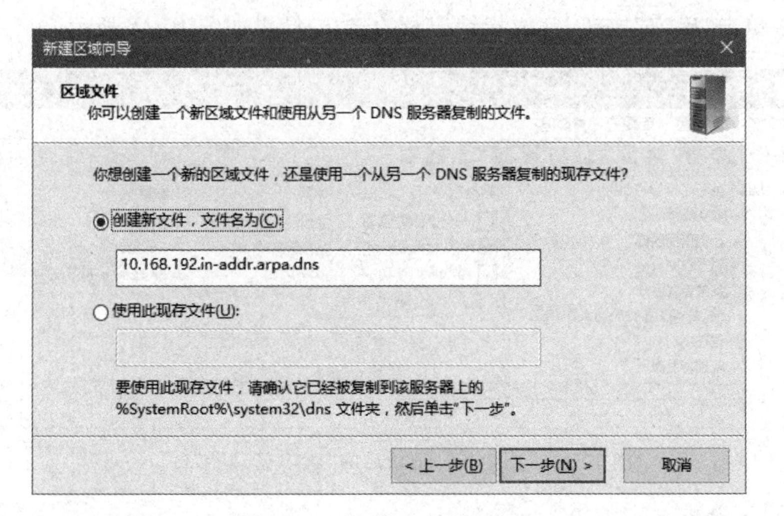

图 10-39　“区域文件”界面(2)

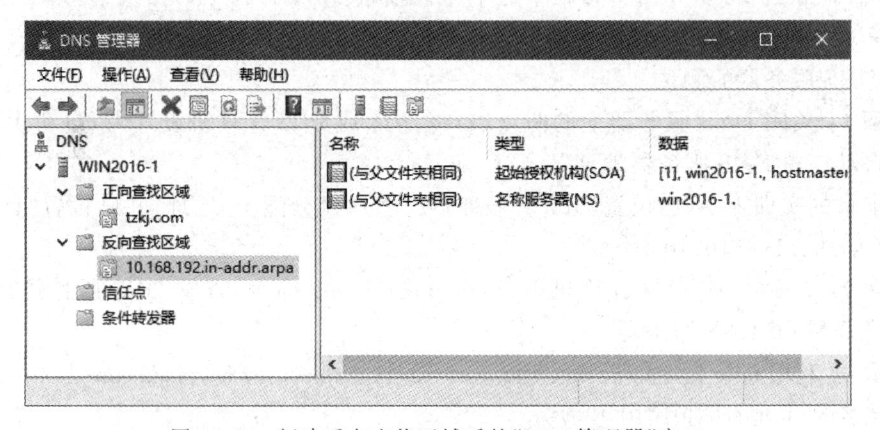

图 10-40　新建反向查找区域后的“DNS 管理器”窗口

图 10-41　“新建资源记录”对话框

步骤 2：在“主机 IP 地址”文本框中输入主机 IP 地址(如 192.168.10.10)。在“主机名”文本框中输入指针指向的域名(如 dns.tzkj.com)，也可通过单击“浏览”按钮进行选择。

步骤3：单击“确定”按钮，完成指针记录的建立，结果如图10-42所示。

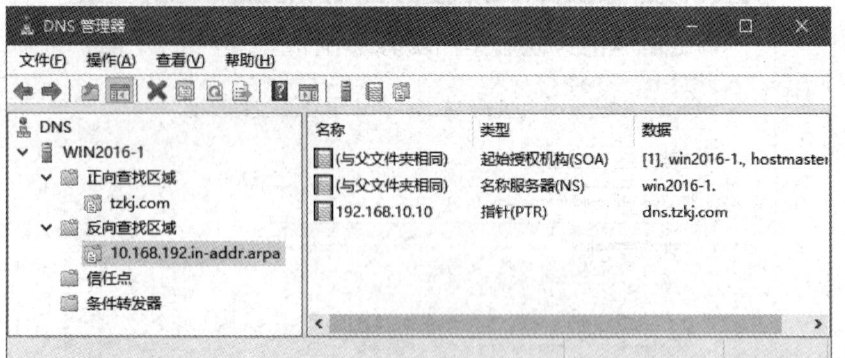
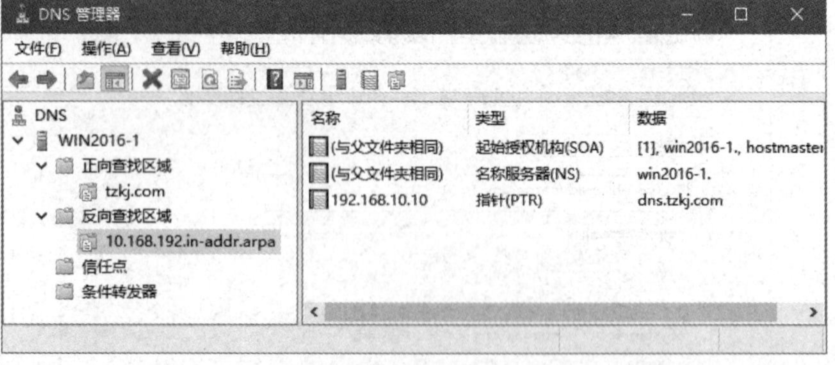

图10-42　新建指针记录后的“DNS管理器”窗口

【说明】　在正向查找区域中建立主机记录时，可以顺便在反向查找区域中建立一条反向记录，在如图10-33所示的对话框中选中“创建相关的指针(PTR)记录”复选框即可。在选中此复选框时，相对应的反向查找区域必须已经存在。

8) DNS服务器的测试

步骤1：关闭DNS服务器上的防火墙，将PC1或PC2计算机设置为“自动获得IP地址”和“自动获得DNS服务器地址”。

在本章的实训1中，已设置DHCP服务器为客户机分配IP地址，并已设置“首选DNS服务器”为192.168.10.10。

步骤2：在PC1或PC2计算机中，运行ipconfig/all命令，查看DNS服务器的配置情况，确认已配置了DNS服务器。

步骤3：利用ping命令解析dns.tzkj.com、dhcp.tzkj.com、www.tzkj.com和ftp.tzkj.com等主机域名的IP地址，如图10-43所示。

```
管理员: 命令提示符
C:\Users\Administrator>ping dns.tzkj.com

正在 Ping dns.tzkj.com [192.168.10.10] 具有 32 字节的数据:
来自 192.168.10.10 的回复: 字节=32 时间<1ms TTL=128
来自 192.168.10.10 的回复: 字节=32 时间<1ms TTL=128
来自 192.168.10.10 的回复: 字节=32 时间<1ms TTL=128
来自 192.168.10.10 的回复: 字节=32 时间<1ms TTL=128

192.168.10.10 的 Ping 统计信息:
    数据包: 已发送 = 4, 已接收 = 4, 丢失 = 0 (0% 丢失),
往返行程的估计时间(以毫秒为单位):
    最短 = 0ms, 最长 = 0ms, 平均 = 0ms

C:\Users\Administrator>
```

图10-43　利用ping命令检测DNS服务

步骤4：运行nslookup www.tzkj.com命令，检测DNS服务器是否能返回www.tzkj.com与其IP地址的映射关系，如图10-44所示。

步骤5：运行ping -a 192.168.10.10命令，检测DNS服务器是否能将IP地址解析成主机域名。

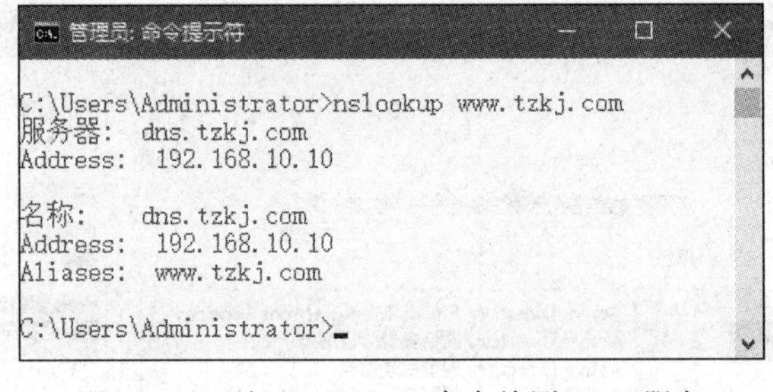

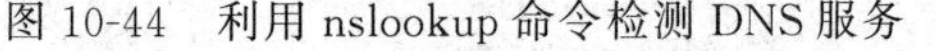
图 10-44　利用 nslookup 命令检测 DNS 服务

步骤 6：运行 ipconfig/displaydns 命令，查看客户机高速缓冲区中的域名与其 IP 地址的映射关系，其中包括域名、类型、生存时间和 IP 地址等信息。运行 ipconfig/flushdns 命令，清除客户机高速缓冲区中的域名与其 IP 地址的映射关系。

10.7.3　实训 3：Web 服务器的配置

1. 实训目标

(1) 掌握安装和配置 IIS 的方法。

(2) 掌握设置和使用虚拟目录的方法。

2. 网络拓扑结构

为了完成本实训，搭建了如图 10-9 所示的网络拓扑结构。

实训 3：Web 服务器的配置

3. 实施步骤

1) 硬件连接

如图 10-9 所示，用 3 根直通线分别将服务器、PC1 和 PC2 连接到交换机上，检查网卡和交换机的相应指示灯是否亮起，判断网络是否正常联通。

2) 配置 TCP/IP

配置服务器的 IP 地址为 192.168.10.10，子网掩码为 255.255.255.0。启用服务器中的 DHCP 和 DNS 角色服务，并配置 PC1、PC2 自动获得 IP 地址和 DNS 服务器地址。

3) 安装 Web 服务器(IIS)角色

在默认情况下，Windows Server 2016 服务器中并没有安装 IIS 角色，需要手动安装，安装步骤如下。

步骤 1：在"服务器管理器"窗口中，选中左窗格中的"仪表板"，单击右窗格中的"添加角色和功能"选项。

步骤 2：在打开的"添加角色和功能向导"窗口中，多次单击"下一步"按钮，直至显示"选择服务器角色"界面，如图 10-45 所示，选中"Web 服务器(IIS)"复选框。

步骤 3：单击"下一步"按钮，显示"选择功能"界面。

步骤 4：单击"下一步"按钮，显示"Web 服务器角色"界面。

步骤 5：单击"下一步"按钮，显示"选择角色服务"界面，默认只安装 Web 服务所必需的角色服务，这里安装所有的角色服务，如图 10-46 所示。

【提示】 若选中"FTP 服务器"复选框选，则在安装 Web 服务器的同时，也安装了 FTP 服务器。

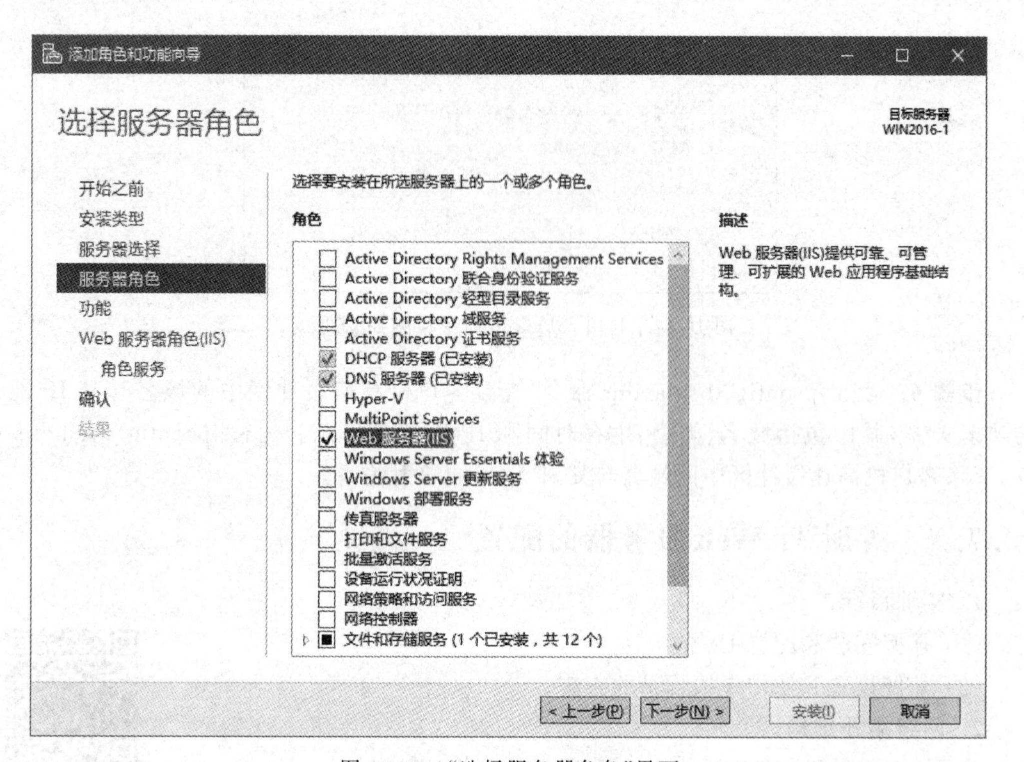

图 10-45 “选择服务器角色”界面

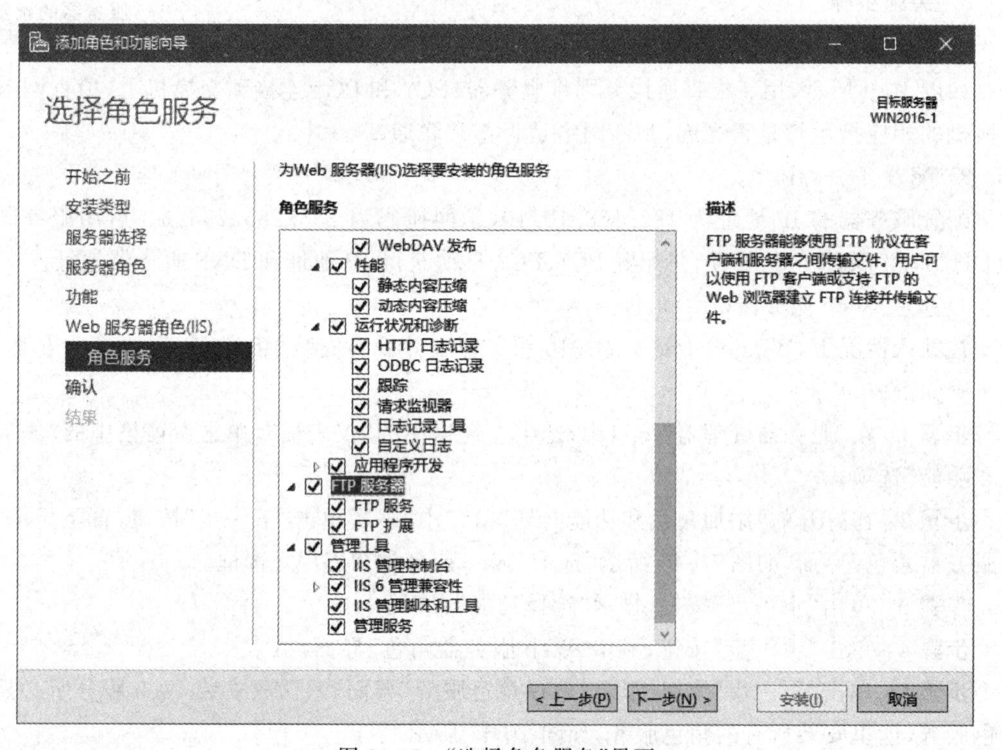

图 10-46 “选择角色服务”界面

步骤 6：单击“下一步”按钮，显示“确认安装所选内容”界面。

步骤 7：单击“安装”按钮，开始安装 Web 服务器和 FTP 服务器，安装完成后，单击“关闭”按钮。

4）测试 Web 服务器(IIS)的可用性

在安装好 IIS 角色之后，需要测试其可用性。

步骤 1：打开浏览器，在地址栏中输入 http://127.0.0.1 或 http://localhost，按 Enter 键。如果在网络中的其他计算机上进行测试，就需要在地址栏中输入“http://Web 站点的域名”，或者输入“http://Web 站点的 IP 地址”。

步骤 2：如果能打开如图 10-47 所示的欢迎页面，就说明测试成功，该网页的内容对应 IIS 的默认网站中的 iisstart.htm 文件。

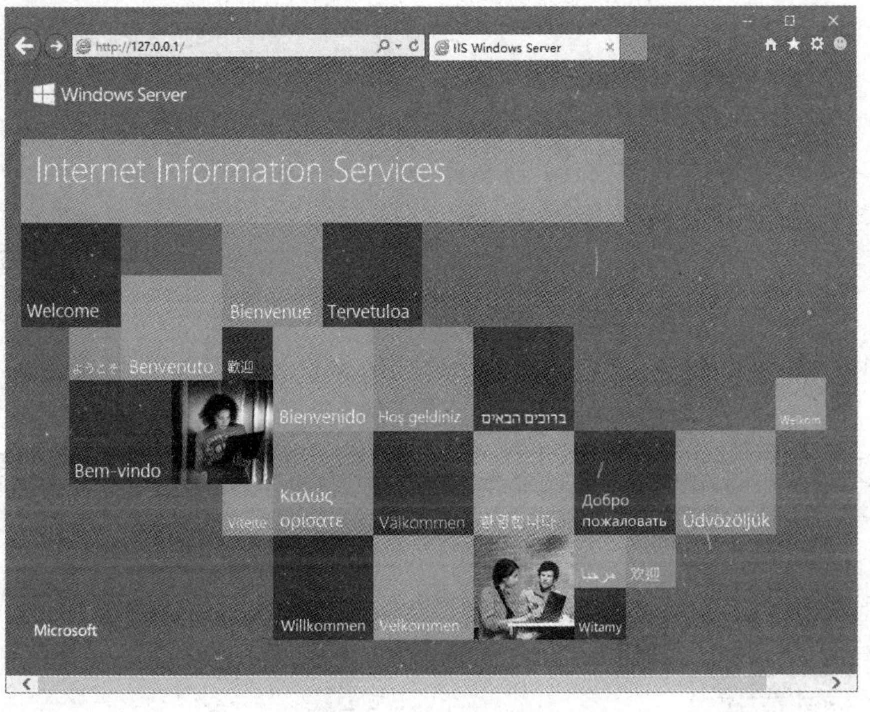

图 10-47　IIS 测试成功

5）新建 Web 网站

步骤 1：停止默认网站(Default Web Site)。选择“开始”→“Windows 管理工具”→“Internet Information Services(IIS)管理器”命令，打开“Internet Information Services(IIS)管理器”窗口。展开“网站”节点，选中 Default Web Site 节点，在右侧窗格中单击“停止”链接即可停止正在运行的默认网站，如图 10-48 所示。

步骤 2：准备 Web 网站内容。新建 C:\myweb 文件夹作为网站的主目录，使用记事本、Dreamweaver 等软件制作一个简单的网页文件 index.htm(内容可以设为“您好，这是 192.168.10.10 上的主页。”)，并将该文件保存在 C:\myweb 文件夹中。默认网站的主目录为 C:\inetpub\wwwroot。

步骤 3：在“Internet Information Services(IIS)管理器”窗口中展开服务器(如

图 10-48　停止正在运行的默认网站(Default Web Site)

WIN2016-1)节点,右击“网站”节点,在弹出的快捷菜单中选择“添加网站”命令,如图 10-49 所示。

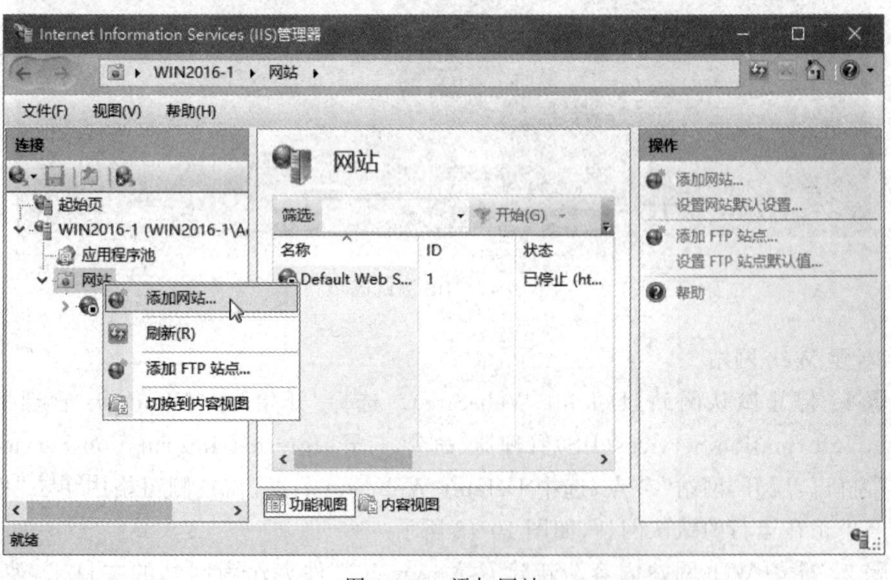

图 10-49　添加网站

步骤 4:在打开的“添加网站”对话框中设置网站名称(如 myweb)、物理路径(如 C:\myweb)、类型(如 http)、IP 地址(如 192.168.10.10)和端口(如 80),选中“立即启动网站”复选框,如图 10-50 所示,单击“确定”按钮,完成 myweb 网站的创建。

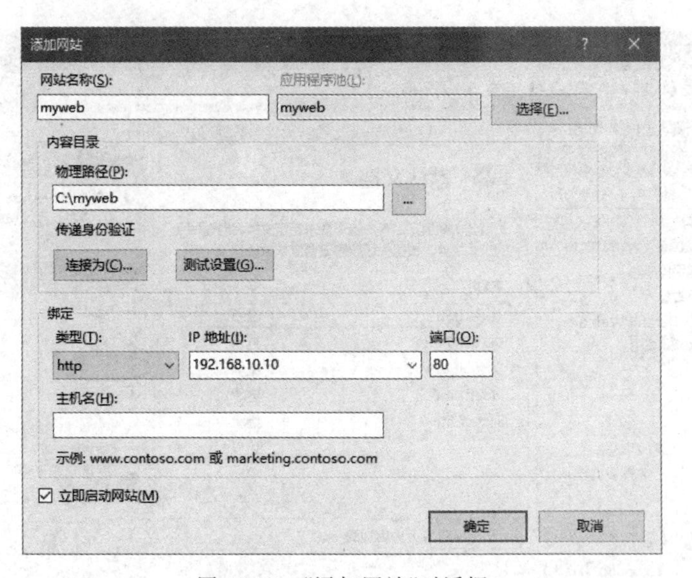

图 10-50　“添加网站”对话框

6）设置网站属性

步骤 1：在“Internet Information Services(IIS)管理器”窗口中选中左窗格中的 myweb 节点，在“功能视图”选项卡中向下滚动，找到“默认文档”图标并双击，如图 10-51 所示。

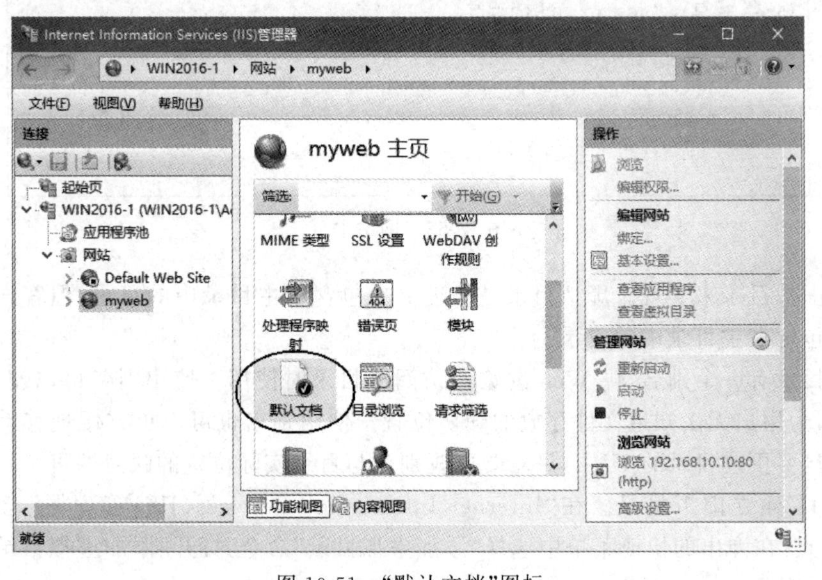

图 10-51　“默认文档”图标

步骤 2：在“默认文档”界面中选中 index. htm 文件，多次单击右窗格中的“上移”链接，将 index. htm 文件移至顶端，如图 10-52 所示。

步骤 3：在本机(或客户端)的浏览器地址栏中输入 http://192. 168. 10. 10 或 http://www. tzkj. com 即可浏览网站主页，如图 10-53 所示。

7）设置虚拟目录

从主目录发布网站信息存在一定的安全隐患。要从主目录以外的目录发布信息，可以

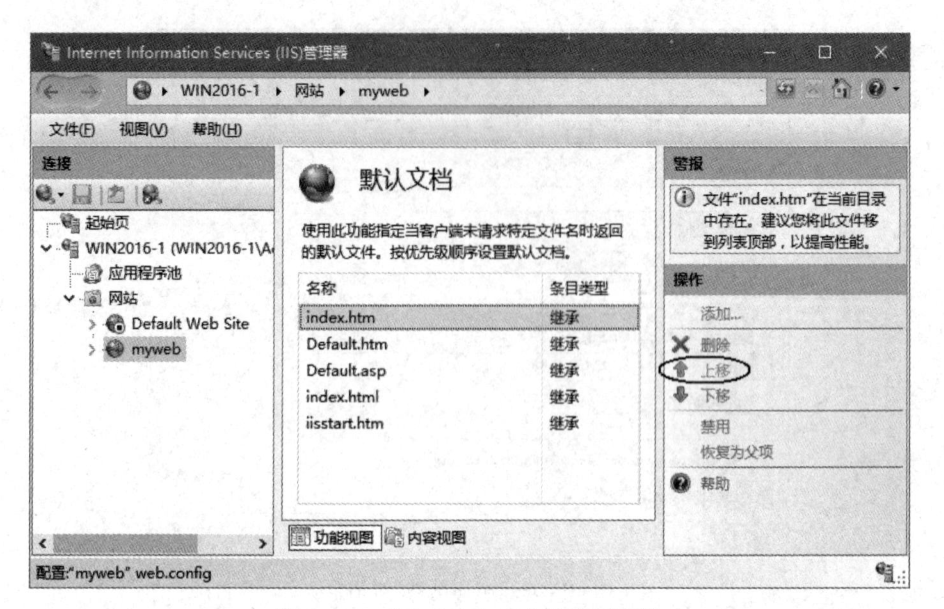

图 10-52　将 index. htm 文件移至顶端

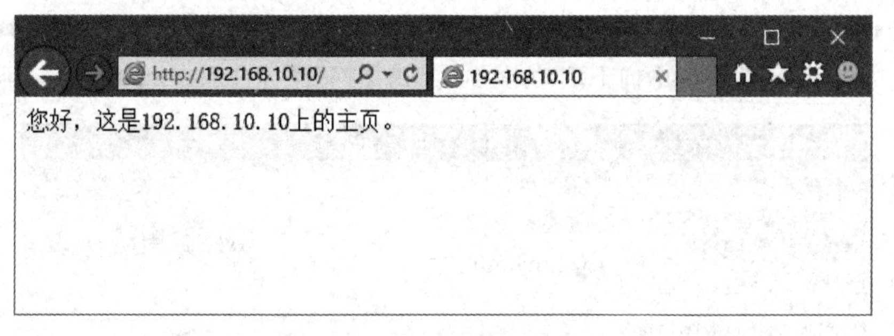

图 10-53　网站主页

通过创建虚拟目录来实现。虚拟目录是物理上未包含在主目录中的目录,但客户端浏览器却认为是包含在主目录中的目录。

虚拟目录有一个别名,供 Web 浏览器访问此目录时使用。使用别名可以使 Web 站点更安全,因为用户无法知道文件存放的确切位置。使用别名也可以更方便地移动站点中的目录。一旦要更改目录的 URL,只需要更改别名与目录实际位置的映射即可。

步骤 1:建立虚拟目录。在"Internet Information Services(IIS)管理器"窗口中右击 myweb 节点,在弹出的快捷菜单中选择"添加虚拟目录"命令,打开"添加虚拟目录"对话框,如图 10-54 所示。

步骤 2:在"别名"文本框中输入虚拟目录的别名(如 web),在"物理路径"文本框中输入网站内容所在的目录路径(如 C:\myweb),也可以通过单击右侧的按钮进行选择。单击"确定"按钮,完成虚拟目录的设置。

至此,已创建好指向实际目录(如 C:\myweb)的虚拟目录 web。

步骤 3:在本机(或客户端)的浏览器地址栏中输入 http://192. 168. 10. 10/web 或 http://www. tzkj. com/web 即可浏览网站主页,如图 10-55 所示。

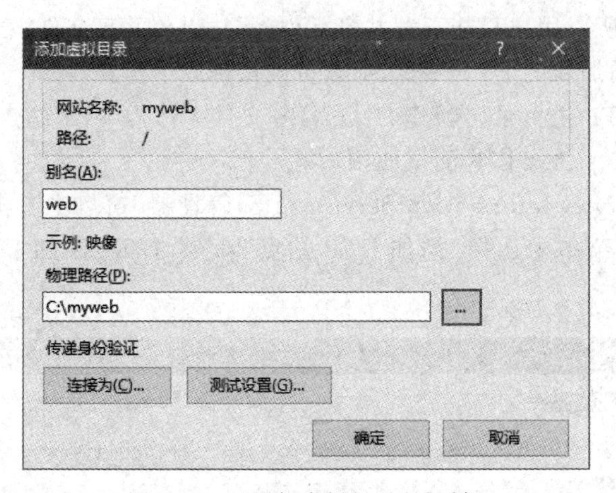

图 10-54　“添加虚拟目录”对话框

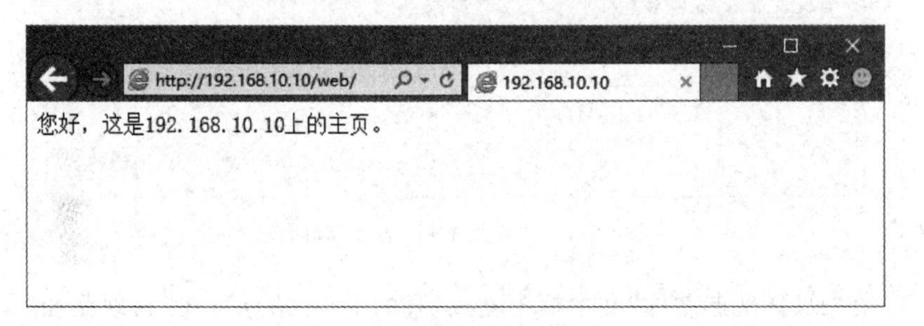

图 10-55　通过虚拟目录访问网站主页

10.7.4　实训 4：FTP 服务器的配置

1. 实训目标

(1) 掌握 IIS 中 FTP 服务器的安装和配置方法。

(2) 掌握 FTP 客户端的使用方法。

实训 4：FTP 服务器的配置

2. 网络拓扑结构

为了完成本实训,搭建了如图 10-9 所示的网络拓扑结构。

3. 实施步骤

1) 硬件连接

如图 10-9 所示,用 3 根直通线分别将服务器、PC1 和 PC2 连接到交换机上,检查网卡和交换机的相应指示灯是否亮起,判断网络是否正常联通。

2) 配置 TCP/IP

配置服务器的 IP 地址为 192.168.10.10,子网掩码为 255.255.255.0。启用服务器中的 DHCP 服务和 DNS 服务,并配置 PC1 和 PC2 自动获得 IP 地址及 DNS 服务器地址。

3) 新建 FTP 站点

本章的实训 3 中在安装 IIS 角色时,也安装了 FTP 服务器角色服务。默认 FTP 站点的主目录是 C:\inetpub\ftproot,所以只要将需要实现共享的文件复制到该主目录中,用户即可通过 FTP 客户端以匿名方式登录到 FTP 服务器并下载共享文件。在默认状态下,FTP

主目录为只读方式,所以用户只能下载共享文件,无法上传共享文件。

如果用户希望添加新的 FTP 站点,那么可以执行以下步骤。

步骤 1:准备 FTP 主目录。新建 C:\myftp 文件夹作为 FTP 站点的主目录,并在该文件夹中新建文件 ftptest.txt 作为测试使用。

步骤 2:在“Internet Information Services(IIS)管理器”窗口中右击左窗格中的“网站”节点,在弹出的快捷菜单中选择“添加 FTP 站点”命令,打开“添加 FTP 站点”对话框,如图 10-56 所示。

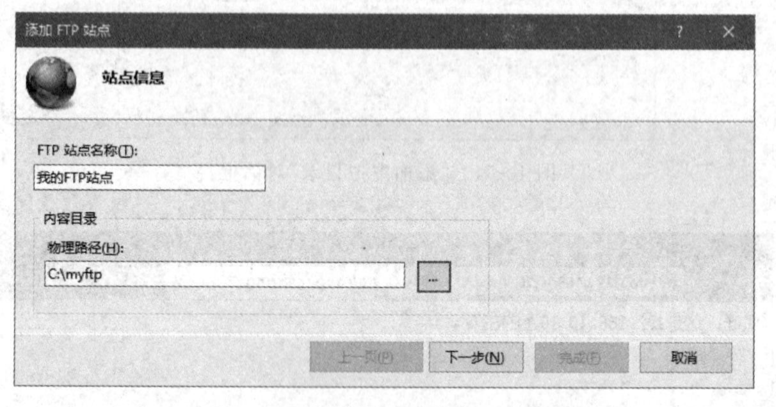

图 10-56 “添加 FTP 站点”对话框

步骤 3:在“FTP 站点名称”文本框中输入“我的 FTP 站点”,在“物理路径”文件框中输入 C:\myftp。

步骤 4:单击“下一步”按钮,显示“绑定和 SSL 设置”界面,如图 10-57 所示,指定 IP 地址(如 192.168.10.10)和端口号(如 21),选中“自动启动 FTP 站点”复选框,选中“无 SSL”单选按钮。

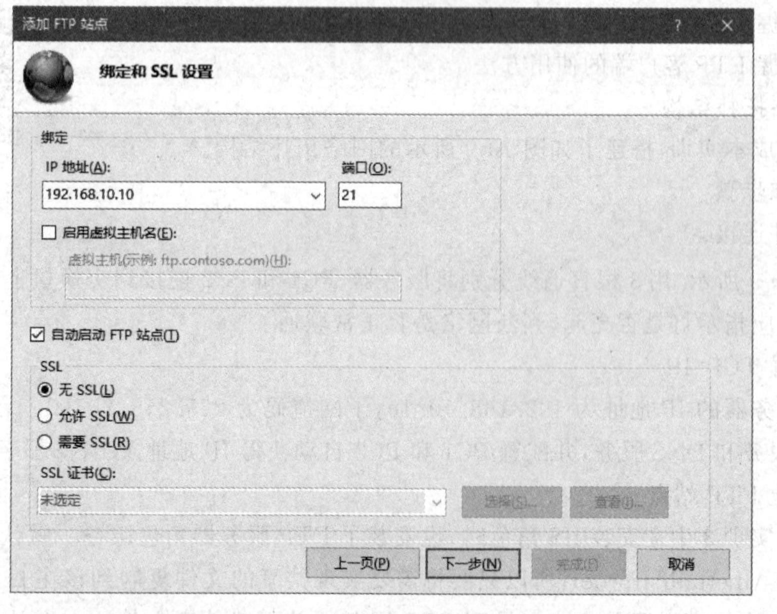

图 10-57 “绑定和 SSL 设置”界面

步骤 5：单击“下一步”按钮，显示“身份验证和授权信息”界面，如图 10-58 所示，在“允许访问”下拉列表中选择“匿名用户”选项，选中“匿名”复选框和“读取”复选框，单击“完成”按钮，完成 FTP 站点的创建。

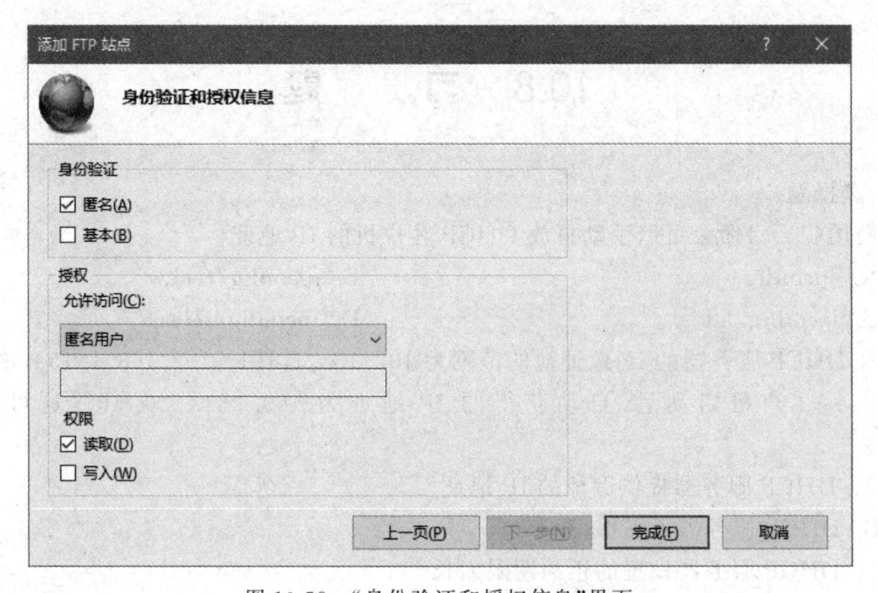

图 10-58　“身份验证和授权信息”界面

还可创建 FTP 站点的虚拟目录(如 ftp)，创建方法可参考本章实训 3 中 Web 站点虚拟目录的创建方法，此处不再赘述。

4) 访问 FTP 站点

FTP 站点创建完成后即可在客户端访问。

步骤 1：在 PC1 或 PC2 计算机的浏览器地址栏中输入 ftp://192.168.10.10 或 ftp://ftp.tzkj.com，就可以显示 FTP 站点主目录中的所有文件和文件夹，如图 10-59 所示。

图 10-59　在客户端访问 FTP 站点

步骤 2：如果已经设置了 FTP 站点的虚拟目录，如虚拟目录名为 ftp，那么在地址栏中输入 ftp://192.168.10.10/ftp 或 ftp://ftp.tzkj.com/ftp 即可查看 FTP 站点主目录中的所有文件和文件夹。

如果FTP站点只被授予了“读取”权限,只能浏览或下载该站点中的文件和文件夹;如果FTP站点被授予了“读取”权限和“写入”权限,那么不仅能浏览或下载该站点中的文件和文件夹,还可以新建、重命名、删除文件和文件夹,以及上传文件。

10.8 习题

一、选择题

1. 使用(　　)命令可以手动释放DHCP客户机的IP地址。

A. ipconfig　　B. ipconfig/renew
C. ipconfig/all　　D. ipconfig/release

2. 某DHCP服务器的IP地址池的范围为192.168.1.101~192.168.1.150,该网段下某Windows客户机启动后,自动获得的IP地址为169.254.220.167,这可能是因为(　　)。

A. DHCP服务器提供保留的IP地址
B. DHCP服务器不工作
C. DHCP服务器设置的租约期限太长
D. 客户机接收到了网段内其他DHCP服务器提供的IP地址

3. 当DHCP客户机使用IP地址的时间到达租约期限的(　　)时,DHCP客户机会自动尝试续订租约。

A. 50%　　B. 70%　　C. 87.5%　　D. 100%

4. 在使用DHCP服务时,如果客户机租约使用时间超过租约期限的50%,那么客户机会向服务器发送(　　)数据包,以更新现有的地址租约。

A. DHCP Discover　　B. DHCP Offer
C. DHCP Request　　D. DHCP Ack

5. DHCP服务器分配给客户机IP地址,默认的租用时间是(　　)天。

A. 1　　B. 3　　C. 5　　D. 8

6. IIS的发布目录(　　)。

A. 只能配置在C:\inetpub\wwwroot上
B. 只能配置在本地磁盘上
C. 只能配置在连接网络的其他计算机上
D. 既能配置在本地磁盘上,也能配置在连接网络的其他计算机上

7. 在DNS系统的资源记录中,类型(　　)表示别名。

A. MX　　B. SOA　　C. CNAME　　D. PTR

8. 下列关于Internet的描述,错误的是(　　)。

A. 用户利用HTTP使用Web服务
B. 用户利用NNTP使用电子邮件服务
C. 用户利用FTP使用文件传输服务
D. 用户利用DNS协议使用域名解析服务

9. Web 客户机与 Web 服务器之间的信息传输使用的协议是(　　)。

A. HTML　　B. HTTP　　C. SMTP　　D. IMAP

10. 如果没有特殊声明,那么匿名 FTP 服务登录账号为(　　)。

A. user　　B. anonymous

C. guest　　D. 用户自己的电子邮件地址

二、填空题

1. DHCP 的工作过程中包括________、________、________和________ 4 种报文。

2. 如果 Windows 7/10 的 DHCP 客户机无法自动获得 IP 地址,就从自动私有 IP 地址段________________中选择一个作为自己的地址。

3. 在 Windows 环境下,使用________命令可以查看 IP 地址,使用________命令可以释放 IP 地址,使用________命令可以续订 IP 地址。

4. DNS 顶级域名中表示官方政府单位的是________。

5. ________表示邮件交换的资源记录。

6. Web 中的目录分为物理目录和________两种类型。

7. Web 页面是一种结构化的文档,一般采用的语言是________。

8. 在 Web 服务中,用户可以通过使用________指定要访问的协议类型、主机名、路径及文件名。

9. Web 服务的 TCP 端口号为________。

10. FTP 服务器控制连接的端口号为________,数据连接的端口号为________。

三、简答题

1. 简述 DHCP 的工作过程。

2. 简述 DNS 的工作过程。

3. DNS 常见的资源记录有哪些?

四、实践操作题

在 Windows 10 操作系统中,通过 IIS 建立一个个人网站。

第 11 章　防火墙技术

学习目标

(1) 了解防火墙的基本概念。

(2) 掌握包过滤防火墙、代理防火墙和状态防火墙技术。

(3) 了解防火墙体系结构。

(4) 掌握 Windows 防火墙中网络配置文件的作用。

(5) 掌握 Windows 防火墙中入站、出站和连接安全规则的创建方法。

11.1　防火墙技术概述

以前在构筑和使用木结构房屋的时候，为了防止火灾的发生和蔓延，人们将坚固的石块堆砌在房屋周围作为屏障，这种防护构筑物被称为防火墙(firewall)。如今，人们借用了这个概念，使用“防火墙”来保护敏感的数据不被窃取和篡改。不过这种防火墙是由先进的计算机系统所构成的。防火墙犹如一道护栏隔在被保护的内部网与不安全的非信任网络(外部网)之间，用来保护计算机网络免受非授权人员的骚扰与黑客的入侵。

防火墙可能是非常简单的过滤器，也可能是精心配置的网关，但它们的工作原理是一样的，都用于监测并过滤所有内部网和外部网之间的信息交换。防火墙通常是运行在一台单独计算机之上的一个特别的服务软件，它可以识别并屏蔽非法的请求，保护内部网络敏感的数据不被偷窃和破坏，并记录内外网通信的有关状态信息，如通信发生的时间和进行的操作等。

防火墙技术是一种有效的网络安全机制，它主要用于确定哪些内部服务允许外部访问，以及允许哪些外部服务访问内部服务。其基本准则就是：一切未被允许的就是禁止的；一切未被禁止的就是允许的。

防火墙是建立在现代通信网络技术和信息安全技术基础上的应用性安全技术，并越来越多地应用于专用网络(内网)与公用网络(外网)的互联环境之中。

防火墙应该是不同网络或网络安全域之间信息的唯一出入口，能根据企业的安全策略控制(允许、拒绝、监测)出入网络的信息流，且本身具有较强的抗攻击能力，是提供信息安全服务，实现网络和信息安全的基础设施。在逻辑上防火墙是一个分离器，一个限制器，也是一个分析器，它能有效监控内部网和外部网之间的任何活动，保证了内部网络的安全。其结构如图 11-1 所示。

防火墙具有以下功能。

(1) 防火墙是网络安全的屏障。由于只有经过精心选择的应用协议才能通过防火墙，

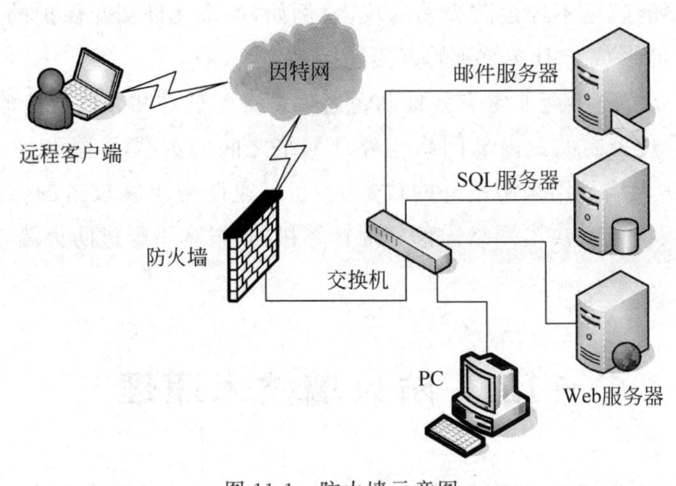

图 11-1 防火墙示意图

所以防火墙(作为阻塞点、控制点)能极大地提高内部网络的安全性,并通过过滤不安全的服务而降低风险,使网络环境变得更安全。防火墙同时可以保护网络免受基于路由的攻击,如 IP 选项中的源路由攻击和 ICMP 重定向中的重定向路径等。

(2) 防火墙可以强化网络安全策略。通过以防火墙为中心的安全方案配置,能将所有安全软件(如口令、加密、身份认证、审计等)配置在防火墙上。与将网络安全问题分散到各个主机上相比,防火墙的集中安全管理更经济。例如在网络访问时,“一次一密”口令系统(即每一次加密都使用一个不同的密钥)和其他的身份认证系统完全可以集中防火墙于一身。

(3) 对网络存取和访问进行监控审计。如果所有的访问都经过防火墙,那么防火墙就能记录下这些访问并做出日志记录,同时也能提供网络使用情况的统计数据。当发生可疑动作时,防火墙能进行适当的报警,并提供网络是否受到探测和攻击的详细信息。另外,收集一个网络的使用和误用情况也是非常重要的,这样可以了解防火墙是否能够抵挡攻击者的探测和攻击,了解防火墙的控制是否充分。而网络使用统计对网络需求分析和威胁分析等而言也是非常重要的。

(4) 防止内部信息的外泄。通过利用防火墙对内部网络的划分,可实现对内部网络重点网段的隔离,从而限制局部重点或敏感网络安全问题对全局网络造成的影响。另外,隐私是内部网络非常关心的问题,一个内部网络中不引人注意的细节可能包含了有关安全的线索而引起外部攻击者的兴趣,甚至因此暴露了内部网络的某些安全漏洞。使用防火墙就可以隐蔽那些透漏内部细节的服务,如 Finger(用来查询使用者的资料)、DNS(域名系统)等服务。Finger 显示了主机的所有用户的注册名、真名、最后登录时间和使用 Shell 类型等。但是 Finger 显示的信息非常容易被攻击者所获悉。攻击者可以由此而知道一个系统使用的频繁程度,这个系统是否有用户正在连线上网,以及这个系统是否在被攻击时引起注意等。防火墙可以同样阻塞有关内部网络中的 DNS 信息,这样一台主机的域名和 IP 地址就不会被外界所了解。除了安全作用外,防火墙通常还支持 VPN(虚拟专用网络)。

虽然防火墙能够在很大程度上阻止非法入侵,但它也有一定局域性,存在着一些防范不到的地方,比如:

(1) 防火墙不能防范不经过防火墙的攻击(例如,如果允许从受保护的网络内部向外拨号,一些用户就可能形成与 Internet 的直接连接)。

(2) 目前,防火墙还不能非常有效地防范感染病毒的软件和文件的传输。

(3) 防火墙管理控制的是内部网络与外部网络之间的数据流,所以它不能防范来自内部网络的攻击。防火墙是用来防范外网攻击的,也就是防范黑客攻击的。内部网络攻击有好多都是攻击交换机或者攻击网络内部其他计算机的,根本不经过防火墙,所以此时防火墙就失去了效果。

11.2 防火墙技术原理

根据防范的方式和侧重点不同,防火墙可分成很多类型,但总体来讲可分为三大类:包过滤防火墙、代理防火墙和状态检测防火墙。

11.2.1 包过滤防火墙

包过滤防火墙是目前使用最为广泛的防火墙,它工作在网络层和传输层,通常安装在路由器上,对数据包进行过滤选择。通过检查数据流中每一数据包的源 IP 地址、目的 IP 地址、所用端口号、协议状态等参数,或它们的组合与用户预定的访问控制表中的规则进行比较,来确定是否允许该数据包通过。如果检查数据包所有的条件都符合规则,则允许通过;如果检查到数据包的条件不符合规则,则阻止通过并将其丢弃。数据包检查是对网络层的首部和传输层的首部进行过滤,一般要检查下面几项。

(1) 源 IP 地址。

(2) 目的 IP 地址。

(3) TCP/UDP 源端口。

(4) TCP/UDP 目的端口。

(5) 协议类型(TCP 包、UDP 包、ICMP 包)。

(6) TCP 报头中的 ACK 位。

(7) ICMP 消息类型。

实际上,包过滤防火墙一般允许网络内部的主机直接访问外部网络,而外部网络上的主机对内部网络的访问则要受到限制。

Internet 上的某些特定服务一般都使用相对固定的端口号,因此路由器在设置包过滤规则时指定,对于某些端口号允许数据包与该端口交换,或者阻断数据包与它们的连接。

包过滤规则定义在转发控制表中,数据包遵循自上而下的次序依次运用每一条规则,直到遇到与其相匹配的规则为止。对数据包可采取的操作有转发、丢弃、报错等。根据不同的实现方式,包过滤可以在进入防火墙时进行,也可以在离开防火墙时进行。

表 11-1 是常见的包过滤转发控制表。

表 11-1 常见的包过滤转发控制表

规则序号	传输方向	协议类型	源地址	源端口号	目的地址	目的端口号	控制操作
1	in	TCP	外部	大于 1023	内部	80	allow
2	out	TCP	内部	80	外部	大于 1023	allow
3	out	TCP	内部	大于 1023	外部	80	allow
4	in	TCP	外部	80	内部	大于 1023	allow
5	both	*	*	*	*	*	deny

注：表中的 * 表示任意。

表 11-1 中的规则 1、规则 2 允许外部主机访问本站点的 WWW 服务器，规则 3、规则 4 允许内部主机访问外部的 WWW 服务器。由于服务器可能使用非标准端口号，给防火墙允许的配置带来一些麻烦。实际使用的防火墙都直接对应用协议进行过滤，即管理员可在规则中指明是否允许 HTTP 通过，而不是只关注 80 端口。

规则 5 表示除了规则 1 至规则 4 允许的数据包通过外，其他所有数据包一律禁止通过，即一切未被允许的就是禁止的。

包过滤防火墙的优点是简单、方便、速度快，对用户透明，对网络性能影响不大。其缺点是不能彻底防止 IP 地址欺骗；一些应用协议不适合于数据包过滤；缺乏用户认证机制；正常的数据包过滤路由器无法执行某些安全策略。因此，包过滤防火墙的安全性较差。

11.2.2 代理防火墙

首先介绍一下代理服务器，代理服务器作为一个为用户保密或者突破访问限制的数据转发通道，在网络上应用广泛。一个完整的代理设备包含一个代理服务器端和一个代理客户端，代理服务器端会接收来自用户的请求，它会调用自身的代理客户端模拟一个基于用户请求的连接，并连接到目的服务器，再把目的服务器返回的数据转发给用户，完成一次代理工作过程。其工作过程如图 11-2 所示。

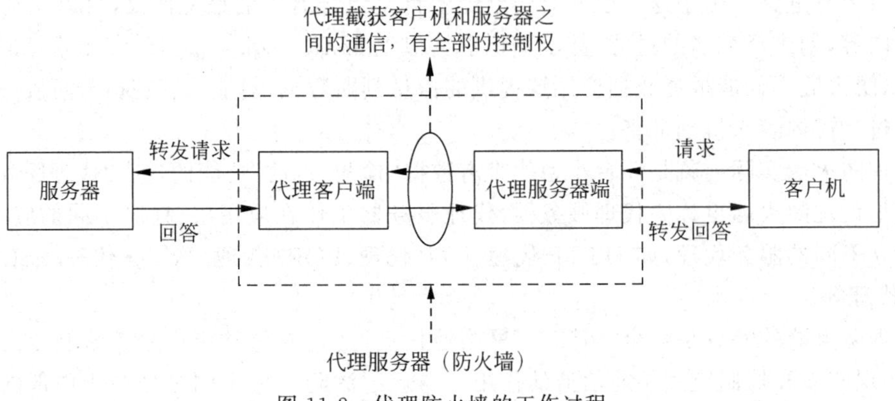

图 11-2 代理防火墙的工作过程

也就是说，代理服务器通常运行在两个网络之间，是客户机和真实服务器之间的中介，代理服务器彻底隔断内部网络与外部网络的“直接”通信，内部网络的客户机对外部网络的服务器的访问变成了代理服务器对外部网络服务器的访问，然后由代理服务器转发给内部网络的客户机。代理服务器对内部网络的客户机来说像是一台服务器,而对于外部网络服务器来说,又像是一台客户机。

如果在一台代理设备的代理服务器端和代理客户端之间连接一个过滤措施,就成了“应用代理”防火墙,这种防火墙实际上就是一台小型的带有数据“检测、过滤”功能的透明代理服务器,但是并不是单纯地在一个代理设备中嵌入包过滤技术,而是一种被称为“应用协议分析”(application protocol analysis)的技术。所以也经常把代理防火墙称为代理服务器、应用网关,工作在应用层,适用于某些特定的服务,如 HTTP、FTP 等。其工作原理如图 11-3 所示。

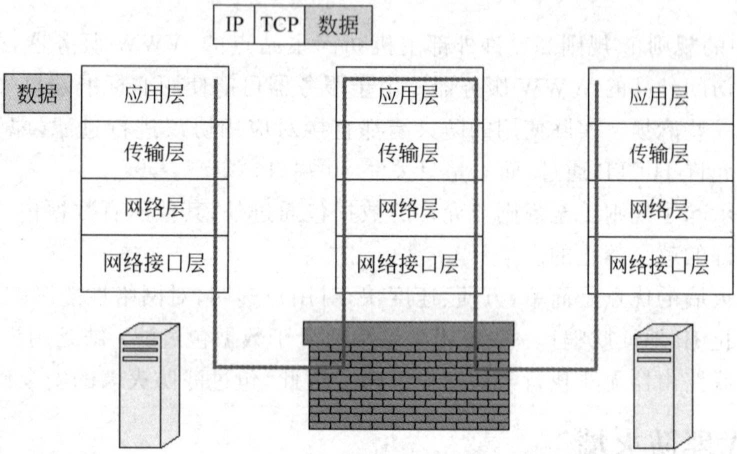

图 11-3　代理防火墙的工作原理

“应用协议分析”技术工作在 OSI 模型的应用层上,在这一层能接触到的所有数据都是最终形式。也就是说,防火墙“看到”的数据与最终用户看到的是一样的,而不是一个个带着地址、端口、协议等原始内容的数据包,因而可以实现更高级的数据检测过程。

“应用协议分析”模块便根据应用层协议处理这个数据,通过预置的处理规则查询这个数据是否带有危害。由于这一层面对的已经不再是组合有限的报文协议,可以识别 HTTP 头中的内容,如进行域名的过滤,甚至可识别类似于“GET /sql. asp? id=1 and 1”的数据内容,所以防火墙不仅能根据数据应用层提供的信息判断数据,更能像管理员分析服务器日志那样通过“看”内容来辨别危害。

代理防火墙实际上就是一台小型的带有数据“检测、过滤”功能的透明“代理服务器”,有时人们把代理防火墙也称为代理服务器,代理服务器工作在应用层,针对不同的应用协议,需要建立不同的服务代理,如 HTTP 代理、FTP 代理、POP3 代理、Telnet 代理、SSL 代理和 Socks 代理等。

代理防火墙的特点是完全“阻隔”了网络通信流,通过对每种应用服务编制专门的代理程序,实现监视和控制应用层通信流的作用。与包过滤防火墙不同之处在于内部网和外部网之间不存在直接连接,同时提供审计和日志服务。实际中的代理防火墙通常由专用工作站来实现,如图 11-4 所示。

代理防火墙是内部网与外部网的隔离点,工作在 OSI 模型的最高层,掌握着应用系统中可用作安全决策的全部信息,起着监视和隔绝应用层通信流的作用。其优点是可以检查

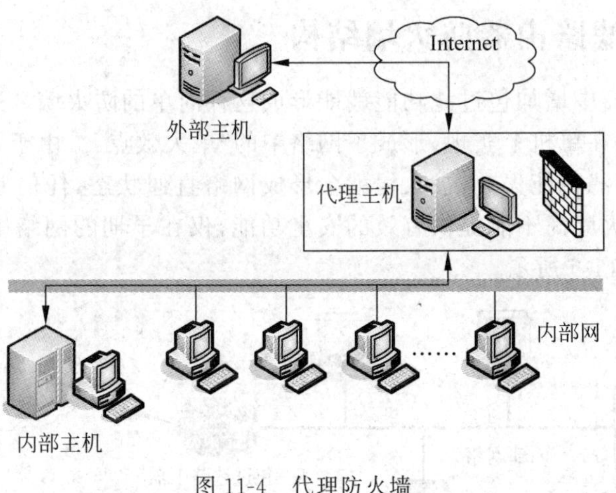

图 11-4　代理防火墙

应用层、传输层和网络层的协议特征，对数据包的检测能力比较强。其缺点主要是难以配置和处理速度较慢。

11.2.3　状态检测防火墙

状态检测技术是基于会话层的技术，对外部的连接和通信行为进行状态检测，阻止具有攻击性可能的行为，从而可以抵御网络攻击。

Internet 上传输的数据都必须遵循 TCP/IP。根据 TCP，每个可靠连接的建立都需要经过“客户端同步请求”“服务器应答”“客户端再应答”3 个阶段（即三次握手），如常用的 Web 浏览、文件下载和收发邮件等都要经过这 3 个阶段，这反映出数据包并不是独立的，而是前后之间有着密切的状态联系，基于这种状态变化，引出了状态检测技术。

状态检测防火墙摒弃了包过滤防火墙仅检查数据包的 IP 地址等几个参数，而不关心数据包连接状态变化的缺点，在防火墙的核心部分建立状态连接表，并将进出网络的数据当成一个个的会话，利用状态连接表跟踪每一个会话状态。状态检测对每一个数据包的检查不仅根据规则表，还考虑了数据包是否符合会话所处的状态，因此提供了完整的对传输层的控制能力。

状态检测技术采用了一系列优化技术，使防火墙性能大幅度提升，能应用在各类网络环境中，尤其是在一些规则复杂的大型网络上。任何一款高性能的防火墙，都会采用状态检测技术。国内著名的防火墙公司，如北京天融信等公司，在 2000 年就开始采用状态检测技术，并在此基础上创新推出了核检测技术，在实现安全目标的同时可以得到极高的性能。

11.3　防火墙体系结构

网络防火墙的安全体系结构基本上可分为 4 种：包过滤路由器防火墙结构、双宿主主机防火墙结构、屏蔽主机防火墙结构、屏蔽子网防火墙结构。

11.3.1 包过滤路由器防火墙结构

在传统的路由器中增加包过滤功能就能形成这种简单的防火墙。这种防火墙的好处是完全透明,但由于是在单机上实现,形成了网络中的"单失效点"。由于路由器的基础功能是转发数据包,一旦过滤机能失效,被入侵就会形成网络直通状态,任何非法访问都可以进入内部网络。这种防火墙尚不能提供有效的安全功能,仅在早期的网络中应用。包过滤路由器防火墙结构如图 11-5 所示。

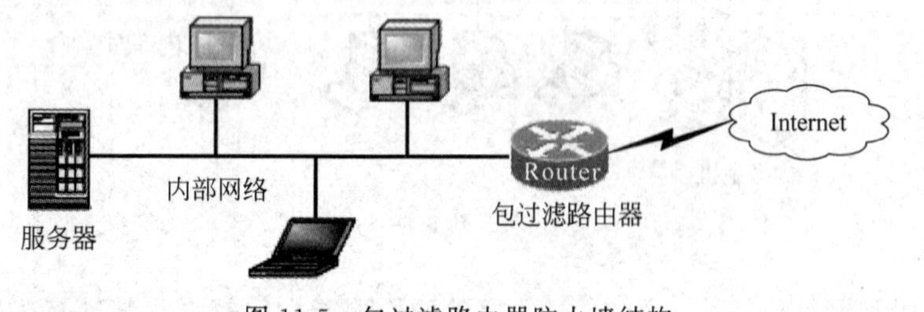

图 11-5　包过滤路由器防火墙结构

11.3.2 双宿主主机防火墙结构

该结构至少由具有两个接口(即两块网卡)的双宿主主机(堡垒主机)所构成。双宿主主机的一个接口接内部网络,另一个接口接外部网络。内、外网络之间不能直接通信,必须通过双宿主主机上的应用层代理服务来完成,其结构如图 11-6 所示。如果一旦黑客侵入堡垒主机并使其具有路由功能,那么防火墙将变得无用。

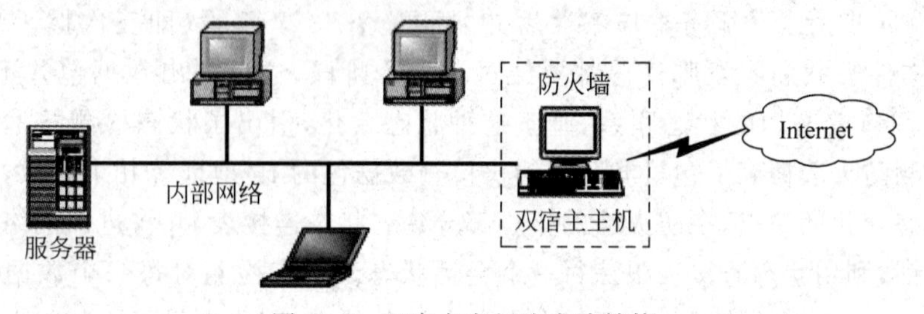

图 11-6　双宿主主机防火墙结构

该结构的优点是网络结构简单,有较好的安全性,可以实现身份鉴别和应用层数据过滤。但当外部用户入侵堡垒主机时,可能导致内部网络处于不安全的状态。

11.3.3 屏蔽主机防火墙结构

该结构的防火墙由包过滤路由器和运行网关软件的堡垒主机构成。该结构提供安全保护的堡垒主机仅与内部网络相连,而包过滤路由器位于内部网络和外部网络之间,如图 11-7 所示。

通常在路由器上设立过滤规则,使堡垒主机成为从外部网络唯一可直接到达的主机,这确保了内部网络不受未被授权的外部用户的攻击。屏蔽主机防火墙实现了网络层和应用层的安全,因而比单纯的包过滤防火墙更安全。在这一方式下,包过滤路由器是否配置正确,是这种防火墙安全与否的关键。如果路由表遭到破坏,堡垒主机就可能被越过,使内部网络完全暴露。

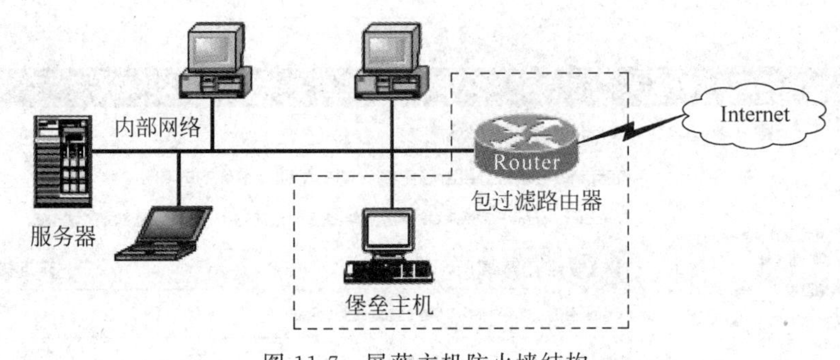

图 11-7　屏蔽主机防火墙结构

11.3.4　屏蔽子网防火墙结构

该防火墙结构如图 11-8 所示，采用了两个包过滤路由器和一个堡垒主机，在内外网络之间建立了一个被隔离的子网，通常被称为非军事区(DMZ 区)。可以将各种服务器(如 WWW 服务器、FTP 服务器等)置于 DMZ 区中，解决了服务器位于内部网络带来的不安全问题。

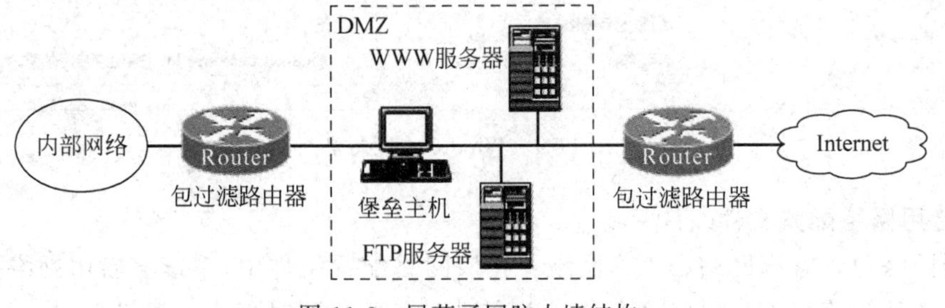

图 11-8　屏蔽子网防火墙结构

由于采用两个路由器进行了双重保护，外部攻击数据很难进入内部网络。外网用户通过 DMZ 区中的服务器访问企业的网站，而不需要进入内网。在这一配置中，即使堡垒主机被入侵者控制，内部网络仍然会受到内部包过滤路由器的保护，避免了“单点失效”的问题。

上述几种防火墙结构是允许调整和改动的，如合并内外路由器、合并堡垒主机和外部路由器、合并堡垒主机和内部路由器等，由防火墙承担合并部分的合并前的功能。

11.4　Windows 防火墙

Windows 10 系统内置了 Windows 防火墙，它可以为计算机提供保护，以避免其遭受外部恶意软件的攻击。

11.4.1　网络位置

在 Windows 7 系统中，不同的网络配置文件可以有不同的 Windows 防火墙设置，因此为了增加计算机在网络中的安全，管理员应将计算机选择适当的网络配置文件。可以选择的网络配置文件主要包括专用网络配置文件、公用网络配置文件、域网络配置文件 3 种，如

图 11-9 所示。

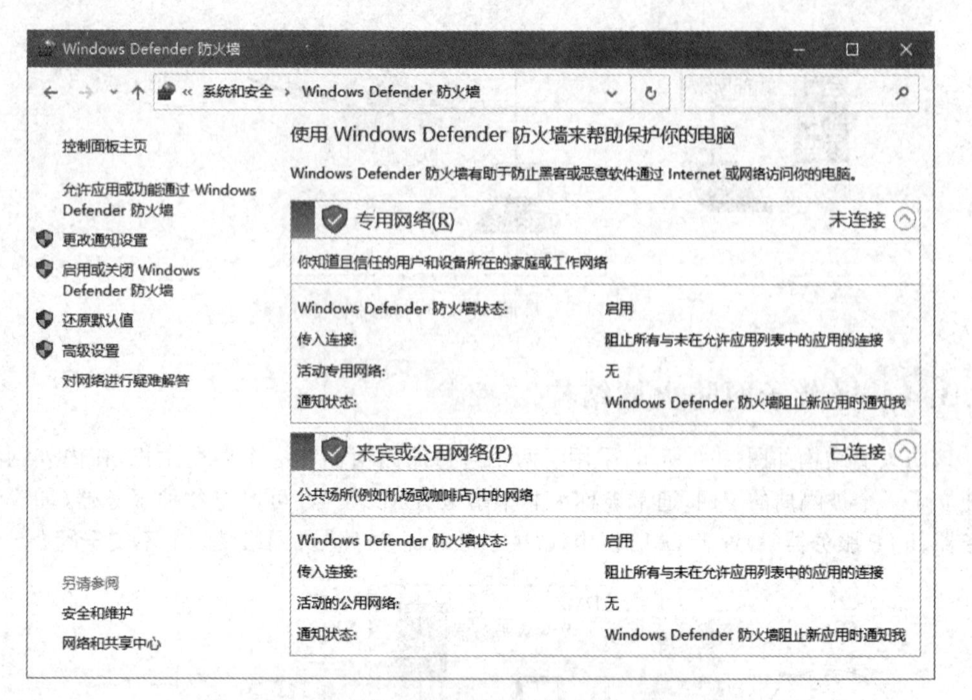

图 11-9　Windows 防火墙

1. 专用网络配置文件

专用网络包含家庭网络和工作网络。在该网络配置文件中,系统会启用网络搜索功能使用户在本地计算机上可以找到网络上的其他计算机;同时也会通过设置 Windows 防火墙(开放传入的网络搜索流量)使网络内其他用户能够浏览到本地计算机。

2. 公用网络配置文件

公用网络主要是指外部的不安全的网络(如机场、咖啡店的网络)。在该网络配置文件中,系统会通过 Windows 防火墙的保护,使其他用户无法在网络上浏览到本地计算机,并可以阻止来自 Internet 的攻击行为;同时也会禁用网络搜索功能,使用户在本地计算机上也无法找到网络上的其他计算机。

3. 域网络配置文件

如果计算机加入域,则其网络配置文件会自动被设置为域网络,并且无法自行更改。

更改计算机的网络配置文件为"公用"或"专用",其实是应用了 Windows 防火墙的不同配置文件。

11.4.2　高级安全性

具有高级安全性的 Windows 防火墙结合了主机防火墙和 IPSec 技术(一种用来通过公共 IP 网络进行安全通信的技术)。与边界防火墙不同,具有高级安全性的 Windows 防火墙可以在运行 Windows 10/Windows Server 2016 的每台计算机上运行,并对可能穿越外围网络或源于组织内部的网络攻击提供本地保护。它还能提供计算机到计算机的连接安全,使用户对通信过程进行身份验证和数据保护。

具有高级安全性的 Windows 防火墙是一种状态防火墙，能检查并筛选 IPv4 和 IPv6 流量的所有数据包。Windows 防火墙能默认阻止传入流量，除非是对主机请求（请求的流量）的响应，或者被特别允许（即创建了防火墙规则允许该流量），默认允许传出流量。通过配置具有高级安全性的 Windows 防火墙设置（指定端口号、应用程序名称、服务名称或其他标准）可以显式允许流量。

使用具有高级安全性的 Windows 防火墙还可以请求或要求计算机在通信之前互相进行身份验证，并在通信时使用数据完整性或数据加密。

具有高级安全性的 Windows 防火墙使用两组规则配置其如何响应传入和传出流量，即防火墙规则（入站规则和出站规则）和连接安全规则，如图 11-10 所示。其中防火墙规则确定允许或阻止哪种流量，连接安全规则确定如何保护此计算机和其他计算机之间的流量。通过使用防火墙配置文件（根据计算机连接的网络位置）可以应用这些规则及其他设置，还可以监视防火墙的活动和规则。

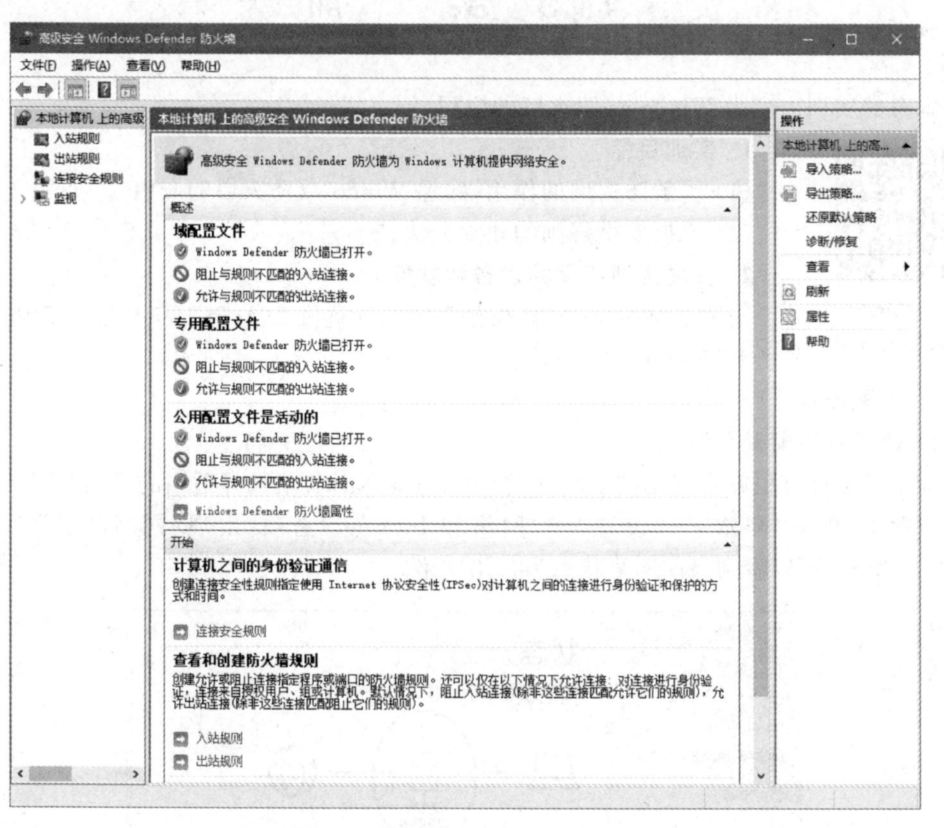

图 11-10　高级安全 Windows 防火墙

1. 防火墙规则

配置防火墙规则以确定阻止还是允许网络流量通过具有高级安全性的 Windows 防火墙。传入数据包到达计算机时，具有高级安全性的 Windows 防火墙检查该数据包，并确定它是否符合防火墙规则中的指定标准。如果数据包与规则中的标准匹配，则具有高级安全性的 Windows 防火墙执行规则中指定的操作，即阻止连接或者允许连接。如果数据包与规则中的标准不匹配，则具有高级安全性的 Windows 防火墙丢弃该数据包，并在防火墙日志文件中创建相关条目(如果启用了日志记录)。

对规则进行配置时,可以从各种标准中进行选择,如应用程序名称、系统服务名称、TCP端口、UDP端口、本地IP地址、远程IP地址、配置文件、接口类型(如网络适配器)、用户、用户组、计算机、计算机组、协议、ICMP类型等。规则中的各项标准添加在一起,添加的标准越多,具有高级安全性的Windows防火墙匹配传入流量就越精细。

2. 连接安全规则

可以使用连接安全规则来配置本计算机与其他计算机之间特定连接的IPSec设置。具有高级安全性的Windows防火墙使用该规则来评估网络通信,然后根据该规则中所建立的标准阻止或允许消息。在某些环境下,具有高级安全性的Windows防火墙将阻止通信。如果所配置的设置要求连接安全(双向),而两台计算机无法互相进行身份验证,则将阻止连接。

11.5 实　训

本章的实训内容为Windows防火墙的应用。

实训:Windows防火墙的应用

1. 实训目标

(1) 了解防火墙的作用,熟悉Windows防火墙的应用。

(2) 掌握安全规则的建立方法。

2. 完成实训所需的设备和软件

安装有Windows 10操作系统的计算机2台(PC1和PC2),其中一台安装了FTP服务。

3. 实施步骤

1) 选择网络配置文件

为了增加计算机在网络中的安全性,管理员应该为计算机选择适当的网络配置文件。

步骤1:单击“开始”→“设置”→“网络和Internet”选项,出现“网络状态”界面,如图11-11所示,可以看到当前网络状态为公用网络。

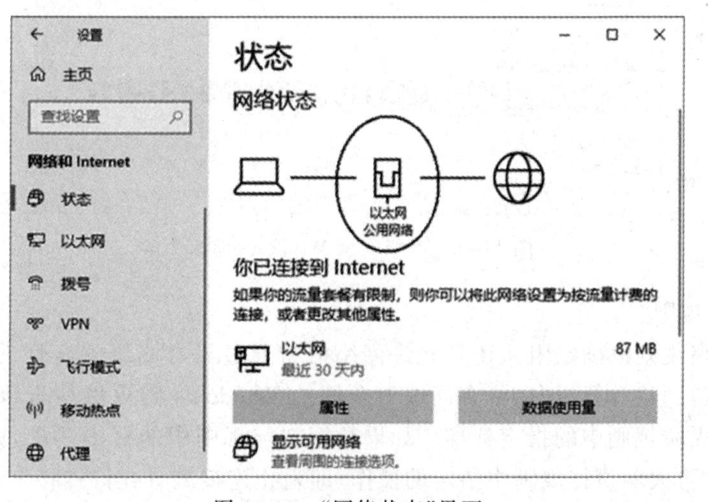

图11-11 “网络状态”界面

步骤 2：单击“属性”按钮，出现“网络配置文件”界面，选中“专用”单选按钮，如图 11-12 所示，即可选择专用网络配置文件，网络状态就会变为专用网络。

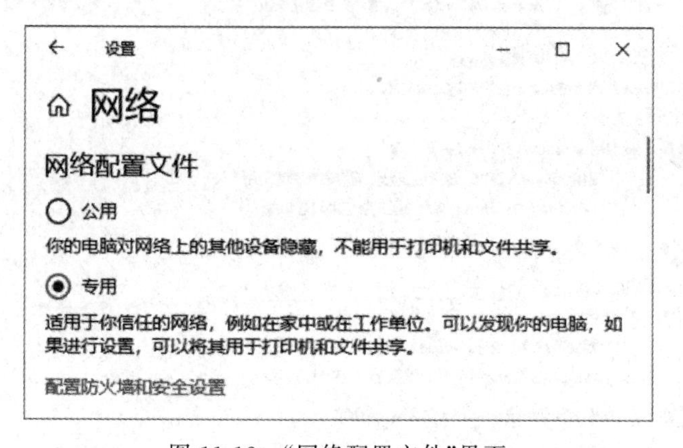

图 11-12　“网络配置文件”界面

2）启用 Windows Defender 防火墙

步骤 1：单击“开始”→“Windows 系统”→“控制面板”→“系统和安全”→“Windows Defender 防火墙”选项，打开“Windows Defender 防火墙”窗口，如图 11-13 所示。

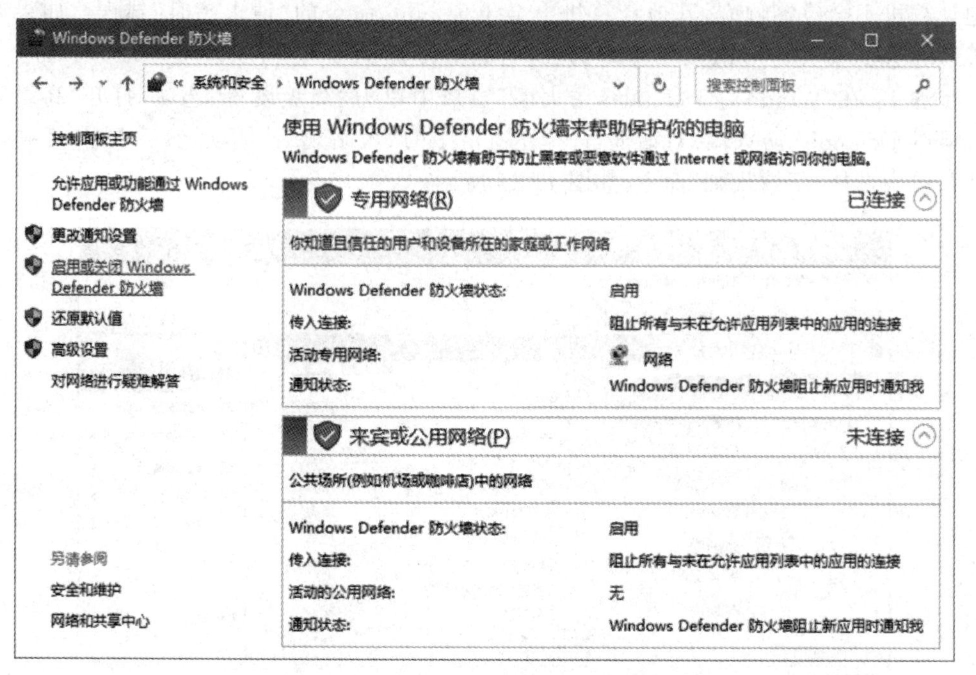

图 11-13　“Windows Defender 防火墙”窗口

步骤 2：单击左窗格中的“启用或关闭 Windows Defender 防火墙”选项，出现“自定义各类网络的设置”界面，选中“专用网络设置”区域和“公用网络设置”区域中的“启用 Windows Defender 防火墙”单选按钮，如图 11-14 所示，单击“确定”按钮。

3）设置 Windows 防火墙允许 ping 命令响应

在默认情况下，Windows 防火墙是不允许 ping 命令响应的，即当本地计算机开启

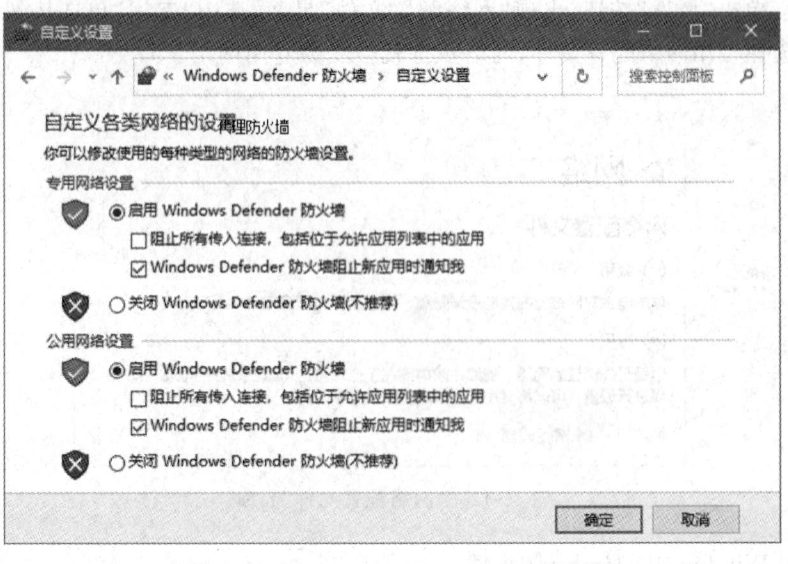

图 11-14　启用 Windows Defender 防火墙

Windows 防火墙时，在网络中的其他计算机上运行 ping 命令，向本地计算机发送数据包，本地计算机不会应答响应，其他计算机上会出现 ping 命令的“请求超时”错误。如果要让 Windows 防火墙允许 ping 命令响应，可进行如下设置。

步骤 1：在“Windows Defender 防火墙”窗口中单击“高级设置”选项，打开“高级安全 Windows Defender 防火墙”对话框，选择左窗格中的“入站规则”选项，然后右击，在弹出的快捷菜单中选择“新建规则”命令，如图 11-15 所示。

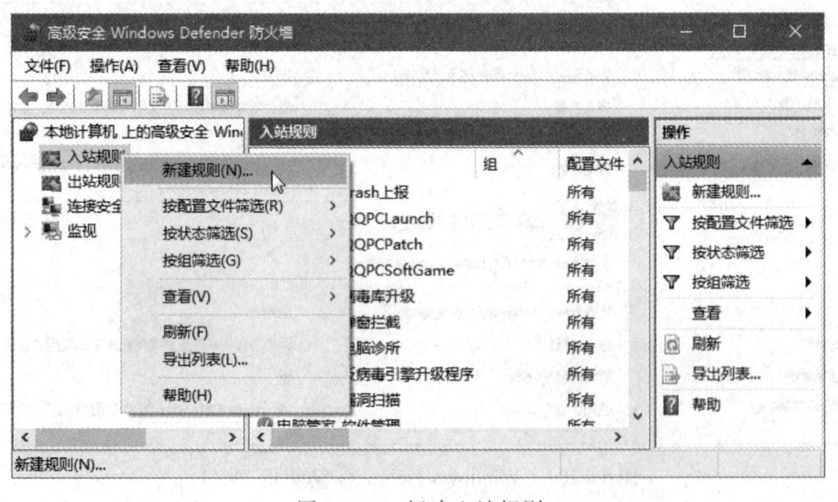

图 11-15　新建入站规则

步骤 2：在打开的“新建入站规则向导”对话框中选中“自定义”单选按钮，如图 11-16 所示。

步骤 3：单击“下一步”按钮，出现“程序”界面，如图 11-17 所示，选中“所有程序”单选按钮。

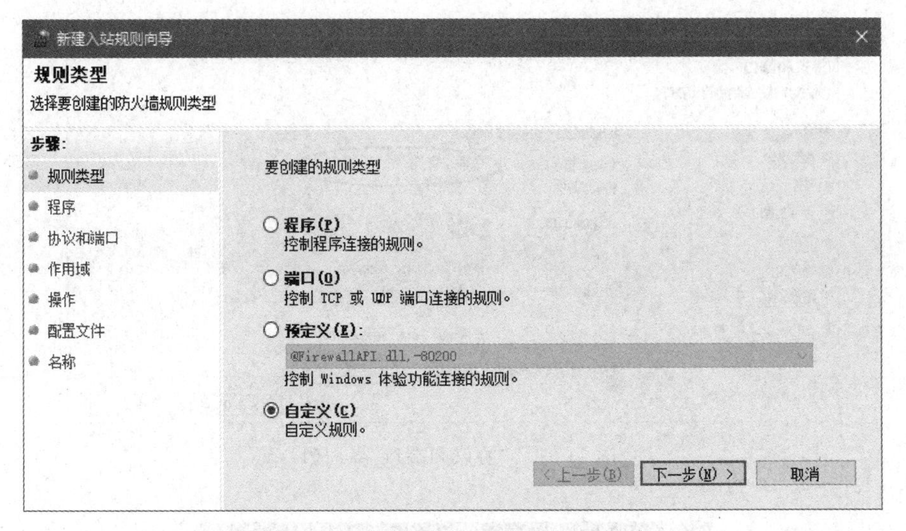

图 11-16　“新建入站规则向导”对话框

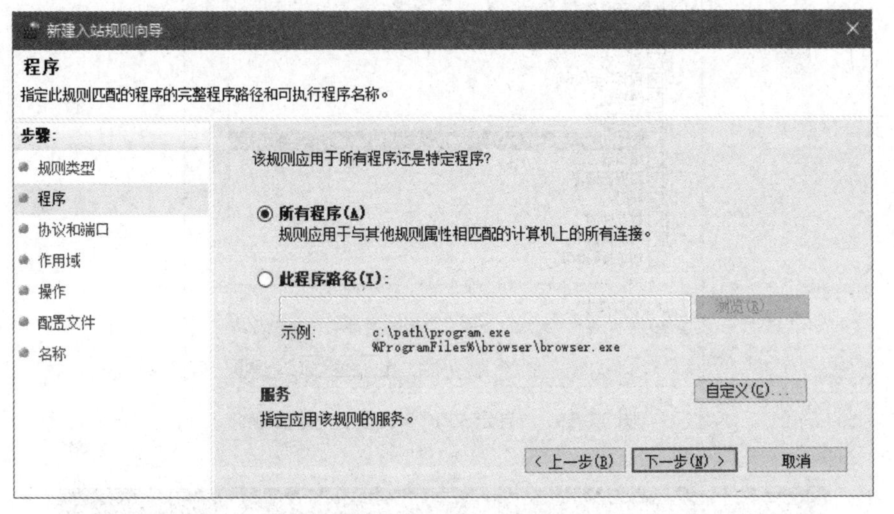

图 11-17　“程序”界面(1)

步骤 4：单击“下一步”按钮，出现“协议和端口”界面，如图 11-18 所示，选择“协议类型”为 ICMPv4。

步骤 5：单击“自定义”按钮，打开“自定义 ICMP 设置”对话框，如图 11-19 所示，选中“特定 ICMP 类型”单选按钮，并在列表框中选中“回显请求”复选框，单击“确定”按钮，返回“协议和端口”界面。

步骤 6：单击“下一步”按钮，出现“作用域”界面，如图 11-20 所示，保持默认设置不变。

步骤 7：单击“下一步”按钮，出现“操作”界面，如图 11-21 所示，选中“允许连接”单选按钮。

步骤 8：单击“下一步”按钮，出现“配置文件”界面，如图 11-22 所示，选中“域”“专用”“公用”复选框。

步骤 9：单击“下一步”按钮，出现“名称”界面，如图 11-23 所示，在“名称”文本框输入本规则的名称 ping OK，单击“完成”按钮，完成本入站规则的创建。

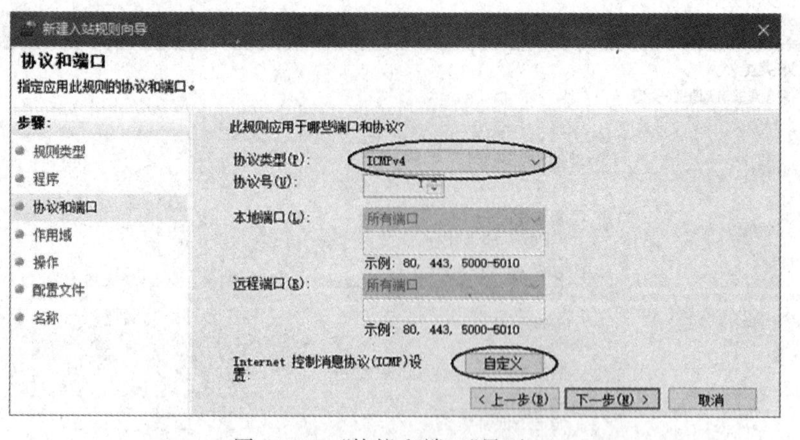

图 11-18 “协议和端口”界面(1)

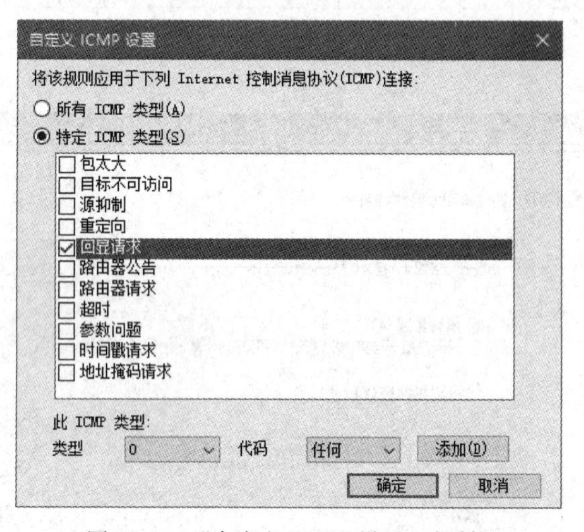

图 11-19 “自定义 ICMP 设置”对话框

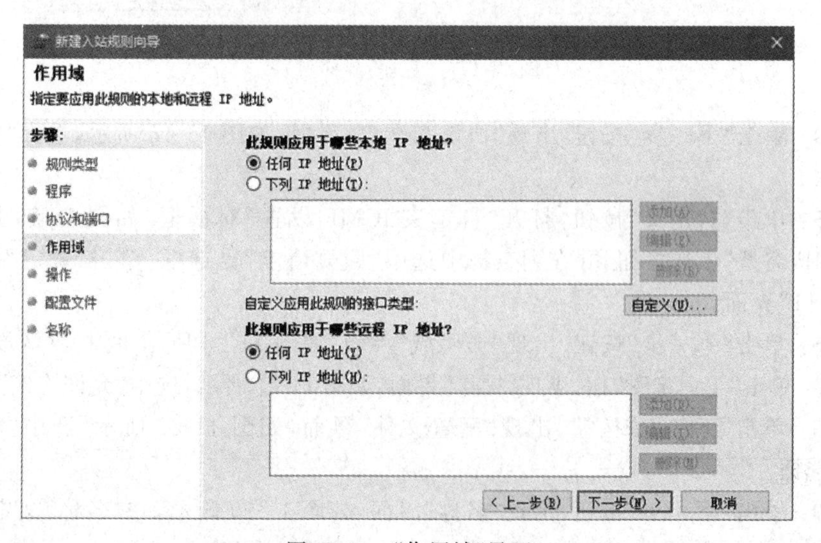

图 11-20 “作用域”界面

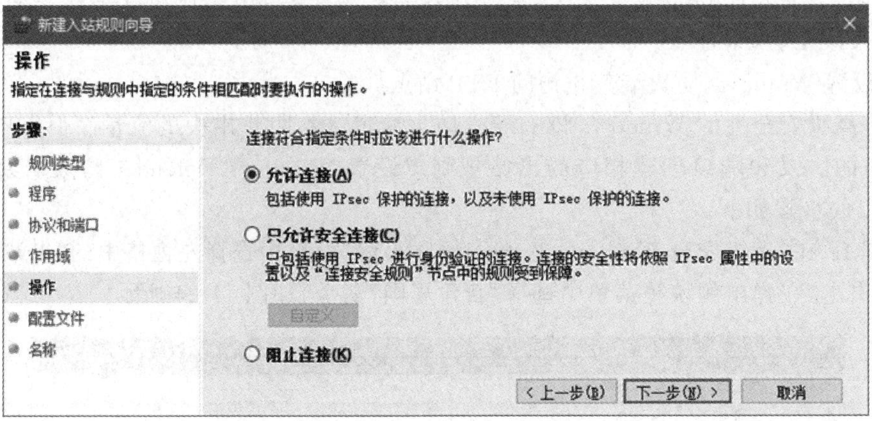

图 11-21　“操作”界面(1)

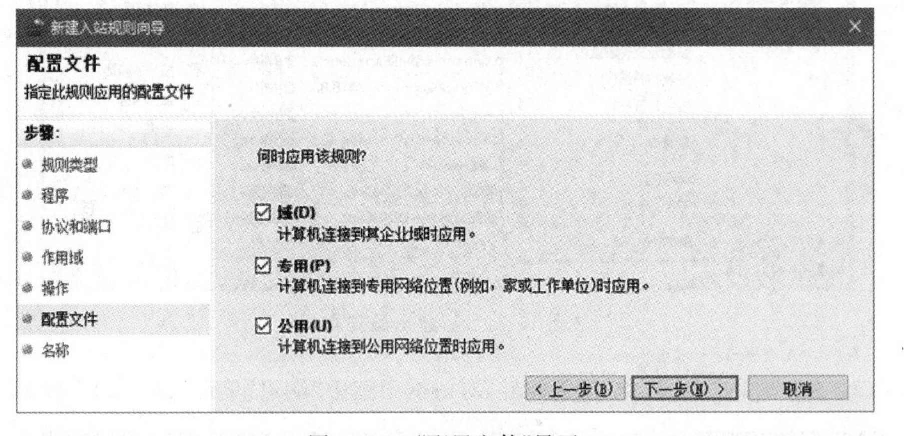

图 11-22　“配置文件”界面

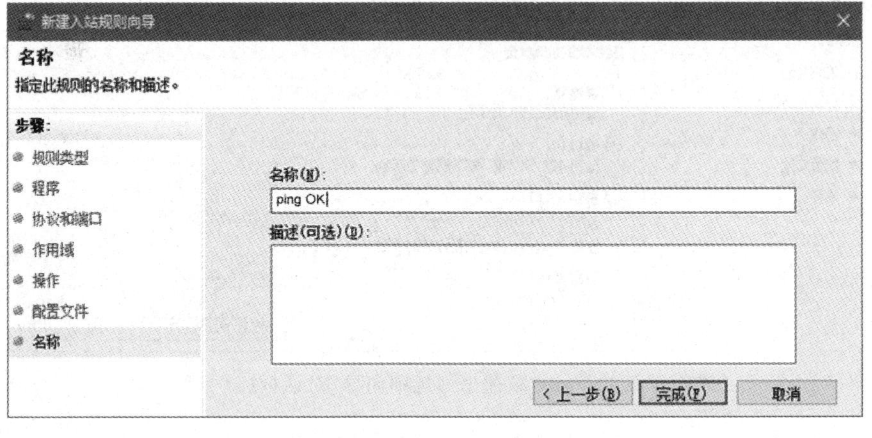

图 11-23　“名称”界面(1)

步骤 10：在其他计算机上 ping 本计算机，测试是否 ping 成功。禁用 ping OK 入站规则，再次测试是否 ping 成功。

【说明】 要允许 ping 命令响应,也可在入站规则中启用“文件和打印机共享(回显请求-ICMPv4-In)”规则即可。

4）设置 Windows 防火墙禁止访问 FTP 站点

具有高级安全性的 Windows Defender 防火墙默认不阻止出去的流量。但用户可以针对数据包的协议和端口创建相应的出站规则。设置 Windows Defender 防火墙禁止访问 FTP 站点的步骤如下。

步骤 1：在“高级安全 Windows Defender 防火墙”窗口中选择左窗格中的“出站规则”选项,然后右击,在弹出的快捷菜单中选择“新建规则”命令,如图 11-24 所示。

图 11-24　新建出站规则

步骤 2：在打开的“新建出站规则向导”对话框中选中“端口”单选按钮,如图 11-25 所示。

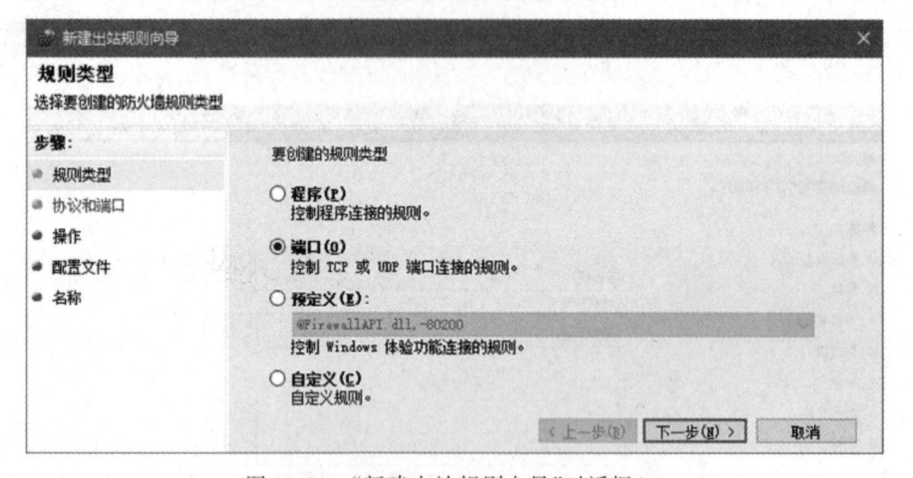

图 11-25　“新建出站规则向导”对话框(1)

步骤 3：单击“下一步”按钮,出现“协议和端口”界面,选中 TCP 单选按钮,设置“特定远程端口”为 21,如图 11-26 所示。

步骤 4：单击“下一步”按钮,出现“操作”界面,选中“阻止连接”单选按钮,如图 11-27 所示。

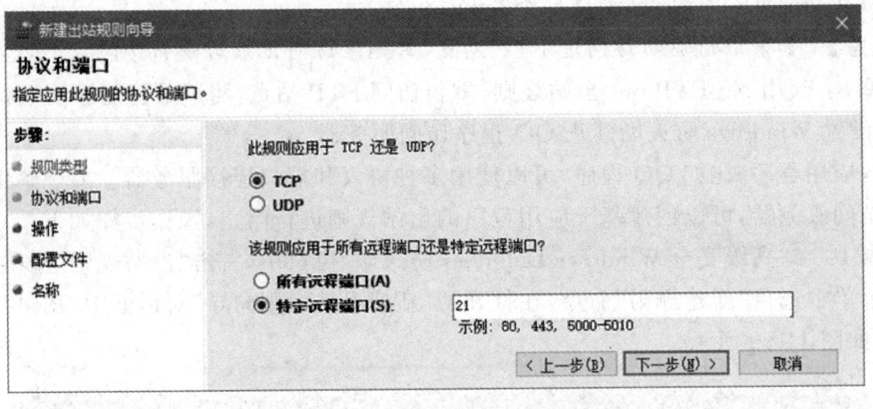

图 11-26　“协议和端口”界面(2)

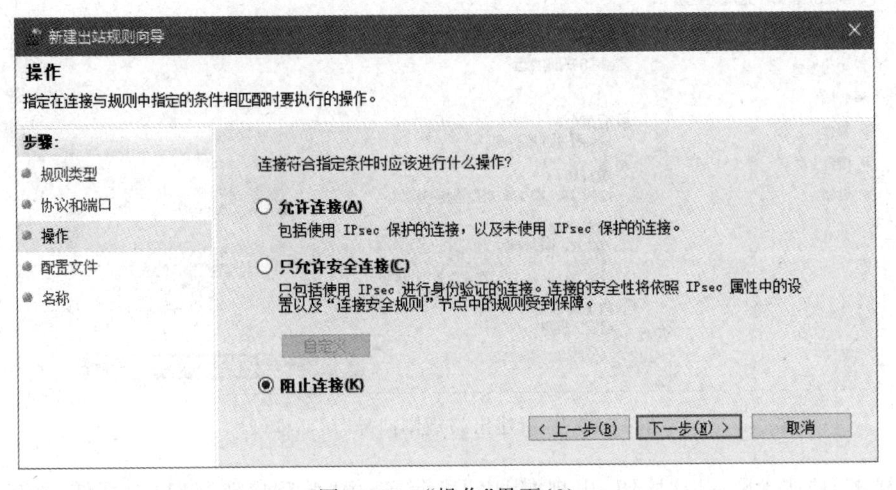

图 11-27　“操作”界面(2)

步骤 5：单击“下一步”按钮，出现“配置文件”界面，选中“域”“专用”“公用”复选框。

步骤 6：单击“下一步”按钮，出现“名称”界面，在“名称”文本框中输入本规则的名称 No FTP-out，单击“完成”按钮，完成本出站规则的创建，如图 11-28 所示。

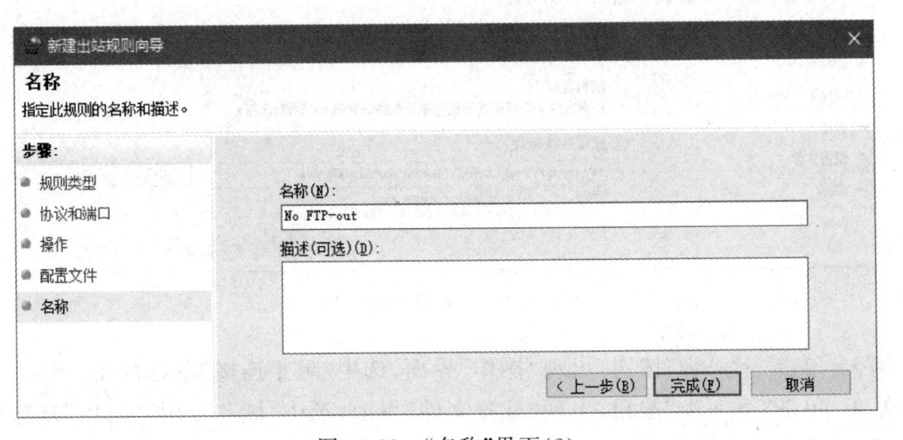

图 11-28　“名称”界面(2)

步骤 7：访问 FTP 站点，测试是否能够访问成功。

【注意】 如果以前成功访问过 FTP 站点，需删除访问记录后重新访问。

步骤 8：禁用 No FTP-out 出站规则，重新访问 FTP 站点，测试是否能够访问成功。

5）设置 Windows 防火墙禁止 QQ 程序访问服务器

有些应用程序，比如 QQ 程序，可以使用多种协议和端口连接服务器。要想禁止 QQ 应用程序访问服务器，可以创建基于应用程序的出站规则进行阻止，操作步骤如下。

步骤 1：在“高级安全 Windows Defender 防火墙”窗口中，右击“出站规则”选项，在弹出的快捷菜单中选择“新建规则”命令，在打开的“新建出站规则向导”对话框中，选中“程序”单选按钮，如图 11-29 所示。

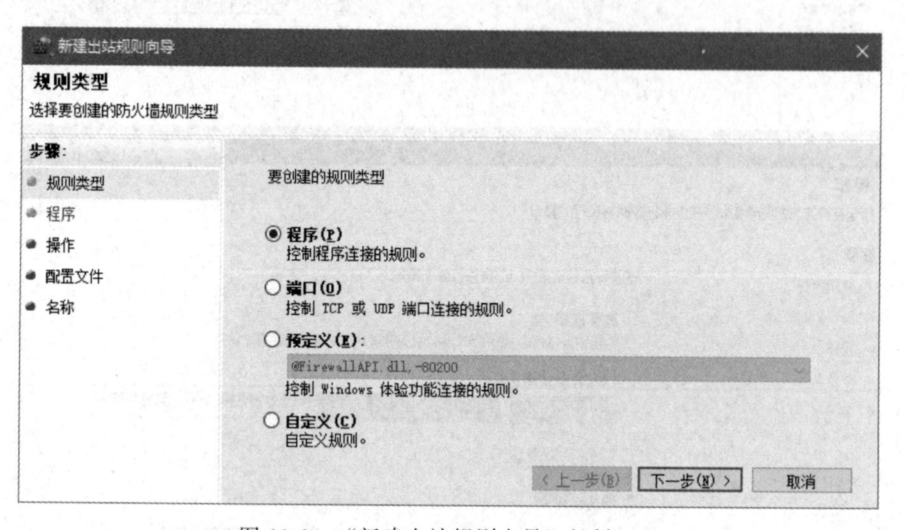

图 11-29 “新建出站规则向导”对话框(2)

步骤 2：单击“下一步”按钮，出现“程序”界面，选中“此程序路径”单选按钮，然后浏览到本机中的 QQ.exe 文件，如图 11-30 所示。

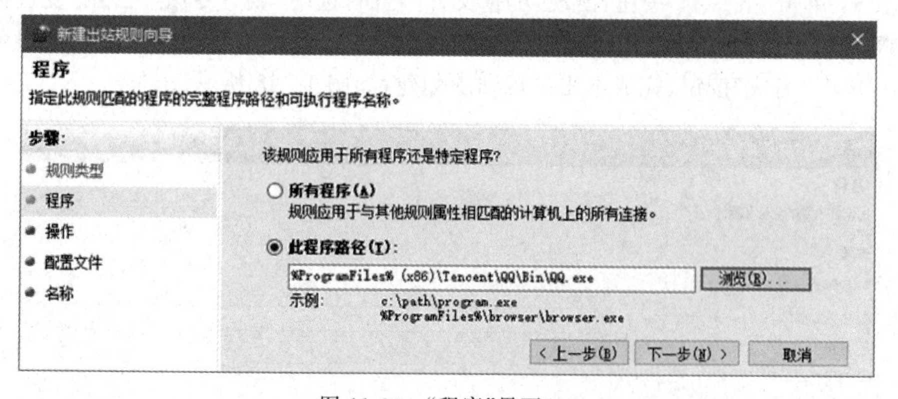

图 11-30 “程序”界面(2)

步骤 3：单击“下一步”按钮，出现“操作”界面，选中“阻止连接”单选按钮。

步骤 4：单击“下一步”按钮，出现“配置文件”界面，选中“域”“专用”“公用”复选框。

步骤 5：单击“下一步”按钮，出现“名称”界面，在“名称”文本框中输入本规则的名称 No

QQ,单击“完成”按钮,完成本出站规则的创建。

步骤 6：登录 QQ,会发现 QQ 登录失败。

步骤 7：禁用 No QQ 出站规则,会发现 QQ 登录成功。

6）设置 Windows 防火墙进行加密安全通信

如果要求两个计算机之间进行加密安全通信,可设置连接安全规则,操作步骤如下。

步骤 1：在 PC1 计算机中,右击“连接安全规则”选项,在弹出的快捷菜单中选择“新建规则”命令,在打开的“新建连接安全规则向导”对话框中选中“服务器到服务器”单选按钮,如图 11-31 所示。

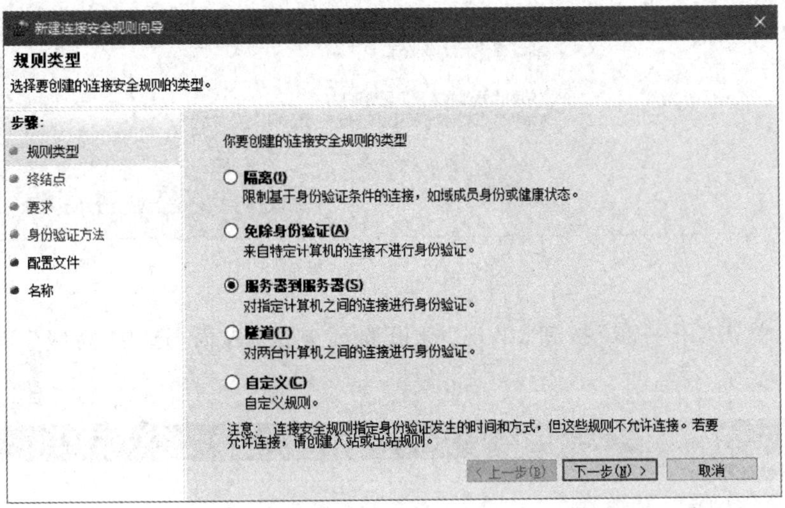

图 11-31　“新建连接安全规则向导”对话框

步骤 2：单击“下一步”按钮,出现“终结点”界面,添加终结点 1(如 PC1 计算机)和终结点 2(如 PC2 计算机)的 IP 地址,如图 11-32 所示。

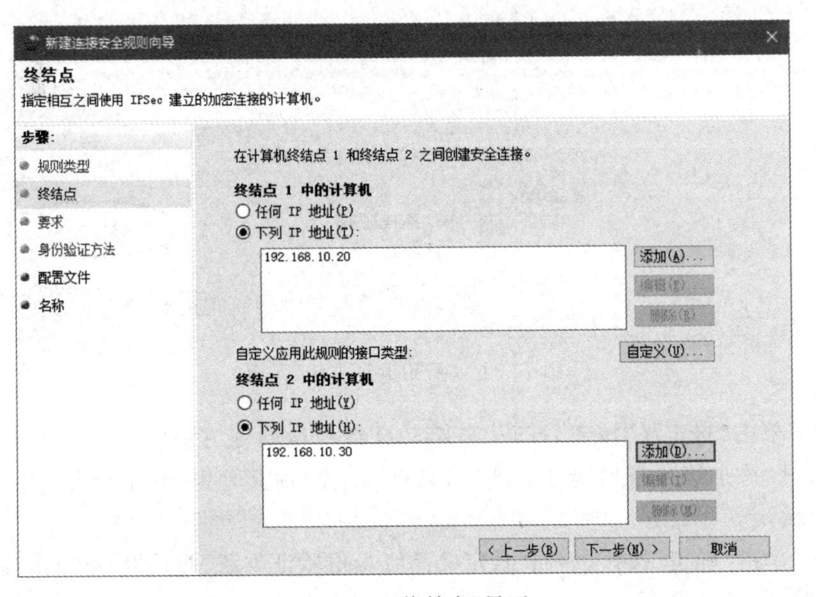

图 11-32　“终结点”界面

步骤 3：单击“下一步”按钮，出现“要求”界面，选中“入站和出站连接要求身份验证”单选按钮，如图 11-33 所示。

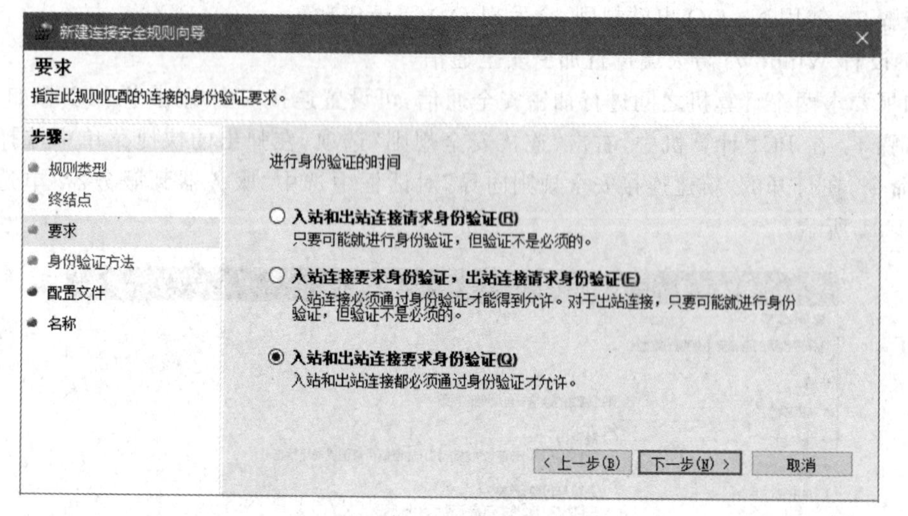

图 11-33 “要求”界面

步骤 4：单击“下一步”按钮，出现“身份验证方法”界面，选中“高级”单选按钮，如图 11-34 所示。

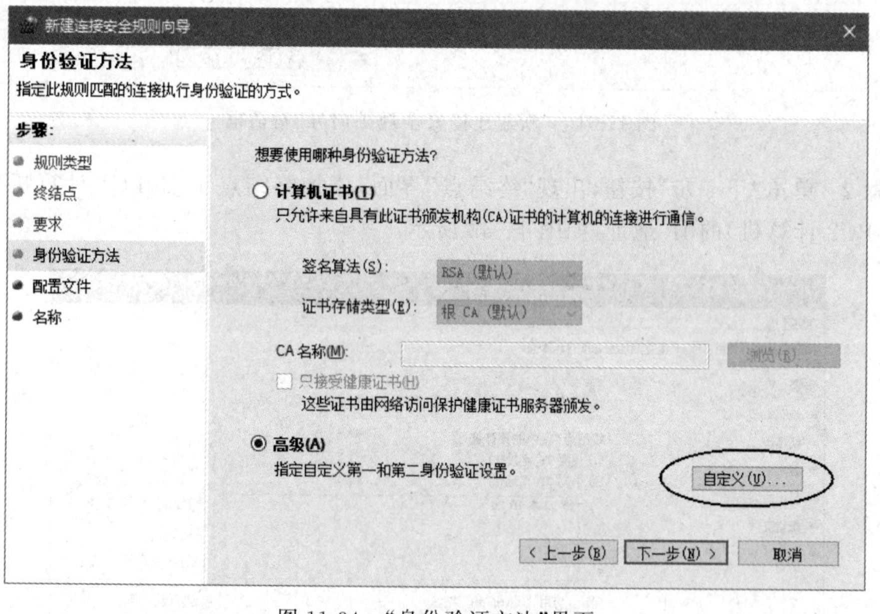

图 11-34 “身份验证方法”界面

步骤 5：单击“自定义”按钮，打开“自定义高级身份验证方法”对话框，单击左侧的“添加”按钮，打开“添加第一身份验证方法”对话框，设置“预共享密钥(不推荐)”为 123456，如图 11-35 所示。

步骤 6：单击“确定”按钮，返回“自定义高级身份验证方法”对话框，再单击“确定”按钮，返回“身份验证方法”界面。

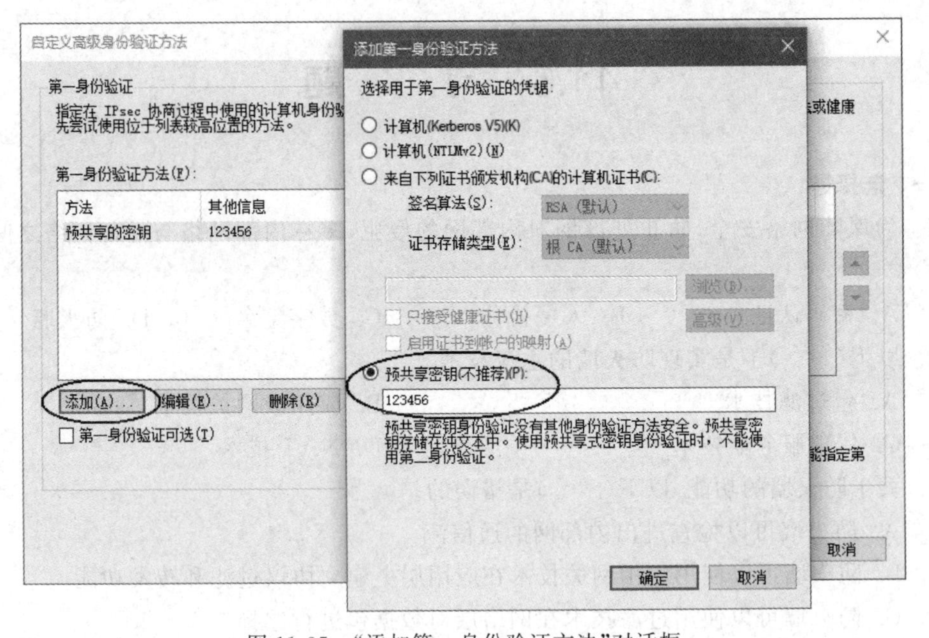

图 11-35　“添加第一身份验证方法”对话框

步骤 7：单击“下一步”按钮，出现“配置文件”界面，选中“域”“专用”“公用”复选框。

步骤 8：单击“下一步”按钮，出现“名称”界面，在“名称”文本框中输入本连接安全规则的名称 To PC2，单击“完成”按钮，完成本连接安全规则的创建。

步骤 9：在 PC2 计算机中，使用相同的方法，新建一条名称为 To PC1 的连接安全规则，注意“预共享密钥”要一致。

步骤 10：在 PC1 计算机中，启用 ping OK 入站规则，在 PC2 中执行 ping 192.168.10.20 -t 命令。

步骤 11：在 PC1 或 PC2 计算机中，展开“监视”→“安全关联”→“主模式”选项，查看窗口右侧的主模式内容，如图 11-36 所示，可见 PC1 和 PC2 计算机之间的通信是加密的。

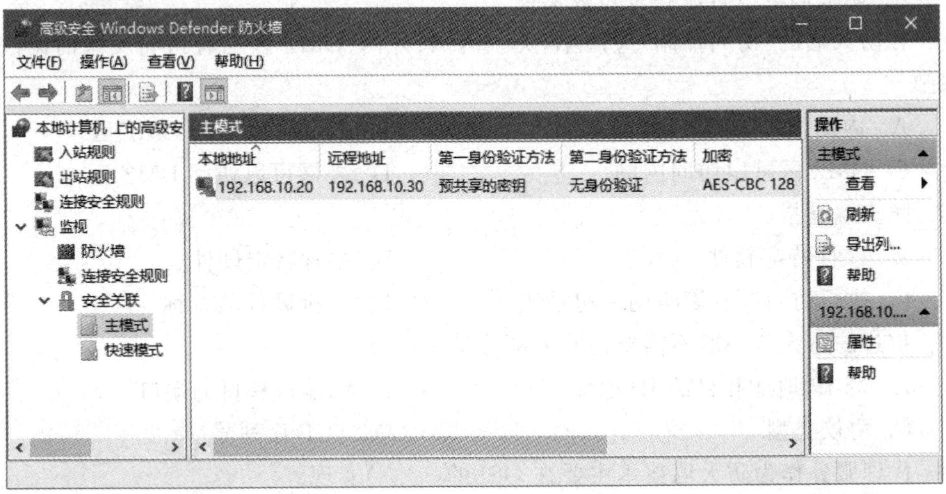

图 11-36　主模式内容

11.6 习　题

一、选择题

1. 为保障网络安全,防止外部网对内部网的侵犯,多在内部网络与外部网络之间设置(　　)。

A. 密码认证　　B. 入侵检测　　C. 数字签名　　D. 防火墙

2. 以下(　　)不是实现防火墙的主流技术。

A. 包过滤技术　　B. 应用级网关技术

C. 代理服务器技术　　D. NAT 技术

3. 关于防火墙的功能,以下(　　)是错误的。

A. 防火墙可以检查进出内部网的通信流

B. 防火墙可以使用应用网关技术在应用层上建立协议过滤和转发功能

C. 防火墙可以使用过滤技术在网络层对数据包进行选择

D. 防火墙可以阻止来自内部的威胁和攻击

4. 关于防火墙,以下(　　)是错误的。

A. 防火墙能隐藏内部 IP 地址

B. 防火墙能控制进出内网的信息流向和信息包

C. 防火墙能提供 VPN 功能

D. 防火墙能阻止来自内部网络的威胁

5. 关于防火墙技术的描述中,正确的是(　　)。

A. 防火墙不能支持网络地址转换

B. 防火墙可以布置在企业内部网和 Internet 之间

C. 防火墙可以查、杀各种病毒

D. 防火墙可以过滤各种垃圾文件

6. 在防火墙的"访问控制"应用中,关于内网、外网、DMZ 区三者访问关系的说法中错误的是(　　)。

A. 内网可以访问外网　　B. 内网可以访问 DMZ 区

C. DMZ 区可以访问内网　　D. 外网可以访问 DMZ 区

7. 防火墙是指(　　)。

A. 一种特定软件　　B. 一种特定硬件

C. 执行访问控制策略的一组系统　　D. 一批硬件的总称

8. 包过滤防火墙一般不需要检查的部分是(　　)。

A. 源 IP 地址和目的 IP 地址　　B. 源端口和目的端口

C. 协议类型　　D. TCP 序列号

9. 代理服务作为防火墙技术主要在 OSI 的(　　)实现。

A. 网络层　　B. 表示层　　C. 应用层　　D. 数据链路层

10. 关于屏蔽子网防火墙体系结构中堡垒主机的说法，错误的是(　　)。

A. 不属于整个防御体系的核心　　B. 位于 DMZ 区

C. 可被认为是应用层网关　　D. 可以运行各种代理程序

二、填空题

1. 防火墙是建立在现代通信网络技术和信息安全技术基础上的应用性安全技术，并越来越多地应用于________网与________网之间。

2. 根据防范的方式和侧重点的不同，防火墙技术可分成很多类型，但总体来讲可分为三大类：________、________和________。

3. 包过滤防火墙根据数据包头中的________、________、________、________、________、________、________等参数，或它们的组合来确定是否允许该数据包通过。

4. ________实际上就是一台小型的带有数据"检测、过滤"功能的透明"代理服务器"，它工作在应用层，针对不同的应用协议，需要建立不同的服务代理。

5. 状态检测防火墙摒弃了包过滤防火墙仅检查数据包的 IP 地址等几个参数，而不关心数据包连接状态变化的缺点，在防火墙的核心部分建立________表，并将进出网络的数据当成一个个的会话，利用该表跟踪每一个会话状态。

6. 在传统的路由器中增加________功能就能形成包过滤路由器防火墙。

7. 双宿主主机防火墙结构具有两个接口，其中一个接口接________网络，另一个接口接________网络。

8. 屏蔽子网防火墙结构采用了两个包过滤路由器和一个堡垒主机，在内外网络之间建立了一个被隔离的子网，通常称为________区，可以将________置于该区中，解决了服务器位于内部网络带来的不安全问题。

9. 在 Windows 系统中，不同的网络配置文件可以有不同的 Windows 防火墙设置，可以选择的网络配置文件主要包括________、________、________共 3 种。

10. 具有高级安全性的 Windows 防火墙是一种状态防火墙，它默认阻止________流量，默认允许________流量。

11. 具有高级安全性的 Windows 防火墙可以请求或要求计算机在通信之前互相进行________，并在通信时使用________或________。

三、简答题

1. 防火墙的主要功能是什么？

2. 包过滤防火墙的优缺点是什么？

3. 比较防火墙与路由器的区别。

4. 防火墙不能防范什么？

四、实践操作题

设计一条防火墙安全规则，防范别人使用 Telnet(TCP 端口号为 23)登录自己的计算机。

第 12 章　VPN 技术

学习目标

（1）了解 VPN 的概念和作用。
（2）了解 VPN 的分类和处理过程。
（3）了解 VPN 的关键技术和协议。
（4）了解 Windows Server 2016 操作系统的“远程访问”角色。
（5）掌握 VPN 的配置方法。

12.1　VPN 技术概述

虚拟专用网（virtual private network，VPN）是指通过一个公用网络（通常是 Internet）建立的一个临时的安全连接，是一条穿过公用网络的安全、稳定的隧道。VPN 是企业网在 Internet 等公用网络上的延伸，它通过安全的数据通道，帮助远程用户、公司分支机构、商业伙伴及供应商与公司的内部网建立可信的安全连接，并保证数据的安全传输，构成一个扩展的公司企业网，如图 12-1 所示。VPN 可用于不断增长的移动用户的全球 Internet 接入，以实现安全连接，可用于实现企业网络之间安全通信的虚拟专用线路。

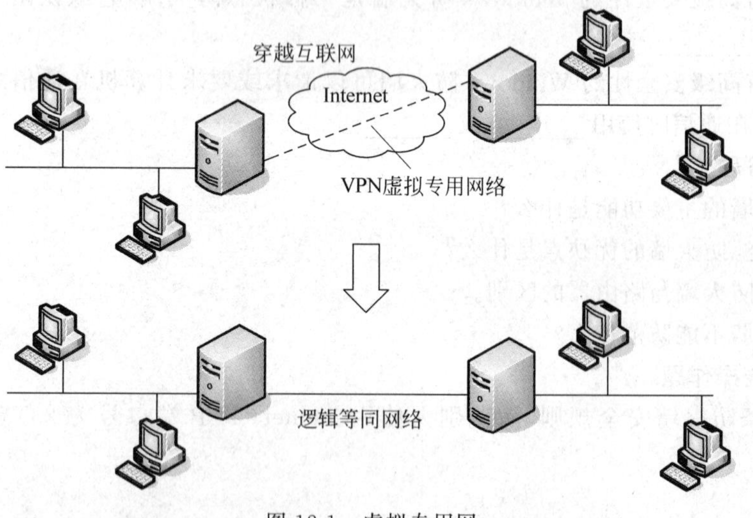

图 12-1　虚拟专用网

通俗地讲，VPN 实际上是“线路中的线路”，类似于城市道路中的“公交专用线”，所不同的是由 VPN 组成的“线路”并不是物理存在的，而是通过技术手段模拟出来的，即是“虚拟”

的。不过,这种虚拟的专用网络技术却可以在一条公用线路中为两台计算机建立一个逻辑上的专用“通道”,它具有良好的保密性和不受干扰性,使双方能进行自由而安全的点对点连接,因此得到网络管理员的广泛关注。

IETF 已经开始为 VPN 技术制定标准,基于这一标准的产品,将使各种应用场合下的 VPN 具有充分的互操作性和可扩展性。

VPN 可以实现不同网络组件和资源之间的相互连接,利用 Internet 或其他公共互联网络的基础设施为用户创建隧道,并提供与专用网络一样的安全和功能保障。提高 VPN 效用的关键问题在于当用户的业务需求发生变化时,用户能很方便地调整他的 VPN 以适应变化,并能方便地升级到将来新的 TCP/IP 版本;而那些提供门类齐全的软、硬件 VPN 产品的供应商,则能提供一些灵活的选择以满足用户的要求。目前的 VPN 产品主要运行在 IPv4 之上,但应当具备升级到 IPv6 的能力,同时要保持良好的互操作性。

12.2　VPN 的特点

VPN 是平衡 Internet 的实用性和价格优势的最有前途的通信手段之一。利用共享的 IP 网络建立 VPN 连接,可以使企业减少对昂贵的租用专线和复杂的远程访问方案的依赖性。它具有以下特点。

(1) 安全性。用加密技术对经过隧道传输的数据进行加密,以保证数据仅被指定的发送者和接收者了解,从而保证了数据的私有性和安全性。

(2) 专用性。在非面向连接的公用 IP 网络上建立一个逻辑的、点对点的连接,称为建立一个隧道。

(3) 经济性。它可以使移动用户和一些小型的分支机构的网络开销减少,不仅可以大幅度削减传输数据的开销,同时可以削减传输语音的开销。

(4) 扩展性和灵活性。能够支持通过 Intranet 和 Extranet 的任何类型的数据流,方便增加新的节点,支持多种类型的传输媒介,可以满足同时传输语音、图像和数据等新应用对高质量传输及带宽增加的需求。

12.3　VPN 的处理过程

一条 VPN 连接一般由客户机、隧道和服务器三部分所组成。VPN 系统使分布在不同地方的专用网络在不可信任的公用网络上安全的通信。它采用复杂的算法来加密传输的信息,使敏感的数据不会被窃听。其处理过程大体如下(图 12-2)。

(1) 要保护的主机发送明文信息到连接公用网络的 VPN 设备。

(2) VPN 设备根据网管设置的规则,确定是否需要对数据进行加密或让数据直接通过。

(3) 对需要加密的数据,VPN 设备对整个数据包进行加密和附上数字签名。

(4) VPN 设备加上新的数据报头,其中包括目的地 VPN 设备需要的安全信息和一些

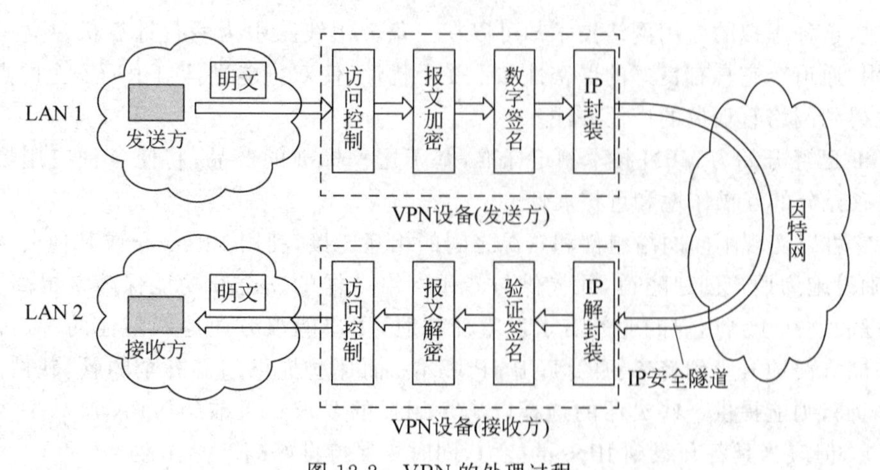

图 12-2 VPN 的处理过程

初始化参数。

(5) VPN 设备对加密后的数据、鉴别包以及源 IP 地址、目标 VPN 设备 IP 地址进行重新封装,重新封装后的数据包通过虚拟通道在公网上传输。

(6) 当数据包到达目标 VPN 设备时,数据包被解封装,数字签名核对无误后,数据包被解密。

12.4 VPN 的分类

VPN 按照服务类型可以分为企业内部虚拟网(intranet VPN)、企业扩展虚拟网(extranet VPN)和远程访问虚拟网(access VPN) 3 种类型。

(1) 企业内部虚拟网又被称为内联网 VPN,它是企业的总部与分支机构之间通过公用网络构建的虚拟专用网。这是一种网络到网络的以对等方式连接起来所组成的 VPN。intranet VPN 的安全性取决于两个 VPN 服务器之间的加密和验证手段。图 12-3 是一个典型的 intranet VPN。

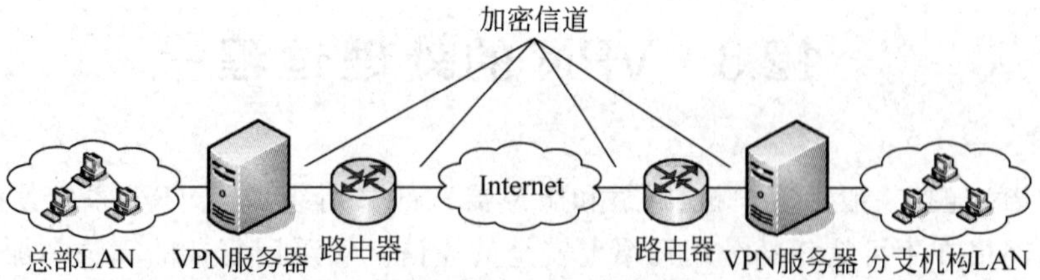

图 12-3 intranet VPN

(2) 企业扩展虚拟网又被称为外联网 VPN,它是企业间发生收购、兼并或企业间建立战略联盟后,使不同企业网通过公用网络来构建的虚拟专用网,如图 12-4 所示。它能保证包括 TCP 和 UDP 服务在内的各种应用服务的安全,如 HTTP、FTP、E-mail、数据库的安全以及一些应用程序(如 Java、ActiveX)的安全等。

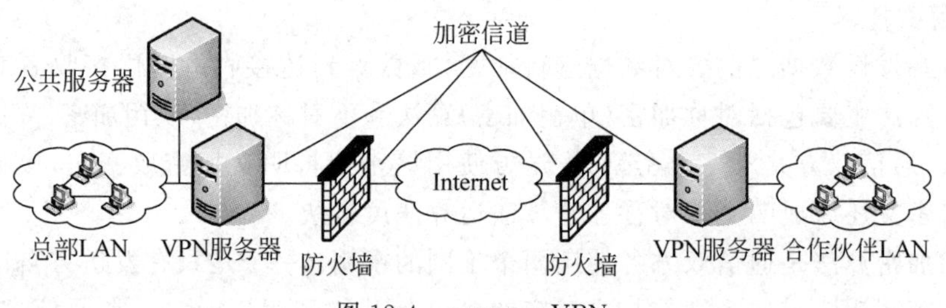

图 12-4　extranet VPN

通常把 intranet VPN 和 extranet VPN 统一称为专线 VPN。

(3) 远程访问虚拟网又被称为拨号 VPN,是指企业员工或企业的小分支机构通过公用网络远程拨号的方式构建的虚拟专用网。典型的远程访问 VPN 是用户通过本地的 Internet 服务提供商(ISP)登录到 Internet 上,并在现有的办公室和公司内部网之间建立一条加密信道,如图 12-5 所示。

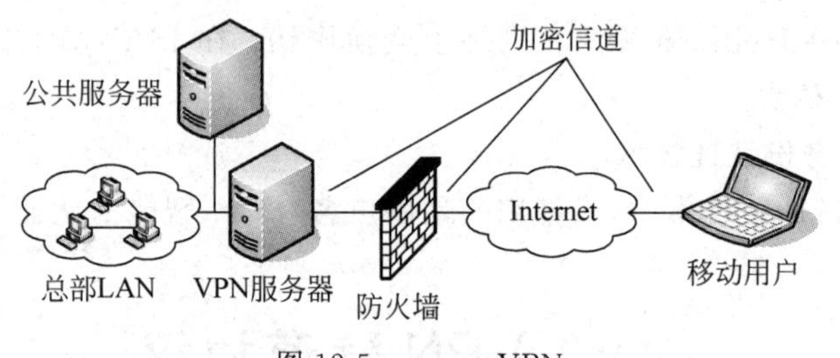

图 12-5　access VPN

公司往往制定一种"透明的访问策略",即使在远处的员工也能像他们坐在公司总部的办公室一样自由地访问公司的资源。为方便公司员工的使用,远程访问 VPN 的客户端应尽量简单,同时考虑加密、身份验证过滤等方法的使用。

12.5　VPN 的关键技术

目前,VPN 主要采用 4 项关键技术来保证安全,这 4 项关键技术分别是隧道技术、加解密技术、密钥管理技术和用户与设备身份认证技术。

1. 隧道技术

VPN 是在公用网络中形成企业专用的链路,为了形成这样的链路,采用了所谓的"隧道"技术。隧道技术是 VPN 的基本技术,它是数据包封装的技术,可以模仿点对点连接技术,依靠 Internet 服务提供商(ISP)和其他的网络服务提供商(NSP)在公用网中建立自己专用的"隧道",让数据包通过这条隧道进行传输。

隧道技术是一种通过使用互联网络的基础设施在网络之间传递数据的方法。使用隧道传递的数据可以是其他协议的数据帧或数据包。隧道协议将其他协议的数据帧或数据包重新封装到一个新的 IP 数据包的数据体中,然后通过隧道发送。新的 IP 数据包的报头提供路由信息,以便通过互联网传递被封装的负载数据。当新的 IP 数据包到达隧道终点时,该新的 IP 数据包被解除封装。

2. 加解密技术

发送者在发送数据之前要对数据进行加密,当数据到达接收者时由接收者对数据进行解密。加密算法主要包括对称加密(单钥加密)算法和不对称加密(双钥加密)算法。对于对称加密算法,通信双方共享一个密钥,发送方使用该密钥将明文加密成密文,接收方使用相同的密钥将密文还原成明文。对称加密算法运算速度较快。

不对称加密算法是通信双方各使用两个不同的密钥:一个是只有发送方自己知道的密钥(私钥,秘密密钥),另一个则是与之对应的可以公开的密钥(公钥)。在通信过程中,发送方用接收方的公开密钥加密数据,并且可以用发送方的私钥对数据的某一部分或全部加密,进行数字签名。接收方接收到加密数据后,用自己的私钥解密数据,并使用发送方的公开密钥解密数字签名,以验证发送方的身份。

3. 密钥管理技术

密钥管理技术的主要任务是使密钥在公用网络上安全地传递而不被窃取。现行密钥管理技术可分为 SKIP 与 ISAKMP/OAKLEY 两种。

SKIP 利用 Diffie-Hellman 算法在网络上交换密钥;在 ISAKMP 中,双方都有两把密钥,分别作为公钥和私钥。

4. 用户与设备身份认证技术

用户与设备身份认证技术中,最常用的是用户名/口令、智能卡认证等认证技术。

12.6 VPN 隧道协议

VPN 隧道协议主要分为第二层、第三层隧道协议。它们的本质区别在于用户的数据是被封装在不同层的数据包中在隧道里传输。第二层隧道协议是先把各种网络协议封装到 PPP(点对点协议)中,再把整个数据包装入隧道协议中。这种双层封装方法形成的数据包靠第二层协议进行传输。第二层隧道协议有 PPTP、L2F、L2TP 等。第三层隧道协议是把各种网络协议直接装入隧道协议中,形成的数据包依靠第三层协议进行传输。第三层隧道协议有 IPSec、GRE 等。

(1) PPTP(点到点隧道协议)。PPTP 是由微软公司设计的,用于将 PPP 分组通过 IP 网络进行封装传输。设计 PPTP 的目的是满足公司内部职员异地办公的需要。PPTP 定义了一种 PPP 分组的封装机制,它通过使用扩展的通用路由封装协议 GRE 进行封装,使 PPP 分组在 IP 网络上进行传输。它在逻辑上延伸了 PPP 会话,从而形成了虚拟的远程拨号。

(2) L2F(第二层转发)。L2F 是由 Cisco 公司提出的,可以在多种公用网络设施(如 ATM、帧中继、IP 网络)上建立多协议的安全虚拟专用网。它将链路层的协议(如 PPP、HDLC 等)封装起来传送,因此网络的链路层完全独立于用户的链路层协议。

(3) L2TP(第二层隧道协议)。L2TP 结合了 PPTP 和 L2F 协议的优点,以便扩展功能。其格式基于 L2F,信令基于 PPTP。这种协议几乎能实现 PPTP 和 L2F 协议的所有服务,并且更加强大、灵活。它定义了利用公用网络设施(如 ATM、帧中继、IP 网络)封装传输链路层 PPP 帧的方法。

(4) IPSec(IP 安全)。IPSec 是在网络层提供通信安全的一组协议。在 IPSec 协议族中,有两个主要的协议：认证报头(authentication header,AH)协议和封装安全负载(encapsulating security payload,ESP)协议。

对于 AH 协议和 ESP 协议,源主机在向目的主机发送安全数据报之前,源主机和目的主机进行握手,并建立一个网络层逻辑连接,这个逻辑连接被称为安全关联(security association,SA)。SA 是两个端点之间的单向连接,它有一个与之关联的安全标识符。如果需要使用双向的安全通信,则要求使用两个安全关联。

AH 协议：在发送数据包时,AH 报头插在原有 IP 报文头和 TCP 报文头之间。在 IP 报头的协议类型字段,值 51 用来表明数据包包含 AH 报头。当目的主机接收到带有 AH 报头的 IP 数据报后,它确定数据报的 SA,并验证数据报的完整性。AH 协议提供了身份认证和数据完整性校验功能,但是没有提供数据加密功能。

ESP 协议：采用 ESP 协议,源主机可以向目的主机发送安全数据报。安全数据报是用 ESP 报头和 ESP 报尾来封装原来的 IP 数据报,然后将封装后的数据插入一个新 IP 数据报的数据字段。对于这个新 IP 数据报的报头中的协议类型字段,值 50 用来表示数据报包含 ESP 报头和 ESP 报尾。ESP 协议提供了身份认证、数据完整性校验和数据加密功能。

(5) GRE(general routing encapsulation,通用路由封装)。GRE 规定了怎样用一种网络层协议去封装另一种网络层协议的方法。GRE 的隧道由两端的源 IP 地址和目的 IP 地址来定义。GRE 只提供了数据包的封装,它并没有加密功能来防止网络侦听和攻击。所以,在实际环境中它常和 IPSec 一起使用,由 IPSec 提供用户数据的加密,从而给用户提供更好的安全性。

12.7 实　　训

12.7.1 实训 1：部署一台基本的 VPN 服务器

实训 1：部署一台基本的 VPN 服务器

1. 实训目标

能部署一台基本的 VPN 服务器,使 VPN 客户机能够通过 VPN 连接到 VPN 服务器,能访问服务器指定的内容。

2. 完成实训所需的设备和软件

(1) Windows Server 2016 双网卡服务器 1 台、Windows 10 客户机 1 台。

(2) 交换机 1 台、直通线 2 根。

3. 网络拓扑结构

为了完成本次实训,搭建如图 12-6 所示的网络拓扑结构。

4. 实施步骤

1) 硬件连接

用 2 根直通线分别把服务器(连接外网的网卡)和客户机连接到交换机上。

2) TCP/IP 配置

步骤 1：配置服务器连接外网的网卡 1 的 IP 地址为 192.168.10.10,子网掩码为 255.255.255.0,连接内网的网卡 2 的 IP 地址为 192.168.3.10,子网掩码为 255.255.255.0；配置客户机的 IP 地址为 192.168.10.20,子网掩码为 255.255.255.0。

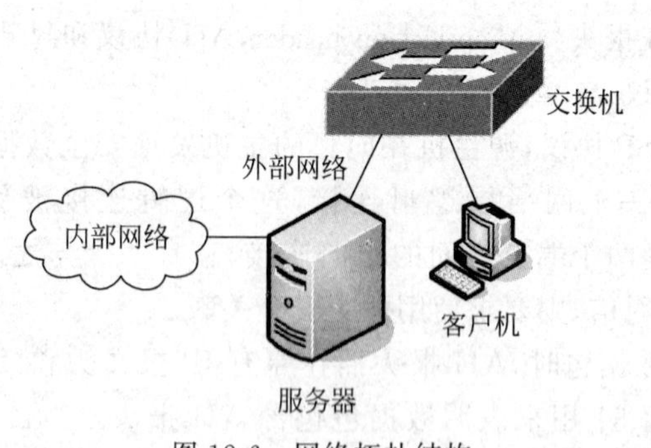

图 12-6　网络拓扑结构

步骤 2：在服务器和客户机之间用 ping 命令测试网络的连通性。

3）安装“远程访问”角色

步骤 1：在 Windows Server 2016 服务器上，选择“开始”→“服务器管理器”命令，打开“服务器管理器”窗口，选择左窗格中的“仪表板”选项，单击右窗格中的“添加角色和功能”选项。

步骤 2：在打开的“添加角色向导”对话框中，多次单击“下一步”按钮，直至出现“选择服务器角色”界面，如图 12-7 所示，选中“远程访问”复选框。

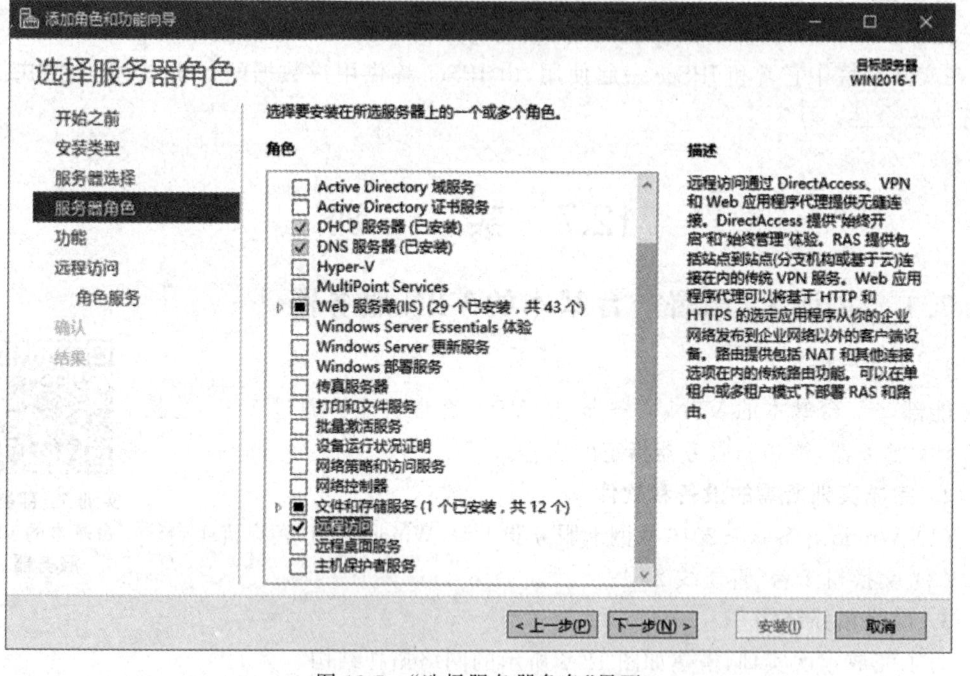

图 12-7　“选择服务器角色”界面

步骤 3：单击“下一步”按钮，出现“选择功能”界面。

步骤 4：单击“下一步”按钮，出现“远程访问”界面。

步骤 5：单击“下一步”按钮，出现“选择角色服务”界面，如图 12-8 所示，选中“Direct Access 和 VPN(RAS)”和“路由”复选框。

步骤 6：单击“下一步”按钮，出现“确认安装所选内容”界面，如图 12-9 所示，单击“安装”按钮，安装成功后单击“关闭”按钮。

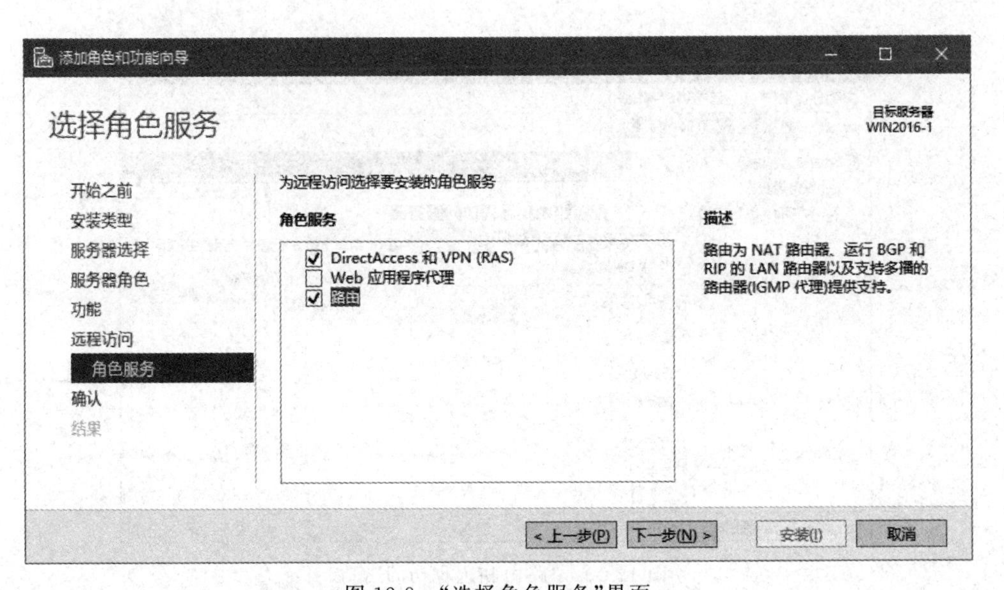

图 12-8　“选择角色服务”界面

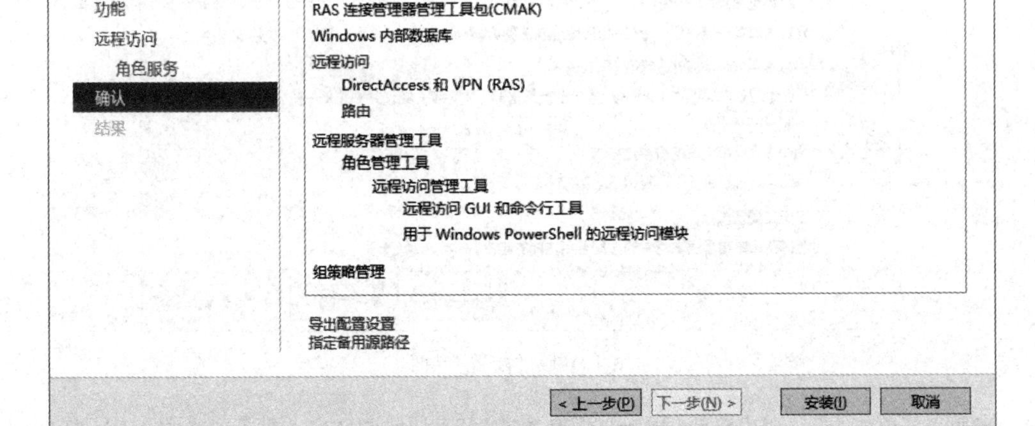

图 12-9　“确认安装所选内容”界面

4）配置并启用路由和远程访问

步骤 1：选择“开始”→“Windows 管理工具”→“路由和远程访问”命令，打开“路由和远程访问”窗口，如图 12-10 所示。

步骤 2：右击服务器名(如 WIN2016-1)，在弹出的快捷菜单中选择“配置并启用路由和远程访问”命令，打开“路由和远程访问服务器安装向导”对话框。

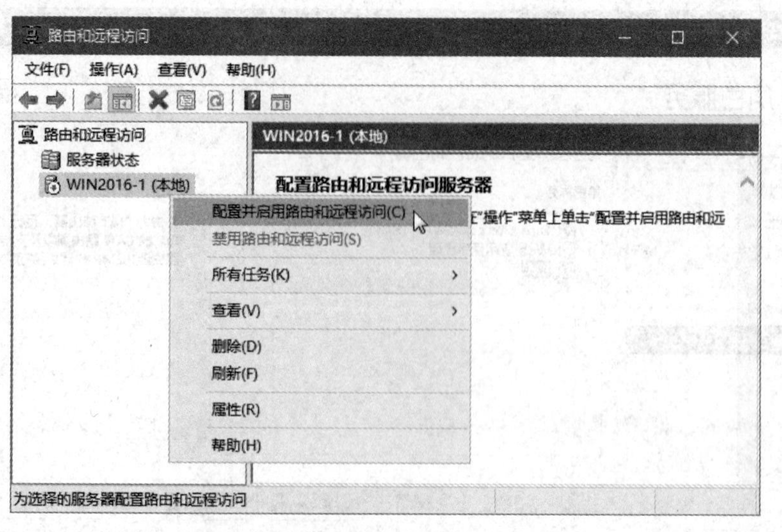

图 12-10 “路由和远程访问”窗口

步骤 3：单击“下一步”按钮，出现“配置”界面，如图 12-11 所示，选中“远程访问(拨号或VPN)”单选按钮。

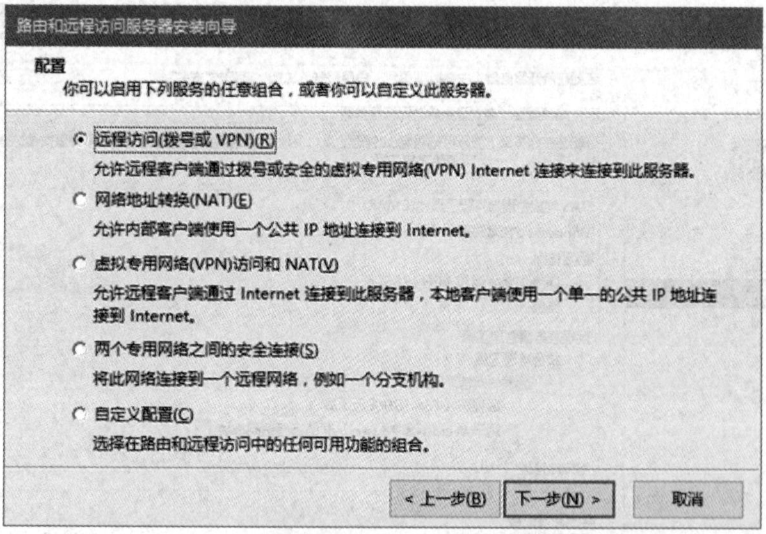

图 12-11 “配置”界面

步骤 4：单击“下一步”按钮，出现“远程访问”界面，如图 12-12 所示，选中 VPN 复选框。

步骤 5：单击“下一步”按钮，出现“VPN 连接”界面，如图 12-13 所示，选择 VPN 接入接口(即连接外网的网卡)，在这里选择 IP 地址为 192.168.10.10 的网络接口。

步骤 6：单击“下一步”按钮，出现“IP 地址分配”界面，选择对远程客户端分配 IP 地址的方法，这里选中“来自一个指定的地址范围”单选按钮，如图 12-14 所示。

步骤 7：单击“下一步”按钮，出现“地址范围分配”界面，单击“新建”按钮，在打开的“新建 IPv4 地址范围”对话框中输入“起始 IP 地址”为 192.168.3.101，“结束 IP 地址”为 192.168.3.200，共 100 个地址，如图 12-15 所示。

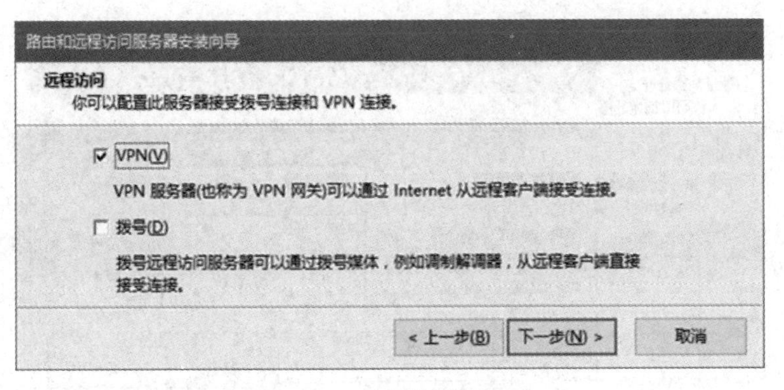

图 12-12　“远程访问”界面

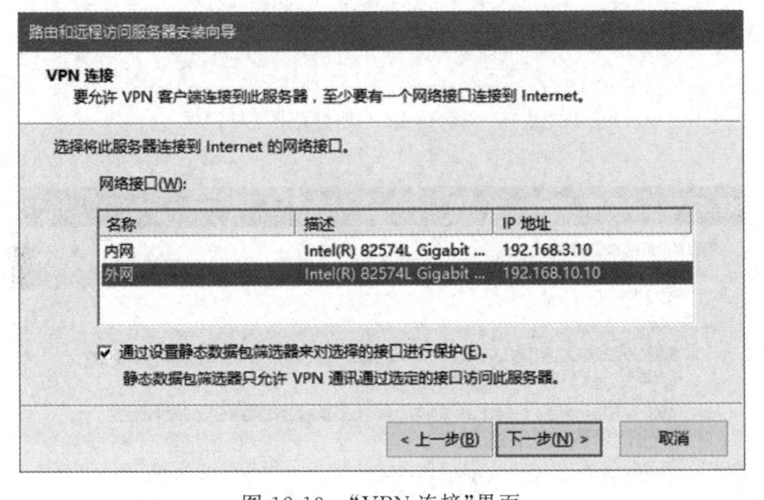

图 12-13　“VPN 连接”界面

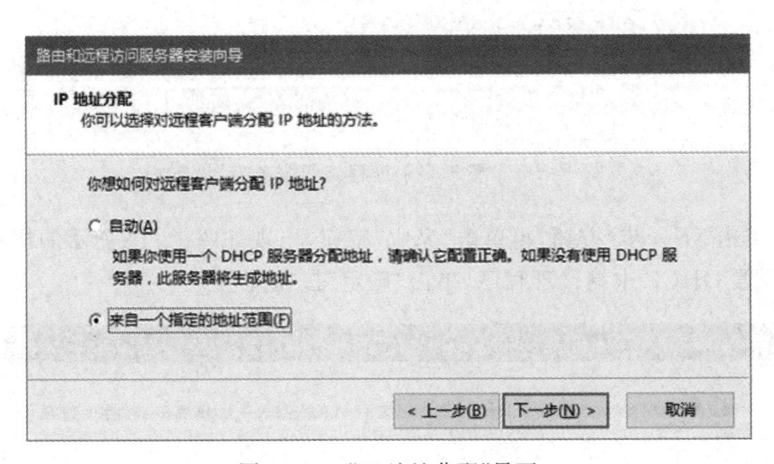

图 12-14　“IP 地址分配”界面

步骤 8：单击“确定”按钮，返回“地址范围分配”界面。再单击“下一步”按钮，出现“管理多个远程访问服务器”界面，选中“否，使用路由和远程访问来对连接请求进行身份验证”单选按钮，如图 12-16 所示。

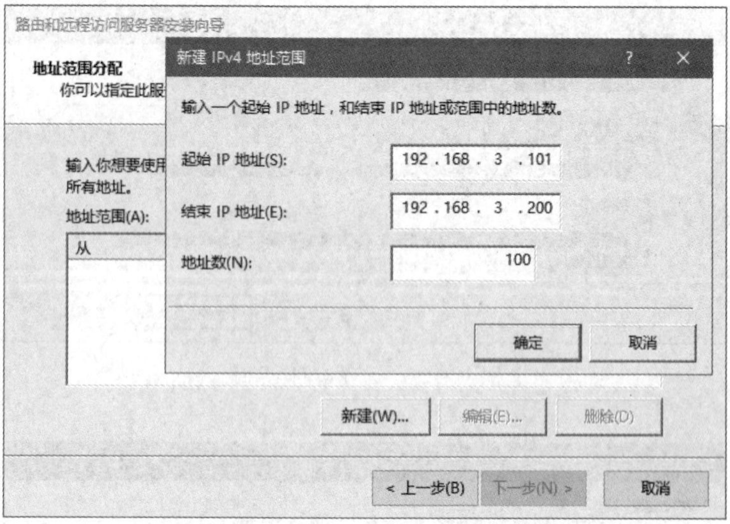

图 12-15 “新建 IPv4 地址范围”对话框

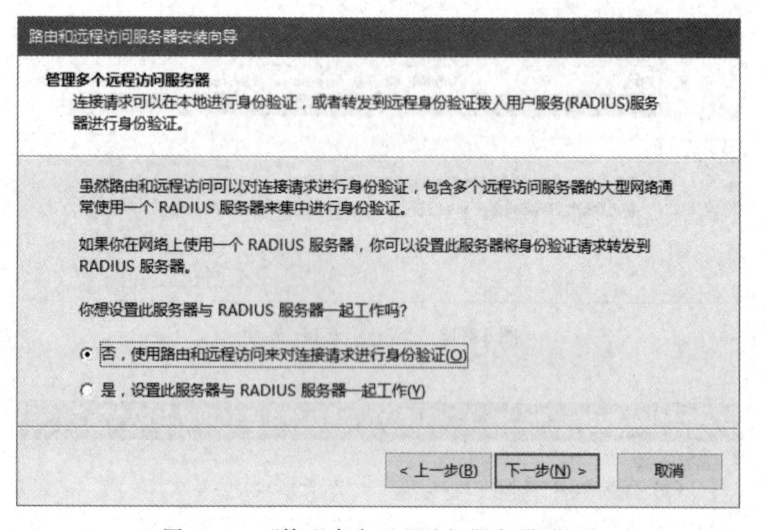

图 12-16 “管理多个远程访问服务器”界面

步骤 9：单击“下一步”按钮，再单击“完成”按钮，出现如图 12-17 所示的提示框，表示根据需要可以配置 DHCP 中继代理程序，单击“确定”按钮即可。

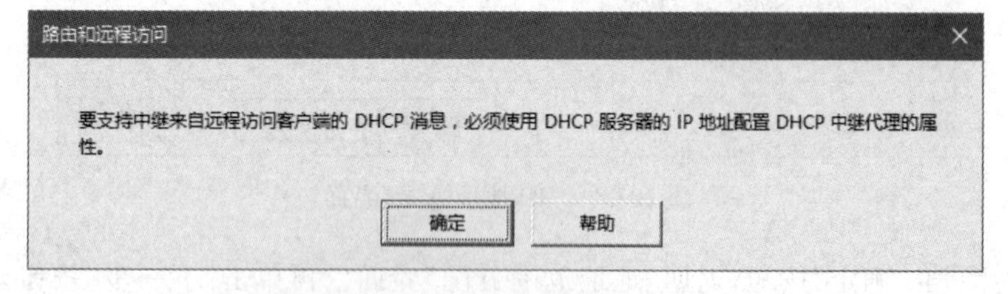

图 12-17 DHCP 中继代理信息

至此，路由和远程访问建立完成。

5）创建 VPN 接入用户

VPN 服务配置完成后，还需要在 VPN 服务器上创建 VPN 接入用户。

步骤 1：选择“开始”→“Windows 管理工具”→“计算机管理”命令，打开“计算机管理”窗口，依次展开“系统工具”→“本地用户和组”→“用户”选项，在右窗格的空白处右击，在弹出的快捷菜单中选择“新用户”命令，如图 12-18 所示。

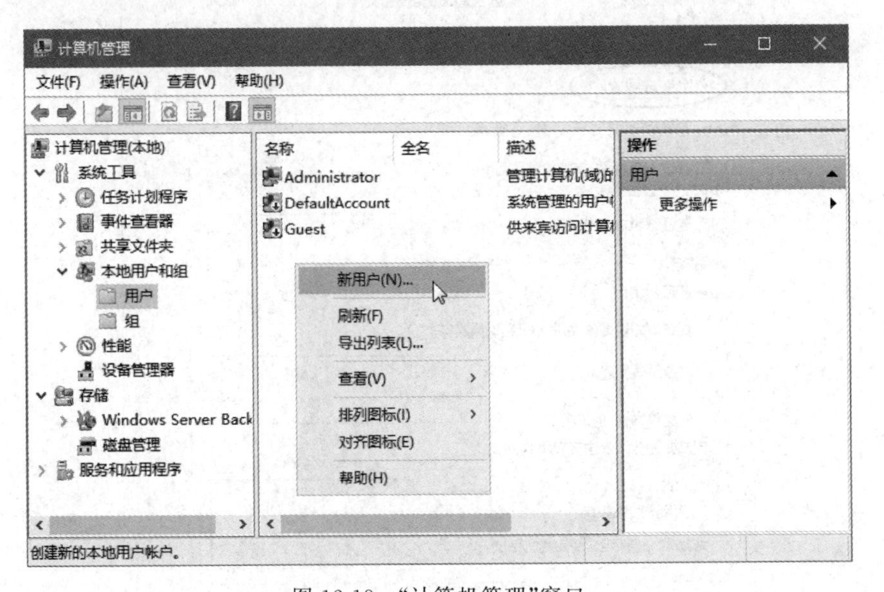

图 12-18　“计算机管理”窗口

步骤 2：在打开的“新用户”对话框中输入用户名（VPNtest）和密码（p@ssword1），并选中下方的“用户不能更改密码”和“密码永不过期”复选框，如图 12-19 所示。

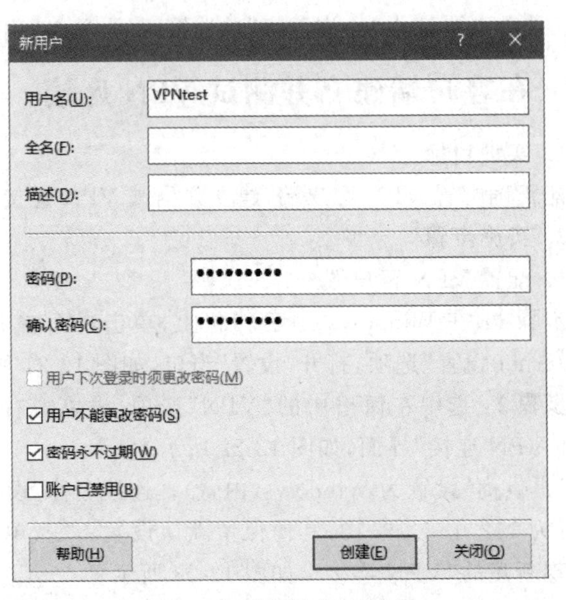

图 12-19　“新用户”对话框

步骤 3：单击“创建”按钮，再单击“关闭”按钮，完成新用户 VPNtest 的创建。

步骤4：在“计算机管理”窗口的右侧窗格中右击刚刚创建的新用户VPNtest，在弹出的快捷菜单中选择“属性”命令，打开“VPNtest属性”对话框，如图12-20所示。

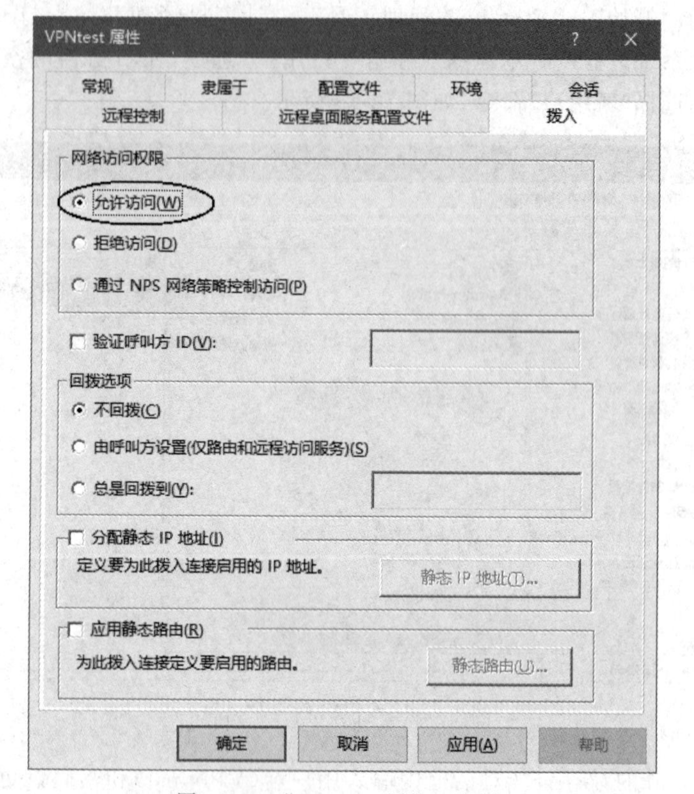

图12-20 “VPNtest属性”对话框

步骤5：在“拨入”选项卡中选中“允许访问”单选按钮后，单击“确定”按钮。

12.7.2 实训2：在客户端建立并测试VPN连接

实训2：在客户端建立并测试VPN连接

1. 实训目标

能正确配置VPN客户端，建立并测试VPN连接。

2. 实施步骤

1）配置VPN客户端

步骤1：在Windows 10客户机上，单击桌面右下角的“网络”→“网络和Internet设置”选项，打开“设置”窗口，如图12-21所示。

步骤2：选中左窗格中的“VPN”选项，再单击右窗格中的“添加VPN连接”按钮，出现“添加VPN连接”界面，如图12-22所示。

步骤3：将“VPN提供商”设置为Windows(内置)，“连接名称”设置为“VPN连接”，“服务器名称或地址”设置为192.168.10.10，其他保留默认设置不变，单击“保存”按钮，此时，在“设置”窗口中会出现新建的“VPN连接”，如图12-23所示。

步骤4：单击“VPN连接”按钮，再单击“连接”按钮，打开“登录”对话框，如图12-24所示。

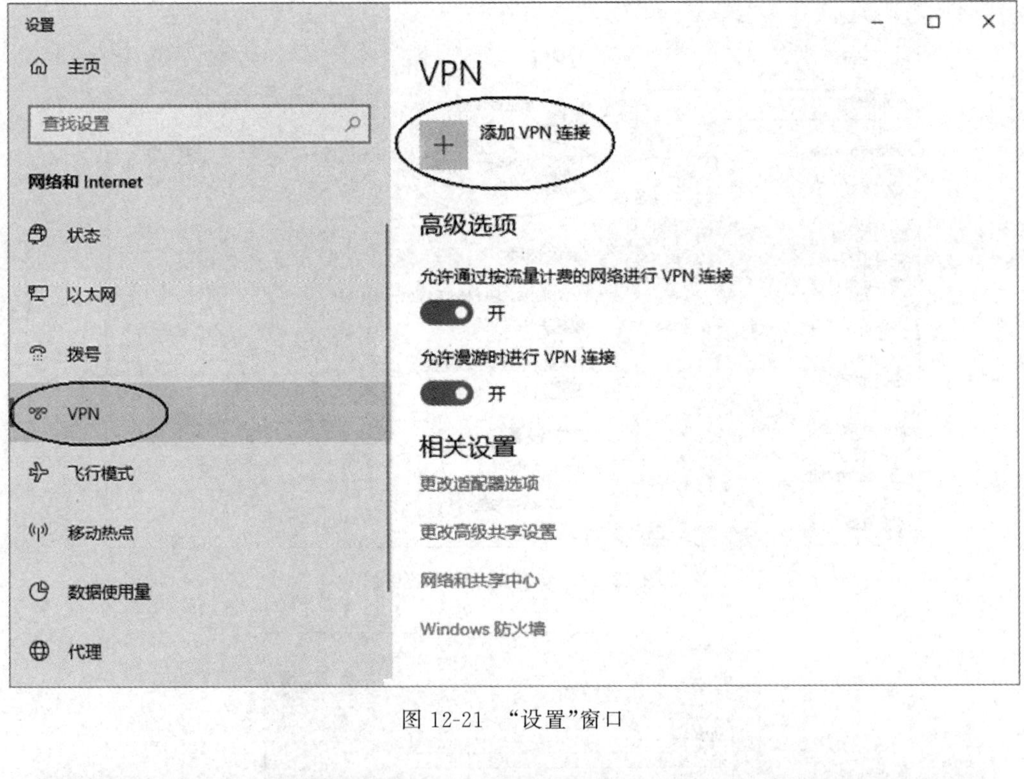

图 12-21　“设置”窗口

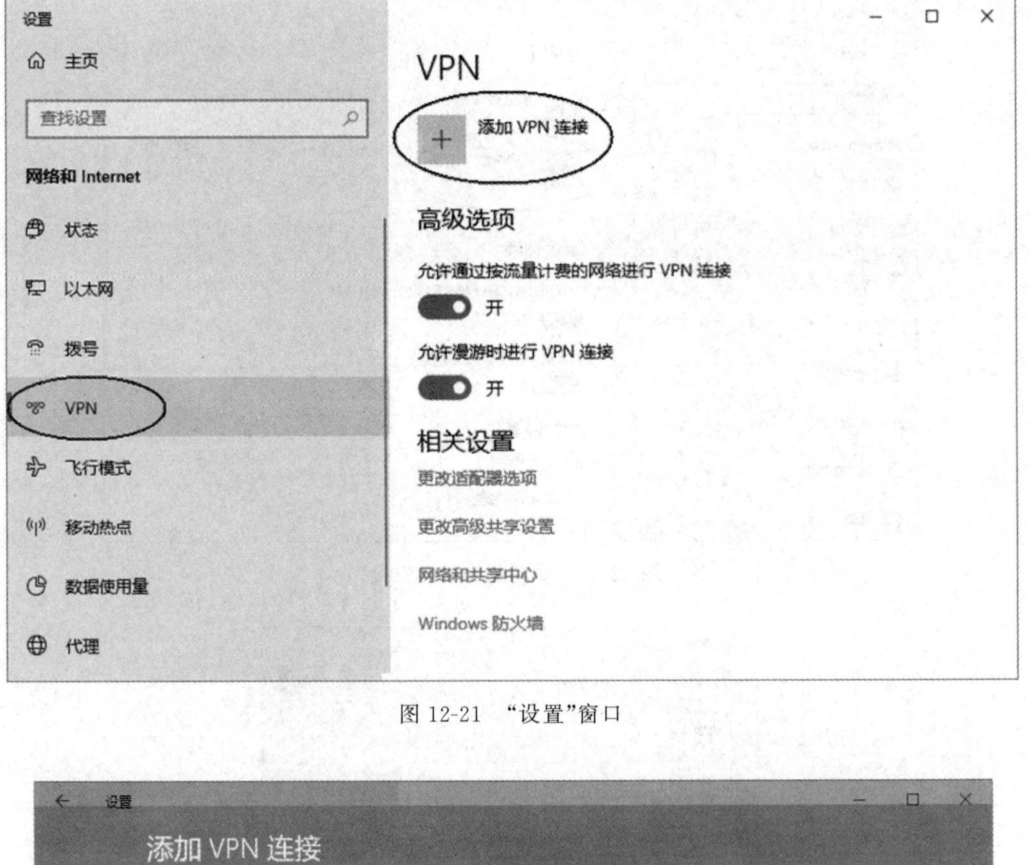

图 12-22　“添加 VPN 连接”界面

步骤 5：输入用户名(VPNtest)和密码(p@ssword1)，单击“确定”按钮，此时 VPN 连接状态为“已连接”，如图 12-25 所示。

2）验证 VPN 连接

当 VPN 客户端连接到 VPN 服务器后，可以访问内网中的共享资源。

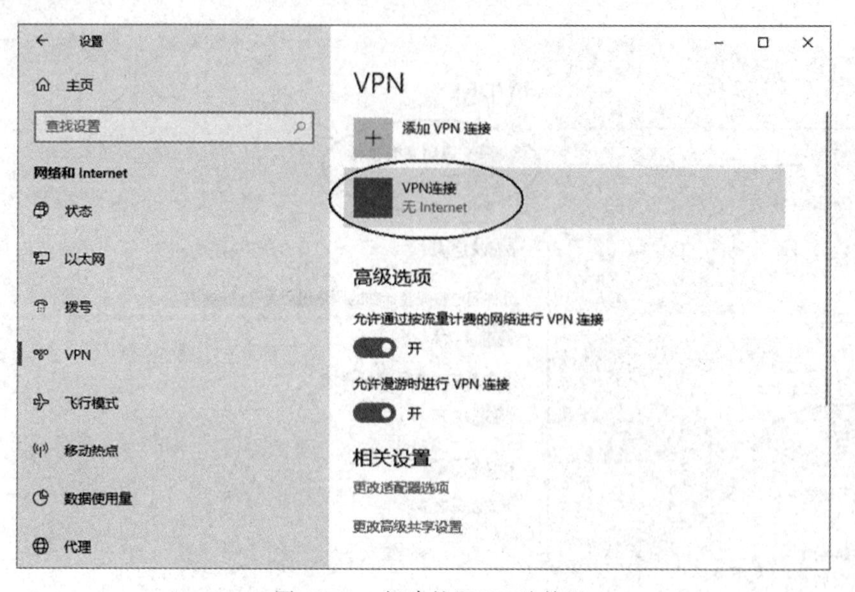

图 12-23　新建的“VPN 连接”

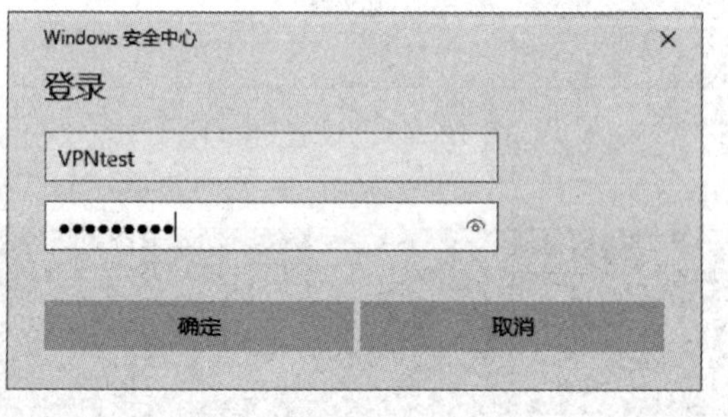

图 12-24　“登录”对话框

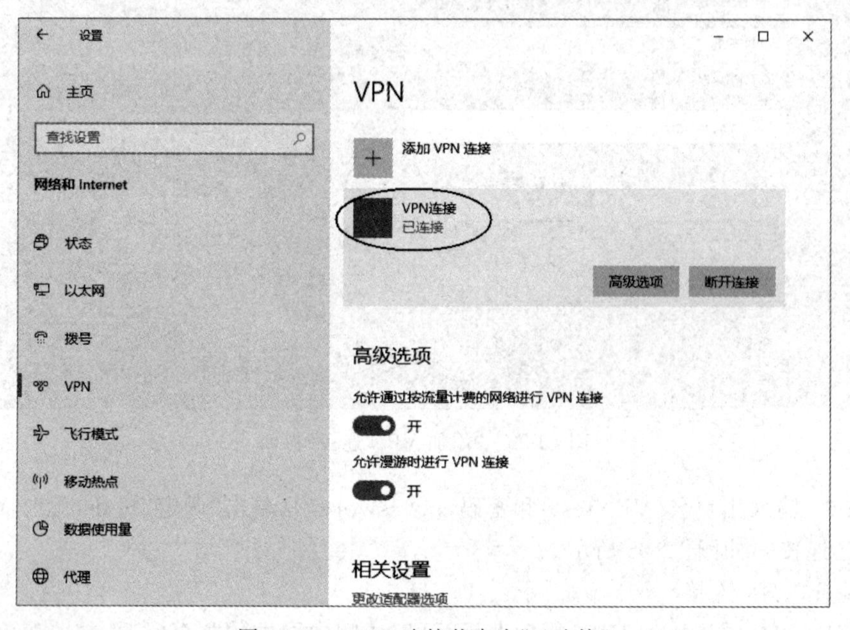

图 12-25　VPN 连接状态为“已连接”

(1) 查看 VPN 客户端获取到的 IP 地址。

步骤 1：在 VPN 客户端计算机上运行 ipconfig/all 命令，查看 IP 地址信息，如图 12-26 所示，可以看到 VPN 连接获取到的 IP 地址为 192.168.3.102。

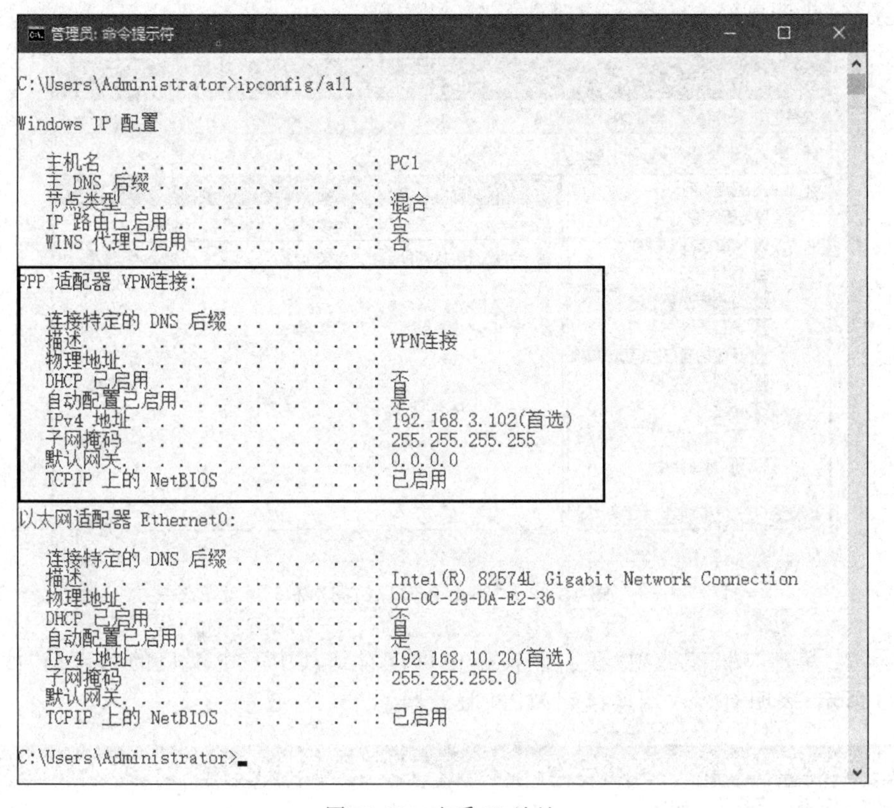

图 12-26　查看 IP 地址

步骤 2：运行 ping 192.168.3.10 命令，测试 VPN 客户端计算机与 VPN 服务器的网卡 2(连接内网)的连通性，如图 12-27 所示，显示能连通。

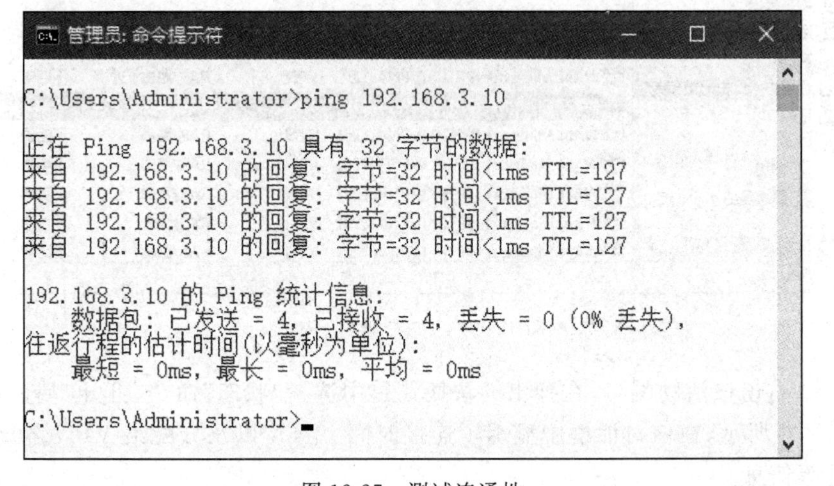

图 12-27　测试连通性

(2) 在 VPN 服务器上进行验证。

步骤 1：在 VPN 服务器上打开"路由和远程访问"窗口，如图 12-28 所示，展开服务器(WIN2016-1)选项，单击"远程访问客户端"选项，在右侧窗格中显示 VPN 连接时间以及连接的账户，这表明已经有一个客户建立了 VPN 连接。

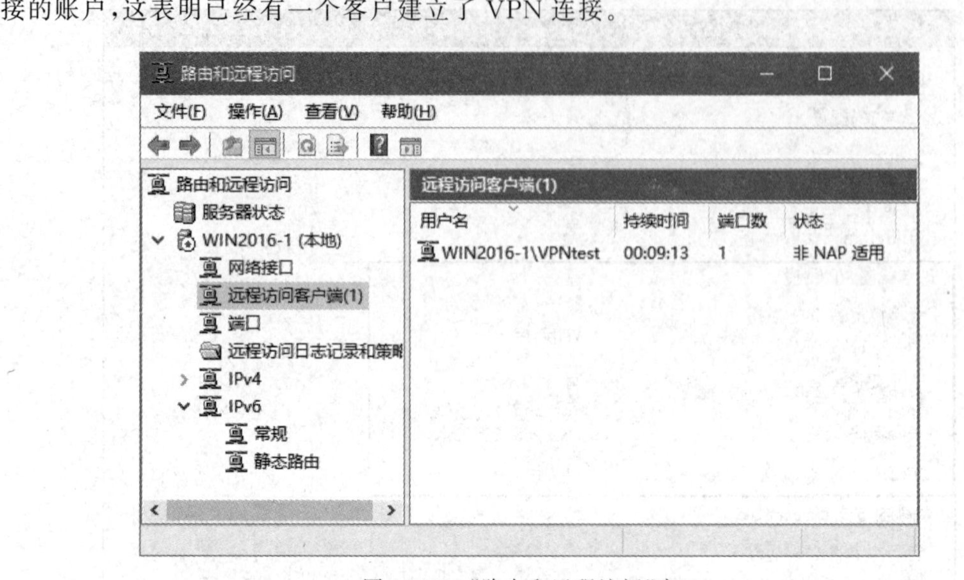

图 12-28 "路由和远程访问"窗口

步骤 2：单击"端口"选项，在右侧窗格中可以看到其中一个端口的状态是"活动"，如图 12-29 所示，表明有客户端连接到 VPN 服务器。

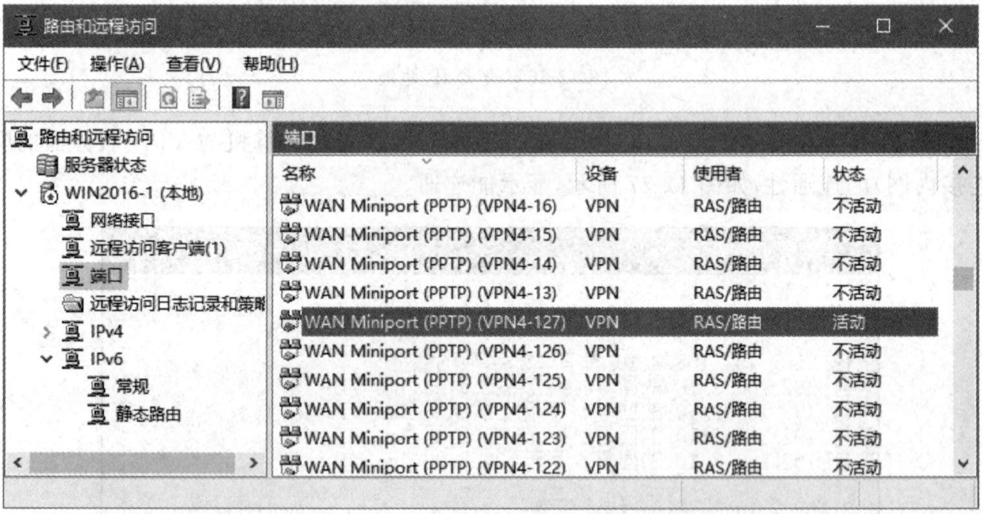

图 12-29 查看"端口"状态

步骤 3：右击该活动端口，在弹出的快捷菜单中选择"状态"命令，打开"端口状态"对话框，如图 12-30 所示，在该对话框中显示了连接时间、用户，以及分配给 VPN 客户端计算机的 IP 地址等信息。

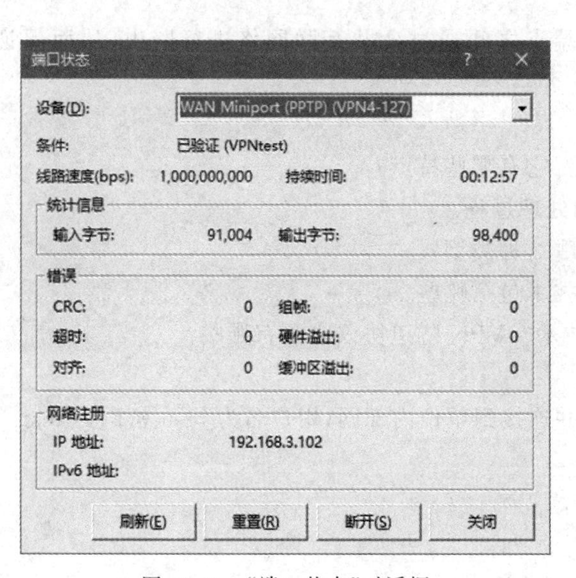

图 12-30　“端口状态”对话框

12.8　习　　题

一、选择题

1. VPN 主要采用 4 项技术来保证安全，这 4 项技术分别是(　　)、加解密技术、密钥管理技术、用户与设备身份认证技术。

A. 隧道技术　　B. 代理技术　　C. 防火墙技术　　D. 端口映射技术

2. 关于 VPN，以下说法错误的是(　　)。

A. VPN 的本质是利用公网的资源构建企业的内部私网

B. VPN 技术的关键在于隧道的建立

C. GRE 是第三层隧道封装技术，把用户的 TCP/UDP 数据包直接加上公网的 IP 报头发送到公网中去

D. L2TP 是第二层隧道技术，可以用来构建 VPDN(virtual private dial network)

3. IPSec 是(　　)VPN 协议标准。

A. 第一层　　B. 第二层　　C. 第三层　　D. 第四层

4. IPSec 在任何通信开始之前，要在两个 VPN 结点或网关之间协商建立(　　)。

A. IP 地址　　B. 协议类型　　C. 端口　　D. 安全关联(SA)

5. 关于 IPSec 的描述中，错误的是(　　)。

A. 主要协议是 AH 与 ESP　　B. AH 协议保证数据完整性

C. 只使用 TCP 作为传输层协议　　D. 将互联层改造为有逻辑连接的层

二、填空题

1. VPN 是实现在________网络上构建的虚拟专用网。

2. ________是指利用一种网络协议传输另一种网络协议，也就是对原始网络信息进行

再次封装,并在两个端点之间通过公共互联网络进行路由,从而保证网络信息传输的安全性。

三、简答题

1. 什么是VPN？它有哪些特点？
2. 简述VPN的处理过程。
3. VPN可分为哪3种类型？
4. VPN的关键技术包括哪些？
5. 什么是隧道技术？VPN隧道协议主要有哪些？

四、实践操作题

建立一个VPN并连接到单位内部网,用户名为test,密码为test。

附录 A　网络模拟软件 Cisco Packet Tracer 的使用方法

Packet Tracer 是由 Cisco 公司发布的一个辅助学习工具,为学习 Cisco 网络课程(如 CCNA)的用户设计、配置网络和排除网络故障提供了网络模拟环境。用户可以在该软件提供的图形界面上直接使用拖曳方法建立网络拓扑,并通过图形接口配置该拓扑中的各个设备。Cisco Packet Tracer 可以提供数据包在网络中传输的详细处理过程,从而使用户能够观察网络的实时运行情况。相对于其他的网络模拟软件,Cisco Packet Tracer 操作较简单,更人性化,对网络设备(Cisco 设备)的初学者有很大的帮助。

1. 安装并运行 Cisco Packet Tracer

在 Windows 操作系统中安装 Cisco Packet Tracer 的方法与安装其他软件的方法基本相同,这里不再赘述。运行该软件后,可以看到如附图 1 所示的主界面,附表 1 对 Cisco Packet Tracer 主界面的各组成部分进行了说明。

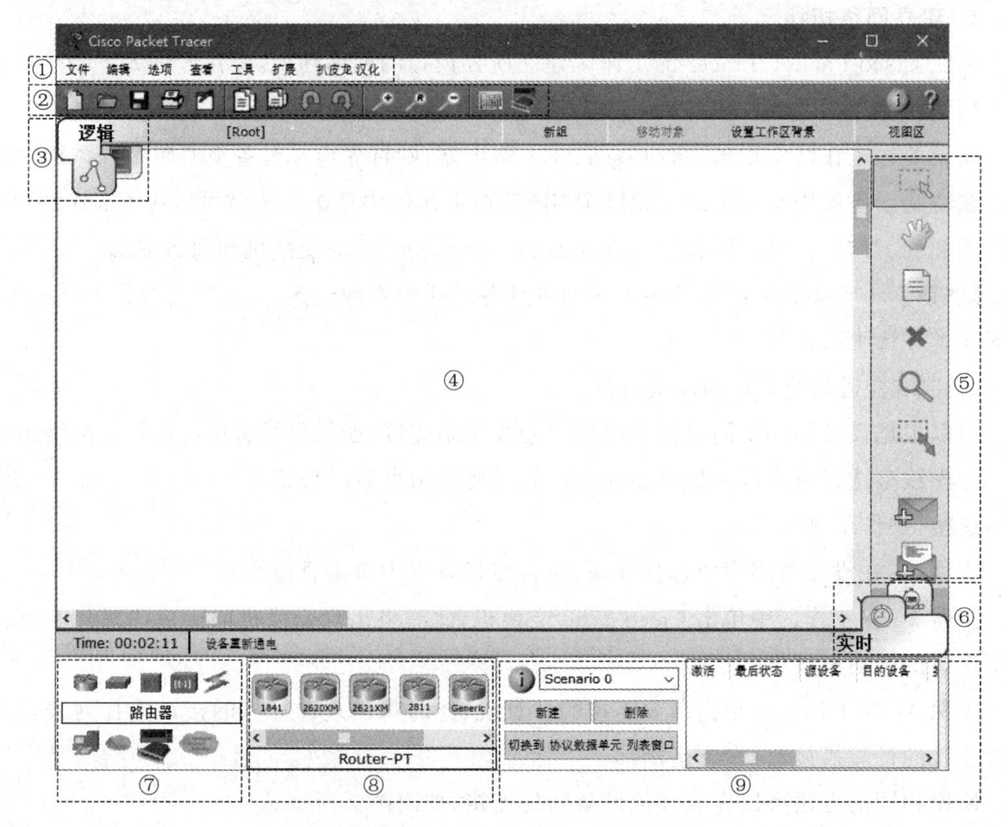

附图 1　Cisco Packet Tracer 主界面

附表1　对 Cisco Packet Tracer 主界面的说明

序号	名　　称	功　　能
①	菜单栏	此栏中有“文件”“编辑”“选项”“查看”“工具”“扩展”等菜单项,在此可以找到一些基本的命令,如“打开”“保存”“打印”等
②	主工具栏	此栏提供了菜单栏中部分命令的快捷方式;还可以单击右边的网络信息按钮,为当前网络添加说明信息
③	逻辑/物理工作区转换栏	可以通过此栏中的按钮完成逻辑工作区和物理工作区之间的转换
④	工作区	此区域中可以创建网络拓扑,监视模拟过程,查看各种信息和统计数据
⑤	常用工具栏	此栏提供了常用的工作区工具,包括:选择、整体移动、备注、删除、查看、添加简单数据包和添加复杂数据包等
⑥	实时/模拟转换栏	可以通过此栏中的按钮来完成实时模式和模拟模式之间的转换
⑦	设备类型库	在这里可以选择不同的设备类型,如路由器、交换机、集线器、无线设备、线缆、终端设备等
⑧	特定设备库	在这里可以选择同一设备类型中不同型号的设备,它随设备类型库的选择级联显示
⑨	用户数据包窗口	用于管理用户添加的数据包

2. 建立网络拓扑

可在 Cisco Packet Tracer 的工作区建立所要模拟的网络环境,操作方法如下。

1）添加设备

如果要在工作区中添加一台 Cisco 2811 路由器,则首先应在设备类型库中选择路由器,然后在特定设备库中单击 Cisco 2811 路由器,在工作区中单击一下就可以把 Cisco 2811 路由器添加到工作区。可以用相同的方式添加一台 Cisco 2960 交换机和两台 PC。

【注意】　可以按住 Ctrl 键再单击相应设备以连续添加设备,可以利用鼠标拖拽来改变设备在工作区中的位置。

2）选取合适的线型正确连接设备

可以根据设备间的不同接口选择特定的线型来连接,如果只是想快速地建立网络拓扑,而不考虑线型选择时可以选择自动连线。如果要使用直通线来完成 PC 与 Cisco 2960 交换机的连接,操作步骤如下。

步骤1:在设备类型库中选择线缆,在特定设备库中单击直通线。

步骤2:在工作区中单击 Cisco 2960 交换机,此时将出现交换机的接口选择列表,选择所要连接的交换机接口。

步骤3:在工作区中单击所要连接的计算机,此时将出现计算机的接口选择列表,选择所要连接的计算机接口,完成连接。

使用相同的方法可以完成其他设备间的连接,如附图2所示。

在完成连接后可以看到各链路两端有不同颜色的圆点,其表示的含义如附表2所示。

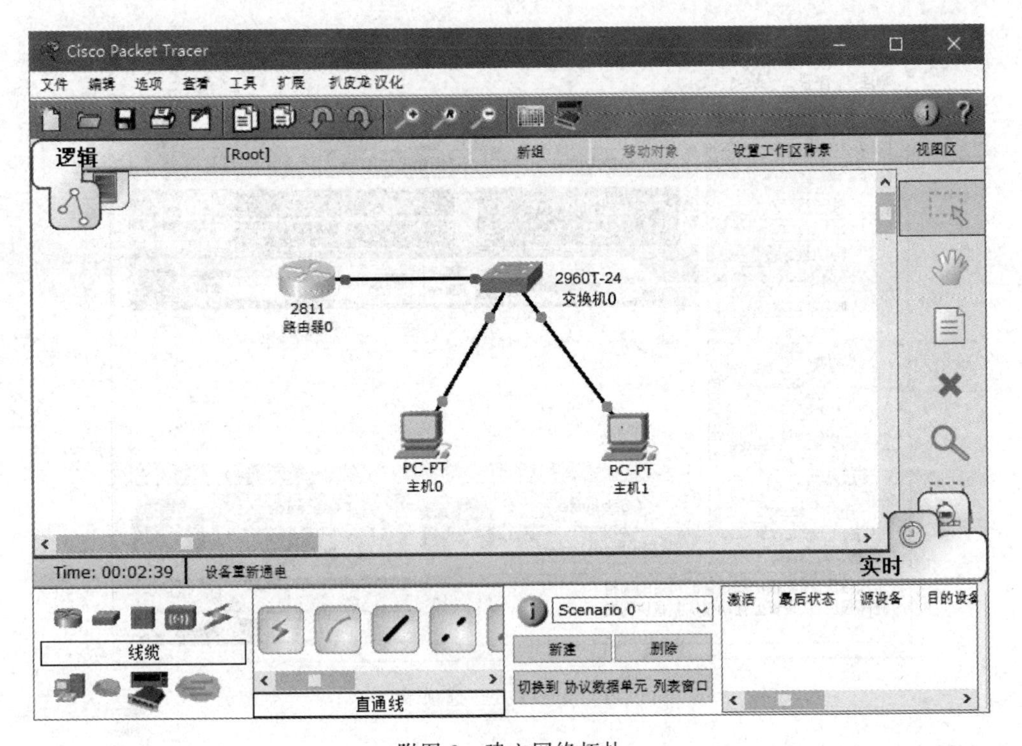

附图 2　建立网络拓扑

附表 2　链路两端不同颜色圆点的含义

圆点状态	含　义
亮绿色	物理连接准备就绪，还没有 Line Protocol Status 的指示
闪烁的绿色	连接激活
红色	物理连接不能，没有信号
黄色	交换机端口处于“阻塞”状态

3. 配置网络中的设备

1）配置网络设备

在 Cisco Packet Tracer 中，配置路由器与交换机等网络设备的操作方法基本相同。如果要对附图 2 所示网络拓扑中的 Cisco 2811 路由器进行配置，可在工作区单击该设备图标，打开路由器配置窗口，该窗口共有 3 个选项卡，分别为“物理”“配置”和“命令行”选项卡。

（1）配置“物理”选项卡。路由器配置窗口的“物理”选项卡主要用于添加路由器的端口模块，如附图 3 所示。Cisco 2811 路由器采用模块化结构。如果要为该路由器添加模块，则应先将路由器电源关闭（在“物理”选项卡所示的物理设备视图中单击电源开关即可），然后在左侧的模块中选择要添加的模块类型，此时在右下方会出现该模块的示意图，用鼠标将模块拖动到物理设备视图中显示的可用插槽上即可。至于各模块的详细信息，请参考帮助文件。

（2）配置“配置”选项卡。“配置”选项卡主要提供了简单配置路由器的图形化界面，如附图 4 所示。在该选项卡中可以对全局信息、路由功能、交换功能和接口等进行配置。当进

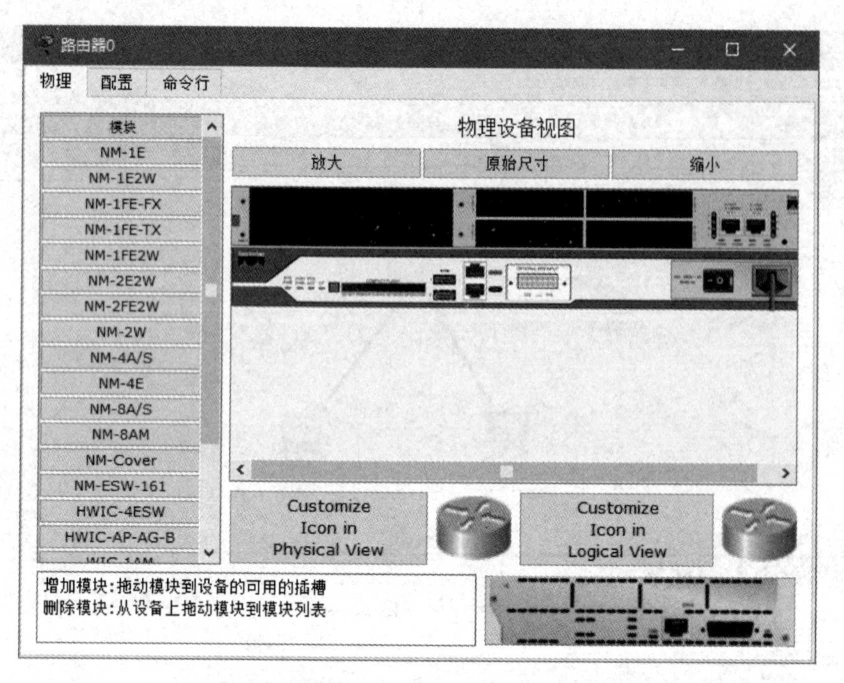

附图 3 “物理”选项卡

行某项配置时,在选项卡下方会显示相应的 IOS 命令。这是 Cisco Packet Tracer 的快速配置方式,主要用于简单配置,在实际设备中没有这样的配置方式。

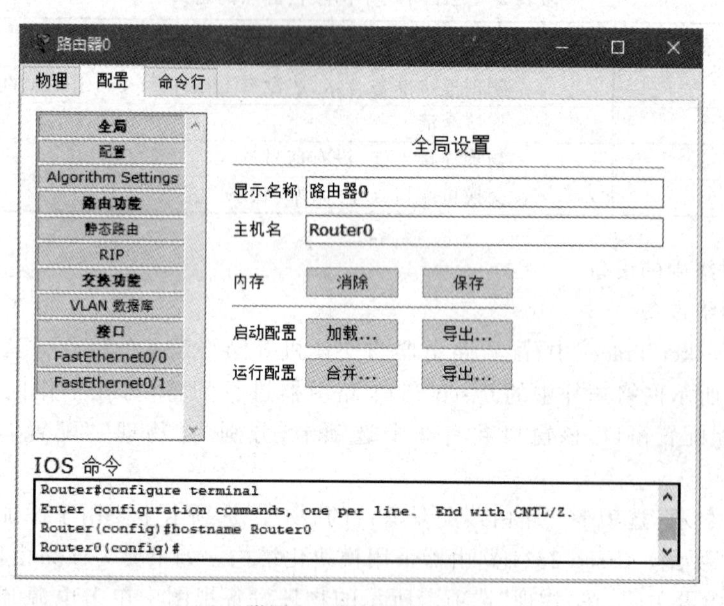

附图 4 “配置”选项卡

(3) 配置“命令行”选项卡。“命令行”选项卡是在命令行模式下对路由器进行配置,这种模式和实际路由器的配置环境相似,如附图 5 所示。

2) 配置 PC

如果要对附图 2 所示网络拓扑中的 PC 进行配置,可在工作区单击相应图标,打开 PC

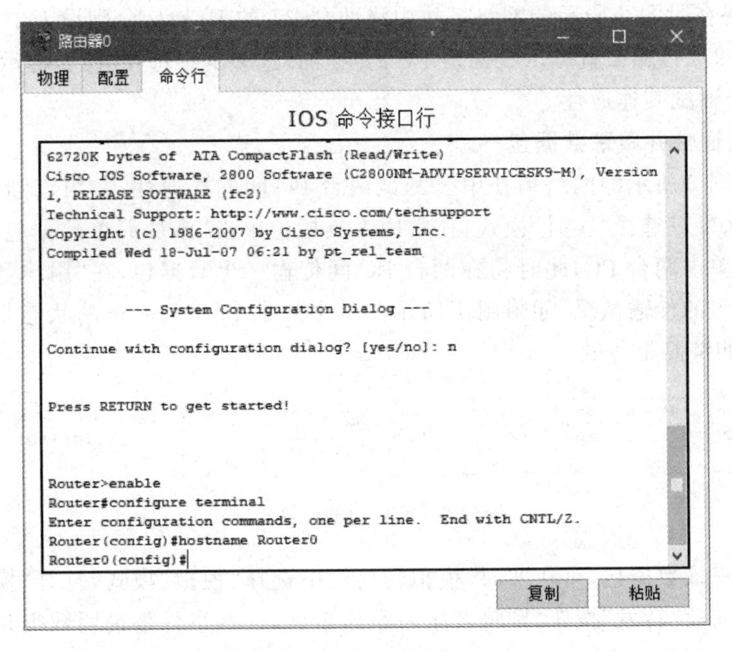

附图 5 “命令行”选项卡

配置窗口。该窗口包括 3 个选项卡,分别为“物理”“配置”和“桌面”选项卡。其中“物理”和“配置”选项卡的作用与路由器相同,这里不再赘述。PC 的“桌面”选项卡如附图 6 所示,其中的“IP 配置”选项可以完成 IP 地址信息的设置,“终端”选项可以模拟一个超级终端对路由器或者交换机进行配置,“命令提示符”选项相当于 Windows 系统中的命令提示符窗口。

附图 6 PC 的“桌面”选项卡

例如,如果在附图2所示的网络拓扑中将两台PC的IP地址分别设为192.168.1.1/24和192.168.1.2/24,那么就可以在两台PC的“桌面”选项卡中选择“命令提示符”选项,然后使用ping命令测试其连通性。

4. 测试连通性并跟踪数据包

如果在附图2所示的网络拓扑中要测试两台PC间的连通性,并跟踪和查看数据包的传输情况,那么可以选择“实时”模式,在常用工具栏中单击“添加简单数据包”按钮,然后在工作区中分别单击两台PC,此时将在两台PC间传输一个数据包,在“用户数据包”窗口中会显示该数据包的传输情况,如附图7所示。其中如果Last Status的状态是“成功”,则说明两台PC间的链路是通的。

Fire	Last Status	Source	Destination	Type	Color	Time (sec)	Periodic	Num	Edit	Delete
●	成功	主机0	主机1	ICMP	■	0.000	N	0	(编辑)	(删除)

附图7 数据包的传输情况

如果要跟踪该数据包,可在实时/模拟转换栏中选择“模拟”模式,打开“模拟面板”对话框,如果单击“捕获/转发”按钮,则将产生一系列事件,这些事件将说明数据包的传输路径,如附图8所示。

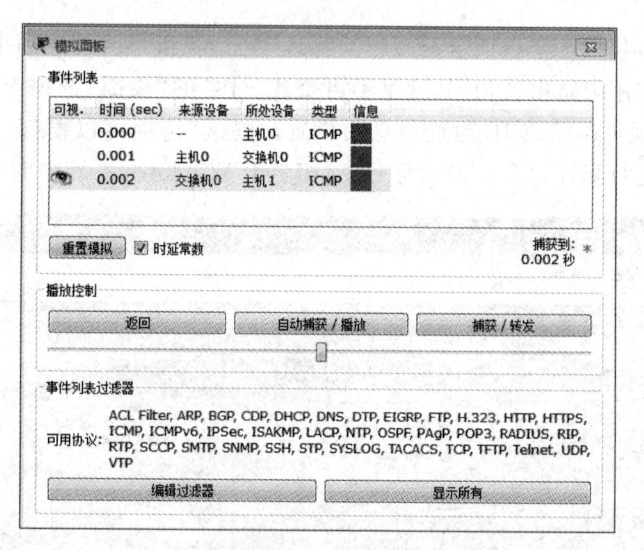

附图8 “模拟面板”对话框

另外,在“模拟”模式中,在工作区的设备图标上会显示添加的数据包,如附图9所示。单击该数据包会打开“PDU Information at Device:主机1”对话框,如附图10所示。在该对话框中可以看到数据包进出设备时在OSI模型上的变化情况,在“进站PDU详细数据”和“出站PDU详细数据”选项卡中也可以看到数据包或帧格式的变化情况,这有助于对数据包进行更细致的分析。

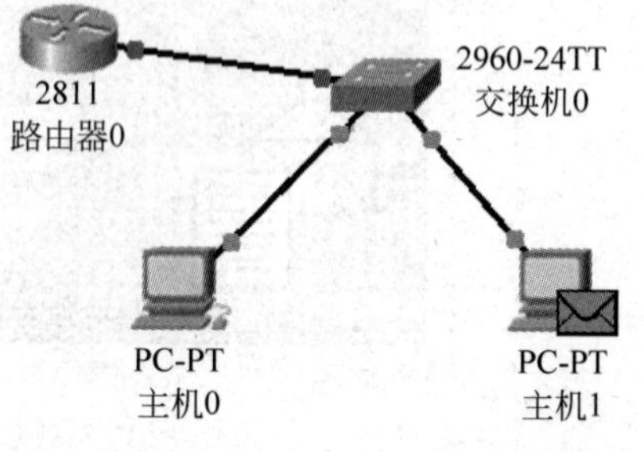

附图9 在设备图标上添加的数据包

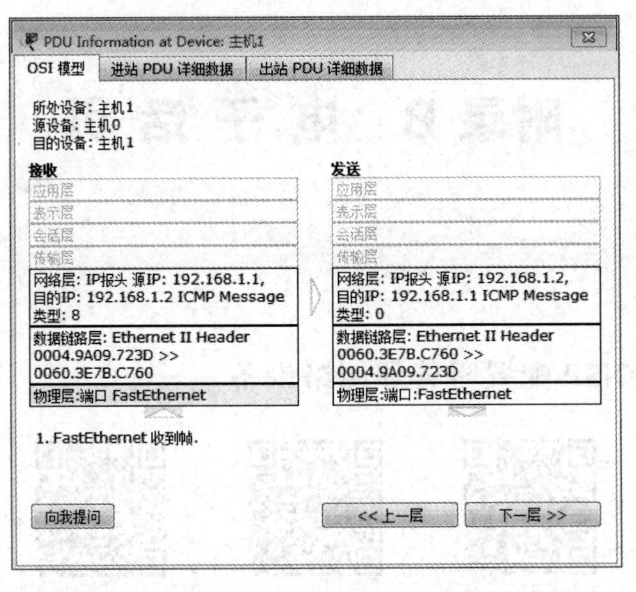

附图 10　“PDU Information at Device：主机 1”对话框

【注意】　限于篇幅，以上只介绍了 Cisco Packet Tracer 的基本使用方法，更详细的使用方法请参考相关的技术手册。

附录B　电子活页

1. 利用华为 eNSP 配置与管理网络设备

交换机的
基本配置

单交换机上的
VLAN 划分

多交换机上的
VLAN 划分

路由器的基本
配置

局域网间路
由的配置

2. 计算机网络系统管理

使用 VMware 的
快照和克隆功能

创建第一台
域控制器

管理本地用户和
本地组

管理域用户和
域组

使用组策略管理
计算机和用户

使用组策略
部署软件

NTFS 权限的应用

共享文件夹的
应用

加密文件系统
EFS 的应用

创建与管理
动态磁盘

磁盘压缩和
磁盘配额

3. 网络服务器的配置与管理

配置和验证网络负载平衡

使用服务质量

安装数字证书服务器

部署 SSL 网站

配置与管理 NAT 服务器

参考文献

[1] 唐华. Windows Server 2016 系统管理与网络管理[M]. 北京：电子工业出版社，2022.

[2] 丁喜纲. 计算机网络技术基础[M]. 北京：清华大学出版社，2022.

[3] 褚建立. 计算机网络技术实用教程[M]. 3 版. 北京：清华大学出版社，2022.

[4] 章春梅. 计算机网络技术基础[M]. 3 版. 北京：电子工业出版社，2021.

[5] 周舸. 计算机网络技术基础[M]. 3 版. 北京：人民邮电出版社，2021.

[6] 谢昌荣. 计算机网络技术项目化教程[M]. 3 版. 北京：清华大学出版社，2020.

[7] 杨云. 计算机网络技术与实训[M]. 4 版. 北京：中国铁道出版社，2019.